普通高等教育机器人工程系列教材

机器视觉基础

段清娟　贾子熙　袁鸿斌　主编

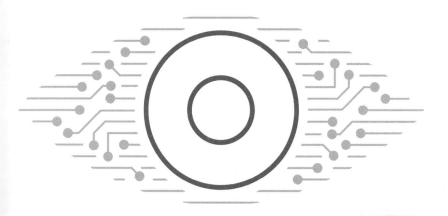

化学工业出版社

·北京·

内容简介

　　本书是机器视觉理实一体化教学的配套理论教材，主要面向新型工业化时期智能及高端装备制造领域，结合新工科复合型专业技术人才综合能力培养的教学诉求，并融入作者十余载对机器视觉工程的理论研究及教学经验编写而成。

　　全书共8章，首先介绍机器视觉与图像处理的基本概念、发展历程及未来趋势，讲解图像数字化、编码与压缩等基础技术，为后续的深入学习奠定基础。进而，通过丰富的实例展示如何运用灰度变换与空间滤波技术改善图像质量，让读者直观感受图像处理技术的魅力。同时通过解析工业实际项目案例，阐述图像修复、色彩管理、形态学变换等高级视觉技术原理。最后，介绍图像分割与目标识别等核心技术，讲解多种高效算法，并探讨其在自动驾驶、人脸识别等前沿领域中的创新应用。

　　本书适合作为普通高等本科院校机械类、电子信息类、自动化类等相关专业的教材，也可供相关企业的技术人员参考。

图书在版编目（CIP）数据

机器视觉基础 / 段清娟，贾子熙，袁鸿斌主编.
北京 ：化学工业出版社，2025. 3. --（普通高等教育机器人工程系列教材）. -- ISBN 978-7-122-47213-7

　Ⅰ. TP302.7

　　中国国家版本馆CIP数据核字第2025HV4525号

责任编辑：于成成　李军亮
责任校对：张茜越
装帧设计：王晓宇

出版发行：化学工业出版社
　　　　　（北京市东城区青年湖南街 13 号　邮政编码 100011）
印　　装：三河市航远印刷有限公司
787mm×1092mm　1/16　印张 18　字数 412 千字
2025 年 1 月北京第 1 版第 1 次印刷

购书咨询：010-64518888　　　　　售后服务：010-64518899
网　　址：http://www.cip.com.cn
凡购买本书，如有缺损质量问题，本社销售中心负责调换。

定　　价：69.00元　　　　　　　　　版权所有　违者必究

《机器视觉基础》编写人员

主　编　段清娟　贾子熙　袁鸿斌

副主编　杨善国　赵冬梅　肖根福　兰　虎

参　编　李向群　邬宗鹏　马伟俊　张　尧

主　审　温建明

前言

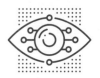

党的二十大报告指出，"教育、科技、人才是全面建设社会主义现代化国家的基础性、战略性支撑。"在新一轮科技革命与产业变革的背景下，科技创新正以前所未有的力量驱动着社会与经济的深刻变革。在这场变革中，工业数字化与智能化的浪潮席卷全球，机器视觉技术作为连接物理世界与数字世界的核心纽带，正逐步成为推动产业升级、提升国家竞争力的关键要素。然而，在我国工业智能化发展的浪潮中，一个不容忽视的现象逐渐显现：机器视觉技术领域的专业人才供不应求，高端人才紧缺正成为制约行业发展的瓶颈。

正是基于这样的时代背景与行业需求，《机器视觉基础》应运而生。本书汇聚了机器视觉与图像处理领域的经典理论与前沿技术，旨在助力未来视觉技术人才培养以及行业跨越式发展。全书共分为8章，系统阐述了机器视觉与图像处理的基础理论、核心技术、应用实践与未来趋势，希望为读者打开一扇通往机器视觉技术殿堂的大门，为探索这个充满无限可能的领域提供引领。

本书具有以下特色：

① 紧跟时代脉搏，聚焦人才培养。在深刻洞察行业现状与未来趋势的基础上，本书聚焦机器视觉技术人才紧缺的问题，并以此为出发点，构建了一个全面、系统、实用的知识体系。注重强化理论与实践的结合，培养读者的创新思维与实践能力。

② 融合经典与前沿，构建完整体系。本书在整合机器视觉经典理论的基础上，融入最新科研成果与技术趋势，确保内容的时效性与前沿性。从基础理论到高级应用，从算法原理到工业实践，本书为读者构建了一个完整、连贯的知识体系，帮助加强对机器视觉工程的全面认知。

③ 强化实践应用，注重技能培养。针对机器视觉技术人才培养中"重理论、轻实践"的弊端，本书特别注重实践环节的设计，通过引入大量工业实际项目，结合案例分析、实验指导等多种形式，帮助读者将所学知识转化为解决实际问题的能力。这种理论与实践相结合的模式，有助于读者更快地适应行业需求，成长为具备实战经验的专业人才。

本书由西安电子科技大学段清娟、东北大学贾子熙和杭州师范大学袁鸿斌任主编，浙江师范大学温建明担任主审。第1章由段清娟编写，第2章由贾子熙编写，第3章由袁鸿斌编写，第4章由中国矿业大学杨善国编写，第5章由新疆大学赵冬梅编写，第6章由井冈山大学肖根福和安徽工业大学邬宗鹏共同编写，第7章由浙江师范大学兰虎和兰州石化职业技术大学马伟俊共同编写，第8章由西北民族大学李向群和北京启创远景科技有限公司张尧共同编写。全书由段清娟统稿。

从目标决策、体系构建、内容重构、教学设计、案例遴选、形式呈现、合同签订到定稿出版，本书的开发工作历时两年之久，衷心感谢参与本书编写的所有同仁的呕心付出！特别感谢中国高等教育学会高等教育科学研究规划课题（23SZH0202）、浙江省重点支持现代产业学院建设项目、北京启创远景科技有限公司等给予的经费支持！

　　由于编者水平有限，书中难免有不足之处，恳请读者批评指正，可将意见和建议反馈至 E-mail：lanhu@zjnu.edu.cn。

编者

目录

第 5 章彩图

第 1 章

绪论

机器视觉技术的关键应用体现在两个方面：其一为优化图像信息，使之更易于人类进行解释和理解；其二是通过对图像数据进行处理，以便于机器能够自动理解和识别。本章旨在达成以下几个主要目标：①初步了解机器视觉技术；②回顾机器视觉技术的起源；③考察主要应用领域，把握机器视觉技术的应用现状；④学习并了解图像处理系统的组成及图像处理基本步骤。

【学习目标】

① 了解机器视觉的起源。

② 了解机器视觉的定义、特性以及机器视觉图像处理的基本概念和流程。

③ 了解机器视觉在工业领域、医疗领域、交通领域、生活领域等的实际应用案例。

【学习导图】

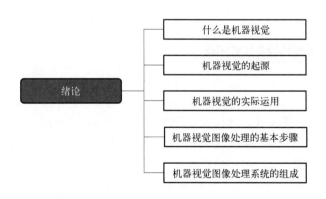

【知识讲解】

1.1　什么是机器视觉

机器视觉是机器的"眼睛"，但其功能又不仅仅局限于模拟眼睛对图像信息的接收，还包括模拟大脑对图像信息的处理与判断。

由于机器视觉涉及的领域非常广泛且复杂，因此目前它还没有明确的定义。美国制造工程师协会（Society of Manufacturing Engineers，SME）机器视觉分会和美国机器人工业协会（Robotic Industries Association，RIA）的自动化视觉分会对机器视觉下的定义为："机器视觉是研究如何通过光学装置和非接触式传感器自动地接收、处理真实场景的图像，以获得所需信息或用于控制机器人运动的学科。"机器视觉系统通常通过各种软硬件技术和方法，对反映现实场景的二维图像信息进行分析、处理后，自动得出各种指令数据，以控制机器的动作。例如通过检测产品表面划痕、裂纹、磨损、粗糙度、纹理等，进而划分产品质量，从而达到质量控制的目的。和人类视觉相比，机器视觉具备很多优势：

① 安全可靠。通过机器设备及系统捕捉图像、处理数据，可有效替代人工作业，广泛应用于不适合人工操作的危险环境或者是长时间恶劣的工作环境中，十分安全可靠。

② 生产效率高，成本低。机器视觉能够更快地检测产品，适用于高速检测场合，加上机器不需要停顿，能够连续工作，大大提高了生产效率和生产的自动化程度。机器视觉早期投入高，但后期只需要支付机器保护、维修费用即可。随着计算机处理器价格的下降，机器视觉的性价比也越来越高，而人工和管理成本则逐年上升。从长远来看，机器视觉的成本会更低。

③ 精度高。机器视觉的精度能够达到非常高的水平，通常在几十微米到几毫米不等，且随着硬件的更新，精度会越来越高。

④ 准确性高。机器检测不受主观因素影响，具有相同配置的多台机器只要保证参数设置一致，即可保证相同的精度。

⑤ 重复性好。人工重复检测产品时，即使是同一种产品的同特征，检测工作也可能会得到不同的结果，而机器由于检测方式的固定性，因此可以一次次地完成检测工作并且得到相同的结果，重复性强。

⑥ 检测范围广。除肉眼可见的物质外，机器视觉还可以检测红外线、超声波等。

1.2 机器视觉的起源

机器视觉起源于 20 世纪 50 年代，Gilson 提出了"光流"这一概念，并基于相关统计模型发展了逐像素的计算模式，这标志着 2D 影像统计模式的发展。

1960 年，美国学者 Roberts 提出了从 2D 图像中提取三维结构的观点，引发了麻省理工学院人工智能实验室及其他机构对机器视觉的关注，三维机器视觉研究逐步展开。

70 年代中期，麻省理工学院人工智能实验室正式开设"机器视觉"课程，研究人员开始大力开展"物体与视觉"相关课题的研究。1978 年，David Marr 开创了"自下、而上"的通过机器视觉捕捉物体形象的方法，该方法以 2D 的轮廓素描为起点，逐步完成 3D 形象的捕捉，这一方法的提出标志着机器视觉研究的重大突破。

80 年代开始，机器视觉掀起了全球性的研究热潮，方法理论迭代更新，光学字符识别（optical character recognition，OCR）和智能摄像头等均在这一阶段问世，并逐步引发了机器视觉相关技术更为广泛的传播与应用。

90 年代初，一些机器视觉公司成立，并开发出第一代图像处理产品。而后，机器视觉相关技术被不断地投入到生产制造过程中，使得机器视觉领域迅速扩张，上百家企业开始大量销售机器视觉系统，完整的机器视觉产业逐渐形成。在这一阶段，LED 灯、传感器及控制结构等的迅速发展，进一步加快了机器视觉行业的进步，并使得相关产品的生产成本逐步降低。

2000 年至今，更高速的 3D 视觉扫描系统和热影像系统等逐步问世，机器视觉的软硬件产品扩展至生产制造的各个阶段，应用领域也不断扩大。当下，机器视觉作为人工智能的底层产业及电子、汽车等行业的上游产业，仍处于高速发展的阶段，具有良好的发展前景。

国内机器视觉研究起步晚，但发展迅速，目前处于快速成长期。国内机器视觉技术发展源于 20 世纪 80 年代的第一批技术引进。自 1998 年众多电子和半导体工厂落户广东和上海开始，机器视觉生产线和高级设备被引入我国，诞生了国际机器视觉厂商的代理商和系统集成商。中国的机器视觉发展主要经历了三个阶段。

第一个阶段是 1999 ~ 2003 年的启蒙阶段。这一阶段的中国企业主要通过代理业务对客户进行服务，在服务的过程中引导客户对机器视觉的理解和认知，借此开启了中国机器视觉技术发展的历史进程。同时，国内涌现出的跨专业机器视觉人才也逐步掌握了国外简单的机器视觉软硬件产品，并搭建起了机器视觉初级应用系统。在这一阶段，诸如特种印刷行业、烟叶异物剔除行业等率先引入了机器视觉技术，在解放劳动力的同时有效推动了国内机器视觉领域的发展。

第二个阶段是 2004 ~ 2007 年的发展阶段。这一阶段国内机器视觉企业开始起步探索有更多自主核心技术的机器视觉软硬件的研发，并在多个应用领域取得了关键性的突破。国内厂商陆续推出的支持全系列模拟接口和 USB2.0 的相机和采集卡，以及 PCB 检测设备、SMT 检测设备、LCD 前道检测设备等，逐渐开始占据入门级市场。

第三个阶段是 2008 年以后的高速发展阶段。在这一阶段众多机器视觉核心器件研发厂商不断涌现，一大批真正的系统级工程师被不断培养出来，推动了国内机器视觉行业的高速、高质量发展。

国内机器视觉技术与产业虽只有几十年发展时间，但随着全球新一轮科技革命与产业变革浪潮的兴起，机器视觉行业顺势迎来快速发展。机器视觉的应用领域不断扩展，从汽车制造至如今消费电子、制药、食品包装等等。

1.3　机器视觉的实际应用

近几年人工智能技术的发展，推动机器视觉技术在精度和速度等方面都有较大提升，其在工业、医学、交通、生活等领域的应用日益广泛。

1.3.1　在工业领域的应用

机器视觉在工业检测领域的应用比较广泛，在保证了产品的质量和可靠性的同时，大幅度提高了生产的速度。例如，在进行食品包装加工、饮料行业各种质量检测以及半导体集成块封装质量检测时，机器视觉极大提高了其速度。此外，其在装配机器人视觉检测、搬运机器人视觉导航方面也有广泛应用。

机器视觉在工业制造中的应用优势包括实现更可靠的产品质量检测及实时监控，避免人工检测的主观性和个体差异性；其检测精度可达亚微米级别，突破人眼的物理限制；同时，随着机器视觉算法的不断优化，其可提供更广泛及高效的检测功能。

工业机器视觉市场发展前景广阔，预计到 2026 年全球市场规模将接近 140 亿美元，在中国，机器视觉行业市场规模也在迅速增长，预计到 2026 年将突破 300 亿元。然而，机器视觉技术在应用中也存在一些局限性，如环境光源的约束、硬件设备性能的限制、端上计算资源的限制、检测对象多样性的限制以及成本和收益经济性的限制。

总的来说，机器视觉作为工业自动化和智能制造的关键技术，正不断推动着工业领域的创新和发展。尽管存在一些挑战，但技术的不断革新和行业需求的增长预示着机器视觉在未来将有更广泛的应用。

1.3.2　在医学领域的应用

X 射线成像技术是机器视觉在医疗应用的典型案例。除了在医疗领域的广泛应用，X 射线也被用于工业检测、安全检查和天文学研究等多个领域。在医学成像中，X 射线主要用于观察骨骼损伤、寻找肺病变以及检查其他身体结构的内部情况。

X 射线的产生依赖于 X 射线管，这是一个特殊的真空管，包含有阴极和阳极。当阴极被加热时，它会释放出自由电子，这些电子在高电压的作用下加速向阳极运动。当电子以高速撞击阳极时，电子的能量会转换为 X 射线辐射。通过调节阳极的电压，可以控制 X 射线的能量，而通过调节阴极灯丝的电流，可以控制 X 射线的产生数量。在传统的 X 射线成像过程中，如图 1-1（1）所示，病人的身体部位（例如胸部）被置于 X 射线源和对 X 射线能量敏感的胶片之间。X 射线穿过病人的身体，其强度受到体内组织的吸收作用调制。最终，X 射线落在胶片上，使胶片感光，形成图像。这种图像捕捉了身体内部的结构，尤其是骨骼和其他密度较高的组织。

随着技术的发展，数字图像可以通过两种方式获得：①使用数字化的 X 射线胶片，即将传统的胶片数字化；②直接将穿过病人身体的 X 射线转换为光信号，然后由高灵敏度的数字系统捕获。这通常涉及使用荧光屏或其他类型的探测器，它们能够将 X 射线转换为可见光，随后由数字相机或类似的设备记录下光信号，生成数字图像。第 2 章将详细讨论图像数字化。

血管照相术是对比度增强辐射成像领域中的重要应用，其核心目标在于获取血管的图像，即我们常说的血管造影照片。此项技术的实施涉及将导管插入到动脉或静脉中，并精准地引导至目标区域。一旦导管到达指定部位，通过注入 X 射线造影剂，可以显著增强血管的对比度。这一过程提高了影像的清晰度，使得 X 射线成为观察血管内是否存在病变或阻塞的有力工具。图 1-1（2）展示了主动脉血管造影照片的示例，其中左下方可见导管插入血管。此外，图像中造影剂流向肾脏时的大血管显示出强烈的对比效果。血管照相术也是机器视觉的医学主要应用之一。X 射线在医学成像中的另一个重要应用是计算机轴向断层（CAT）。由于该技术的高分辨率和三维成像能力，CAT 扫描早在 20 世纪 70 年代第一次付诸使用时就引起了医疗手段的革命。图 1-1（3）显示了一幅典型的头部 CAT 切片图像。与刚刚讨论的有些类似的技术也可用于工业处理，但通常使用的是更高能量的 X 射线。图 1-1（4）显示了一块电路板的 X 射线图像。这样的图像是 X 射线在上百种典型工业应用中的代表性图像，用于检测电路板中的制造缺陷，如元件缺失或断线等。当元件可被 X 射线穿透时，CAT 扫描很有用，譬如塑料元件，甚至更大的物体，如固体推进剂火箭发动机。图 1-1（5）显示了天文学中 X 射线成像的例子。

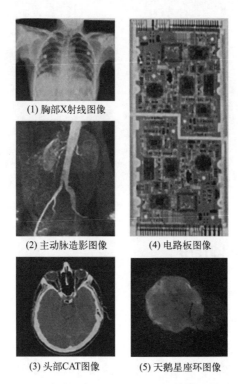

(1) 胸部X射线图像

(2) 主动脉造影图像

(4) 电路板图像

(3) 头部CAT图像

(5) 天鹅星座环图像

图 1-1　X 射线成像实例［图（1）和图（3）由 Vanderbilt 大学医学中心辐射学与放射学系的 David R.Pickens 博士提供，图（2）由密歇根大学医学院解剖学分部的 Thomas R.Gest 博士提供，图（4）由 Lixi 公司的 Joseph E.Pascente 先生提供，图（5）由 NASA 提供］

1.3.3　在交通领域的作用

机器视觉技术在交通监控和管理方面发挥着关键作用。通过安装在道路上的摄像头，机器视觉系统能够实时获取并处理图像或视频数据，从而实现对交通状况的精确感知和分析。这不仅可以检测交通拥堵、事故等异常情况，还能及时报警或调度交通资源，提高交通效率。此外，机器视觉还能识别和记录交通违法行为，如闯红灯、逆行、超速等，为交通管理部门提供自动化的监测和处理手段，有效减少人工干预，提高执法效率。

其次，机器视觉在智能交通系统中也扮演着重要角色（图1-2）。它能够实现对车辆、行人、交通标志和路面标线的检测和识别，为智能交通系统提供关键的环境感知能力。通过实时跟踪和统计道路上的车辆流量，机器视觉技术可以分析交通拥堵情况，研究交通流量规律，为交通规划和交通管理提供科学依据。同时，机器视觉还能应用于车牌识别、车辆类型判断等场景，为停车场管理、电子收费、交通调度等提供技术支持。这些应用不仅提高了交通管理的智能化水平，还显著提升了安全性和通行效率。

图1-2　在自动驾驶中机器视觉感知前方路况

1.3.4　在生活领域的作用

（1）自动感知光强的智能窗帘

自动感知光强的智能窗帘是现代智能家居的一个重要组成部分。这种窗帘配备了先进的光敏传感器和智能控制系统，能够实时感知室内外的光线强度。当外界光线过强，如阳光直射室内时，窗帘会自动缓缓拉上，有效阻挡紫外线，调节室内光线，保护家具和地板免受阳光直射的损害，同时也为居住者提供一个舒适的居家环境。相反，当外界光线变弱或夜幕降临，窗帘又会自动打开，让自然光充分进入室内，营造温馨明亮的氛围。这种智能化的设计不仅提升了生活的便利性，还体现了节能减排的环保理念。

（2）自动避障的扫地机器人

自动避障的扫地机器人是现代家庭清洁的得力助手。这些机器人利用了机器视觉技术，内置了多种传感器和先进的避障算法，能够实时感知周围环境，包括家具、障碍物以及地面材质等。在清扫过程中，一旦遇到障碍物，扫地机器人会迅速做出反应，灵活调整清扫路径，有效避免碰撞和卡住的情况发生。这种智能化的避障功能不仅保护了扫地机器人本身免受损坏，还确保了清扫工作的连续性和高效性。同时，一些高端扫地机器人还具备智能规划功能，能够根据房间布局和障碍物位置，自动规划最优清扫路径，实现全面覆盖、无遗漏的清扫效果，极大地减轻了家庭清洁的负担。

1.4 机器视觉图像处理的基本步骤

图像处理是机器视觉的核心技术之一，它为机器视觉提供了必要的基础功能，如图像增强、特征提取和物体识别等。机器视觉的目标则是将图像处理的结果应用于实际任务中，如自动控制、质量检测等。即机器视觉利用图像处理技术来解决实际问题，并实现智能决策和行动。本书着重讲解机器视觉的核心基础图像处理的各种技术原理及实现步骤，并通过"典型案例""场景延伸"展现基于图像处理的机器视觉应用。

为了更好地组织和理解图像处理技术，后续内容主要分为两个类别：一是输入输出均为图像的处理；二是输入可能是图像，但输出是提取的属性。图 1-3 提供了一个概念性的框架，展示了这两种类别的处理方法。该图的目的是给出一个概览，展示如何处理图像以达成不同的目标，也相当于是对本书其余部分的一个预览，方便读者建立一个关于不同图像处理技术的初步概念。

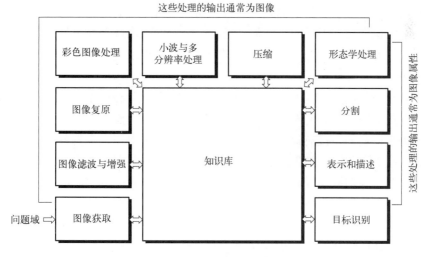

图 1-3　机器视觉的基本步骤

图像获取是处理流程的第一步，涉及将实体图像转成数字格式。第 2 章深入探讨数字图像来源与概念，讲解设备捕获原理，介绍像素、分辨率等关键概念。获取阶段有预处理如缩放、旋转等，其目的是方便后续处理。理解获取和预处理对保证获取图像质量至关重要。

图像增强是一种旨在改善图像质量或突出图像中某些特征的处理方法，以便使这些图像更适合于特定的应用或分析。这种处理通常涉及到调整图像的对比度、亮度、锐化边缘或者减少噪声等，目的是提高图像的可视性或可识别性，使得图像在后续的处理步骤中能提供更准确和有用的信息。

图像增强缺乏通用理论，其效果依赖于观察者的主观评价。由于技术多样性，很难用短篇幅全面覆盖。但对于初学者而言，图像增强是吸引人且相对容易理解的领域，因此第 3 章和第 4 章将介绍多种传统增强技术，方便读者更好地理解。尽管重点放在图像增强上，但所讲述的原理和技术的应用领域远不止于此，它们可以解决更广泛的问题。

图像复原也是改进图像外观的一个处理领域，其与图像增强一样都是用于改善图像外观的处理方法。它们的主要区别在于方法和目标。图像复原更注重客观性，通过使用数学或概率模型来描述和还原图像经历的退化过程，从而获得更接近真实的原始图像。相反，图像增强更加主观，以人的主观偏好为基础，通过改进图像的外观来满足观察者的主观需求。这反映了它们在处理图像问题时的不同取向和优先目标。

彩色图像处理是数字图像处理领域的关键部分，随着互联网应用增长而变得愈发重要。第 5 章介绍了彩色模型和处理方法。后续章节中，彩色处理不仅可用于改善外观，还可提取特征用于识别、追踪、分割等。色彩信息有助于精确分析。

形态学处理涉及提取图像分量的工具，这些分量在表示和描述形状方面很有用。这部分的内容将从输出图像处理到输出图像属性处理的转换开始。

图像分割是将一幅图像划分为各个组成部分或目标的过程，这是一项极具挑战性的任务。在机器视觉中，自动分割往往是最为复杂和困难的任务之一。要将图像中的各个目标精确地识别出来，需要经过精细地分割处理。而如果所采用的分割算法性能不佳或不够稳定，那么最终的识别结果很可能会失败。通常，分割的准确性越高，目标识别的成功率也会越大。因此，为了实现更为准确的图像识别，我们应当致力于研究和开发更为强大、稳定的分割算法。

识别是基于目标的描述给目标赋予标志（譬如"车辆"）的过程，我们通过阐述识别个别目标的方法来结束本书关于机器视觉的讨论。

到目前为止，我们还没有谈到关于先验知识及图 1-3 中知识库与各个处理模块之间的关系的内容。有关问题域的知识已经以知识库的形式编码并存入图像处理系统中，这一知识可能像一幅图像详细描述区域那样简单，在这里定位已知的感兴趣的信息，可将限制性的搜索引导到要寻找的信息处。知识库也可能相当复杂，如材料检测问题中所有主要缺陷的相关列表，或者包含变化检测应用中一个区域的高分辨率卫星图像的图像数据库。除了引导每个处理模块的操作外，知识库还要控制模块之间的交互。这一特性由图 1-3 中处理模块和知识库之间的双头箭头表示，而单头箭头则用于连接处理模块。

尽管图像显示未被专门讨论，但其重要性不容忽视。图 1-3 中任意阶段的输出都可用于查看图像处理结果。值得注意的是，并非所有图像处理都必须涉及图 1-3 所示的复杂流程。实际上，在某些情况下，并不是所有模块都是必需的。例如，仅用于视觉增强的图像通常不需要图中的其他步骤。但随着任务复杂度上升，通常需要更多的处理步骤来解决问题。

1.5　机器视觉图像处理系统的组成

在 20 世纪 80 年代中期，图像处理系统由多主机和外设组成的模块化方案主导，成本高昂且复杂。随着技术进步，20 世纪 80 年代末至 90 年代初市场向集成化硬件转变，与工业标准总线兼容的单板方案降低了门槛和成本，使更多公司能够进入市场并专注于软件开发。同时期，开源和商业软件库兴起，支持开发人员构建复杂的图像处理应用，促进了图像处理技术生态的发展。

尽管用于处理大规模图像任务，如卫星图像分析的大型图像处理系统继续在市场上销售，但趋势显示市场正向小型化、通用化的计算机发展，这些计算机配备了具有特定用途的图像处理硬件。图 1-4 展示了一个典型的机器视觉图像处理系统的组成部分，接下来详细探讨每个组件的作用。

首先从图像传感器开始，在感知数字图像的过程中，物理设备和数字化器是两个关键的组成部分。物理设备负责接收目标辐射的能量，并对其敏感。而数字化器则将物理设备的输出转换为数字形式，以便进一步处理和分析。例如，在数字视频摄像机中，传感器根据光线的强度产生输出，随后数字化器将该输出转换为数字数据。这些内容主要在第 2 章中有详细的阐述。

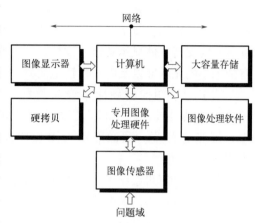

图 1-4　通用图像处理系统的组成

专用图像处理硬件通常由数字化器与执行其他原始操作的硬件 [如算术逻辑单元（ALU）] 组成，算术逻辑单元对整个图像并行执行算术与逻辑运算。如何使用 ALU 的一个例子是与数字化一样快的图像取平均操作，这一操作的目的是降低噪声。这种类型的硬件有时称为前端子系统，其显著特点是速度快。换句话说，该单元执行要求具有快速数据吞吐的功能（譬如以 30 帧 / 秒的速率来数字化和平均视频图像），普通的主机不能胜任该工作。

图像处理软件的核心是那些专门用于执行特定任务的模块。理想的软件包应提供用户自定义代码的功能，这样用户可以最大限度地利用这些专用模块，仅用少量代码就能完成特定任务。更高级的软件包还应支持这些模块的集成，并允许用户使用一种或多种编程语言来编写通用的软件命令集。这样的设计可以为用户提供更大的灵活性和更全面的图像处理功能。

在图像处理应用中，大容量存储能力是必需的。由于图像尺寸、像素和灰度等因素，未压缩的图像需要大量存储空间。对于处理大量图像，提供足够的存储空间是一个挑战。数字存储在图像处理系统中分为短期、在线和档案存储三种主要类别。存储是以字节（8比特）、千字节（1000 字节）、兆字节（100 万字节）、吉字节（10 亿字节）或太字节（1 万亿字节）来计量的。

处理大量图像时，短期存储是关键。可使用计算机内存或高效专用存储板（帧缓存）。该存储板可快速存储一帧或多帧图像，以视频速率（如 30 帧 / 秒）访问。此技术提供高效存储，支持图像缩放、滚动和摇动。帧缓冲器集成于专用图像处理硬件单元中，如图 1-4所示。这种设计可以高效处理图像数据，满足实时需求。在线存储通常采用磁盘或光介质，关键特性参数是数据访问频率。频繁访问的数据需高速磁盘或光纤介质。大容量存储但低访问频率的数据，适合档案存储。常用档案存储介质有磁带和光盘，这种存储方式有利于长期保存数据，有效管理大规模图像数据集。

当今图像显示器市场主要由彩色电视监视器主导，其中平面屏幕型号表现尤为突出。这些监视器由图像和图形显示卡的输出驱动，而显示卡作为计算机系统的一部分，发挥着不可或缺的作用。对于图像显示应用，一个重要的要求是显示卡必须满足商用标准，有时甚至需要支持立体显示功能。立体显示通常通过佩戴在用户头上的头盔实现，该头盔配备有两个小的显示屏以及嵌在目镜上的立体目镜。

用于记录图像的硬拷贝设备将数字图像输出为实体形式，如激光打印机和胶片相机。在专业领域，由于其高分辨率需求，胶片相机被广泛使用；而在日常应用中，纸张更普及。图像展示可用胶片或投影仪，因其灵活性和方便性，后者逐渐成为主流。

在现代计算机系统中，网络功能几乎是标准配置。鉴于图像处理应用通常涉及大量数据，网络带宽成为传输图像时的一个关键考虑因素。在私有网络环境下，带宽问题不太显著，但通过互联网进行远程传输时常面临效率挑战。幸运的是，随着光纤和宽带技术的进步，网络传输能力正在快速提升。

【本章小结】

本章旨在介绍机器视觉的发展历史与其重要性，以及当前和潜在的应用，让读者对机器视觉技术的知识架构和应用范围有一个较为清晰的认识。接下来的章节将更深入地探讨图像处理的理论与实际操作，并通过众多实例帮助读者更好地理解这些技术如何被应用。

【知识检测】

一、填空题

1. 机器视觉起源于 20 世纪 _____ 年代的计算机科学和人工智能领域。

2. 机器视觉的起源与计算机视觉的发展 _____（"同步"或"不同步"）。

3. 机器视觉在安防领域的应用包括 _____ 识别与监控。

4. 机器视觉在机器人领域的应用是赋予机器人 _____ 能力，使其能够感知环境并做出相应动作。

二、选择题

1. 机器视觉的起源可以追溯到哪个年代？（   ）

    A. 20 世纪 40 年代   B. 20 世纪 50 年代

    C. 20 世纪 80 年代   D. 20 世纪 90 年代

2. 在机器视觉的实际应用中，用于实现物体精确定位的技术是什么？（   ）

    A. 物体识别   B. 人脸识别

    C. 机器人视觉定位   D. 光学字符识别

三、判断题

1. 机器视觉的实际应用仅限于工业领域。（　　　）

2. 机器视觉系统中的计算机用于存储图像数据。（　　　）

3. 机器视觉在农业领域没有实际应用。（　　　）

第2章

数字图像处理

本章旨在介绍机器视觉数字图像处理所需的基本知识，对人类视觉系统的工作原理，包括眼中图像的形成以及对亮度的适应和辨别能力，以及机器视觉中成像传感器及其如何生成数字图像进行阐释。同时介绍了均匀图像采样和灰度量化的概念，讨论了数字图像表示、采样数和灰度级变化的影响、空间和灰度分辨率的概念、图像内插的原理，以及如何处理像素之间的基本关系。

最后还介绍了本书所使用的主要数学工具，并通过基本图像处理任务中的应用示例来帮助读者建立对这些工具应用的初步认知。

【学习目标】

① 掌握数字图像的基本概念，深入理解数字图像的定义、构成元素及其基本特性。

② 掌握数字图像的常见表示方法，如位图、矢量图等，并理解它们各自的特点和适用场景。

③ 理解并掌握数字图像处理的基本原理与常用方法。

【学习导图】

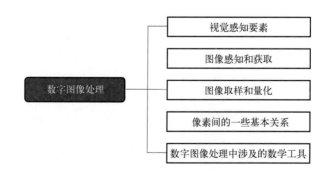

【知识讲解】

2.1 视觉感知要素

尽管数字图像处理基于数学和概率论，但实际操作中，人的直觉和视觉感受也很关键。理解人类视觉系统以及人眼成像和图像感知方式对图像处理至关重要。数字图像处理受到人类视觉物理局限性影响，如颜色、亮度和分辨率的感知。同时，电子设备和人眼在分辨率和光照适应性方面也存在差异。因此，理解人类视觉与电子成像设备在分辨率和对光照变化的适应能力等方面的差异具有学术意义和实践价值。

2.1.1 人眼的结构

图 2-1 是人眼的一个水平剖面简图。眼睛近似于一个球体，其平均直径大约为 20mm。眼睛周围有三层薄膜：角膜和巩膜外壳、脉络膜以及视网膜。角膜是一层坚硬且透明的组织，覆盖在眼睛的前部。与角膜相连的是巩膜，这层不透明的膜包裹着眼球的其余部分。

视网膜是眼睛最内层的膜，覆盖着整个眼部的后部内壁。当眼睛正确对焦时，外部物体的光会在视网膜上形成图像。光感受器对视网膜表面分布的不连续的光进行处理，提供图案视觉。光感受器主要有两类：锥状体和杆状体。每只眼睛含有600 万～ 700 万个锥状体，它们主要集中在视网膜的中央部分，并且对颜色非常敏感。这些锥状体使我们能够清晰地分辨图像的细节，因为每个锥状体都与自身的神经末梢相连。眼球的肌肉会控制其转

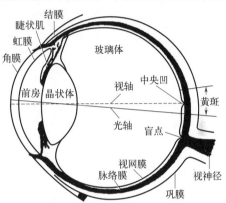

图 2-1　人眼剖面简图

动，确保我们感兴趣的物体图像能够准确地投射到中央凹上。锥状体视觉称为白昼视觉或亮视觉。视网膜表面还分布着大量的杆状体，数量在 7500 万～ 15000 万。这些杆状体覆盖面积大，且几个杆状体连接到一个神经末梢，导致它们不能感知细节。杆状体提供的是视野内的总体图像，没有彩色感知能力，但对低光照度敏感。如在白天色彩鲜明的物体，在月光下会失去颜色，因为此时只有杆状体起作用。这种现象被称为暗视觉或微光视觉。

中央凹是视网膜上一个直径约为 1.5mm 的圆形凹坑，为了讨论的方便，我们可以将其近似看作一个方形或矩形的敏感元素阵列，即一个 1.5mm × 1.5mm 的方形传感器阵列，以便更灵活地解释其功能。在这一区域内，锥状体的密度约为 150000 个 /mm^2。基于这一近似值，眼睛中最敏感区域的锥状体数量大约为 337000 个。从自然分辨能力的角度看，恰好与一个中等分辨率的电荷耦合元件（CCD）成像芯片具有的元素数量相当，接收器阵列不大于 5mm × 5mm。尽管人类的智慧和视觉经验使得这种比较略显肤浅，但注意，人眼分辨细节的能力与当前的电子成像传感器是可比拟的，这一点在讨论中仍然具有重要意义。

2.1.2 眼睛中图像的形成

在传统的摄影设备中，镜头的焦距是固定不变的。为了确保不同距离的物体能够清晰聚焦，我们需要调整镜头与胶片或成像传感器之间的距离。然而，与这种设计不同，人眼

具有独特的调焦机制。在人眼中，晶状体与视网膜之间的距离是恒定的。为了实现聚焦，晶状体的形状会发生变化，进而改变其焦距。这一过程是由睫状体中的肌肉控制的，它们通过放松或收缩来调整晶状体的厚度。值得注意的是，人眼的晶状体到视网膜的距离大约为 17mm，而焦距的范围通常在 14 ～ 17mm。当我们的眼睛处于放松状态并聚焦于 3m 以外的物体时，焦距大约是 17mm。

图 2-2 中的几何关系说明了如何得到一幅在视网膜上形成的图像的尺度。例如，假设一个人正在观看距其 100m 处的高为 15m 的一棵树。令 h 表示视网膜图像中该物体的高度，由图 2-2 的几何形状可以看出 15/100=h/17 或 h=2.55mm。正如 2.1.1 小节指出的那样，视网膜图像主要聚焦在中央凹区域。然后，光感受器的相对刺激作用产生感知，把辐射能转变为电脉冲，最后由大脑解码。

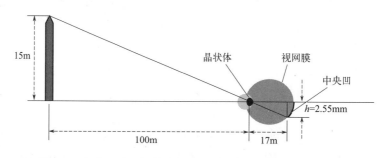

图 2-2　人眼观看一棵棕榈树的图解（黑色点是晶状体的光）

2.2　图像感知和获取

在多数我们所关注的图像中，其形成都源于"照射"源和"场景"元素对光能的反射或吸收。之所以给"照射"和"场景"加上引号，是为了强调一个事实：即其与我们所熟悉的一个可见光源每天照射普通的三维场景情况不完全相同。例如，照射可以由电磁能源引起，如雷达、红外线或 X 射线系统。照射也可能由非传统光源（如超声波）甚至是计算机产生的照射模式形成。同样地，"场景"元素可能是一些我们所熟知的物体，但它们也可能是分子、沉积岩或人类的大脑等。依赖于光源的特性，照射可以由物体反射或透射。第一类例子是从平坦表面反射。第二类例子是为了产生一幅 X 射线照片，让X 射线透过病人的身体。在某些应用中，反射能或透射能可聚焦到一个光转换器上（如荧光屏），光转换器再把能量转换为可见光。电子显微镜和某些伽马成像应用就使用这种方法。

图 2-3 展示了将照射能量转换为数字图像的主要传感器配置。其工作原理很简单：通过将输入电能与对特定类型检测能源敏感的传感器材料相结合，将输入能源转化为电压。传感器响应形成输出电压波形，每个传感器的响应都可以被数字化为一个数字量。在本节中，我们将重点关注图像感知和生成的主要方式，图像数字化将在 2.3 节中详细讨论。

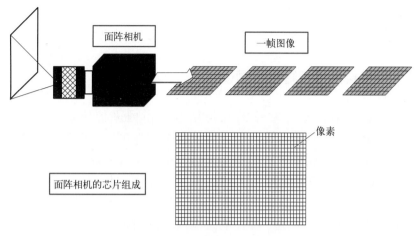

图 2-3　单个成像传感器配置

2.2.1　使用单个传感器获取图像

图 2-3 展示了单个传感器的组成部件。其中最为人熟知的是光二极管，它由硅材料构成，其输出电压波形与入射光的强度成正比。为了改善选择性，在传感器前方通常会安装一个滤光器。例如，一个绿色的（通过）滤光器可以使绿色波段的光通过，从而增强传感器对绿色光的响应。因此，传感器输出的绿光比可见光谱中的其他成分要强。

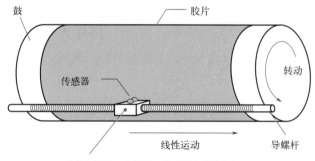

胶片每旋转一个增量且传感器完整地从左
到右线性移动一次，输出图像的一行

图 2-4　单个传感器通过运动来生成二维图像

为了使用单个传感器生成二维图像，传感器与成像区域之间需要在 x 和 y 方向上产生相对位移。图 2-4 展示了一个用于高精度扫描的配置，其中胶片被固定在一个鼓上，鼓的机械转动提供了一个维度的位移。同时，单个传感器被安装在导螺杆上，它提供与转动相垂直的方向上的移动。由于机械运动可高精度控制，这种方法能够以较低的成本获得高分辨率的图像（尽管速度相对较慢）。另一种类似的机械配置使用一个平面床，传感器则在两个方向线性移动。这些类型的机械数字化仪有时称为微密度计。

另一个使用单个传感器进行成像的例子是将激光源和传感器组合在一起，通过使用镜子来控制激光束的扫描模式，将反射的激光信号引导至传感器。这种配置还可以使用条形或矩形传感器来获取图像，这种配置将在 2.2.2 小节和 2.2.3 小节中详细讨论。

2.2.2 使用条带传感器获取图像

相较于单个传感器，更为常见的几何结构是由内嵌传感器组成的传感器带，如图 2-5（2）所示。该传感器带在一个方向上提供成像单元，而垂直于传感器带的运动则负责在另一方向上完成成像，如图 2-5（1）所示。这种排列方式在多数平板扫描仪中得到应用，其感知设备可能内嵌了 4000 个甚至更多的传感器。内嵌传感器在航空成像应用中也较为常见，其成像系统被安装在一架飞行器上，该飞行器以恒定的速度和高度飞越待成像的地区，可响应各种电磁波谱波段的一维传感器带按垂直于飞行方向来安装，成像传感器带一次给出一幅图像的一行，传感器带的运动完成二维图像的另一个维度。

圆环形方式安装的传感器带在医学和工业成像中被广泛应用，以获取三维物体的剖面（或称为"切片"）图像，如图 2-5（2）所示。在这种配置中，一个旋转的 X 射线源提供照射，而位于射线源对面的传感器则负责捕捉穿过物体的 X 射线能量（这些传感器必须对 X 射线具有敏感性）。这正是 1.3.2 小节中所描述的医学成像的基本原理。由图像堆叠组成的三维数字物体是由物体与传感器环在相垂直方向的运动产生的，基于计算机轴向断层（CAT）原理的其他成像模式包括核磁共振成像（MRI）和正电子发射断层（PET）成像，尽管其照射源、传感器和图像的类型是不同的，但概念上它们与图 2-5（2）中所示的基本成像方法非常相似。需要注意的是，传感器的输出必须经过重建算法的处理，该算法旨在将感知数据转换成具有实际意义的剖面图像。因此，仅仅依靠传感器的运动是无法直接获得图像的，还需要对这些数据进行进一步的处理和分析。换句话说，图像不可能单靠传感器的运动直接得到。

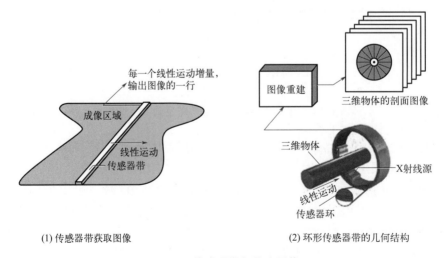

(1) 传感器带获取图像　　　　　　　(2) 环形传感器带的几何结构

图 2-5　传感器带与获取图像

2.2.3　简单的图像形成模型

我们使用形如 $f(x,y)$ 的二维函数来表示图像。在空间坐标 (x,y) 处，该函数的值或幅度是一个正的标量，其物理意义由图像源决定。当一幅图像由物理过程产生时，其亮度值正比于物理源（如电磁波）所辐射的能量。因此，$f(x,y)$ 的值一定是非零和有限的，即 $0<f(x,y)<\infty$。数字图像获取过程示意如图 2-6 所示。

> 在处理过程中或是作为解译的结果，图像灰度可以为负值。例如，在雷达成像中，移向雷达系统的物体通常解释为速度为负，而远离雷达系统的物体总是解释为速度为正。这样，一幅速度图像就可编码为既有正值又有负值。在存储和显示图像时，我们通常会标定灰度，以使最小的负值变为 0。

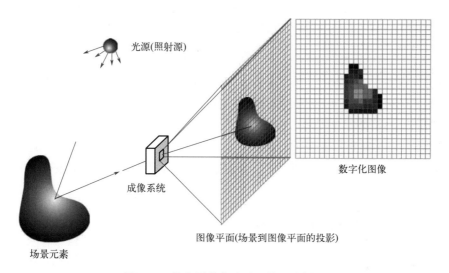

图 2-6　数字图像获取过程的一个例子

函数 $f(x,y)$ 可由两个分量来表征：①入射到被观察场景的光源照射总量；②场景中物体所反射的光照总量。这两个分量分别称为入射分量和反射分量，且分别表示为 $i(x,y)$ 和 $r(x,y)$。两者作为一个乘积合并形成 $f(x,y)$，即

$$f(x,y)=i(x,y)r(x,y) \tag{2-1}$$

式中

$$0<i(x,y)<\infty \tag{2-2}$$

$$0<r(x,y)<1 \tag{2-3}$$

式（2-3）指出反射分量限制在 0（全吸收）和 1（全反射）之间。$i(x,y)$ 的性质取决于照射源，而 $r(x,y)$ 的性质则取决于成像物体的特性。注意，这种表示方式还可用于照射光通过一个媒体形成图像的情况，如胸透 X 射线照片。在这种情况下，我们应该用透射系数代替反射函数，但其限制应该与式（2-3）相同，且形成的图像函数会建模为式（2-1）中的乘积。

例 2.1　照射和反射的一些典型值

式（2-2）和式（2-3）中给出的值是理论界限。在实际应用中，对于可见光，下面用平均数值说明 $i(x,y)$ 的一些典型范围。例如，在晴朗的白天，太阳在地面上可能会产生超过 90000lm/m² 的照度。在有云的白天，这个数值下降到 10000lm/m²。在晴朗的夜晚，满月情况下的照度大约为 0.1lm/m²。商用办公室的典型照度约为 1000lm/m²。类似地，下面是 $r(x,y)$ 的一些典型值：黑天鹅绒为 0.01，不锈钢为 0.65，白色墙为 0.80，镀银金属为 0.90，雪为 0.93。

令单色图像在任何坐标 (x_0, y_0) 处的强度（灰度）表示为：

$$\ell = f(x_0, y_0) \tag{2-4}$$

由式（2-1）～式（2-3）可知 ℓ 的取值范围为：

$$L_{\min} \leqslant \ell \leqslant L_{\max} \tag{2-5}$$

理论上，仅要求 $L_{\min}$ 为正，而要求 $L_{\max}$ 为有限值。实际上，$L_{\min} = i_{\min} r_{\min}$ 和 $L_{\max} = i_{\max} r_{\max}$。参照前面提到的办公室的平均照度和反射值范围，我们希望 $L_{\min} \approx 10$ 和 $L_{\max} \approx 1000$ 作为没有附加照明的室内值的典型限制。

区间 $[L_{\min}, L_{\max}]$ 称为灰度级（或强度级）。实际情况下常常令该区间为 $[0, L\text{-}1]$，其中 $\ell = 0$ 为黑色，$\ell = L-1$ 在灰度级中为白色。所有中间值是从黑色到白色之间变化的灰度色调。

2.3　图像取样和量化

在前一节的讨论中，我们了解到存在多种图像获取方法，但这些方法的最终目标都是一致的，即从感知数据中生成数字图像。大多数传感器的输出表现为连续的电压波形，这些波形的幅度和空间特性与所感知的物理现象紧密相关。为了产生一幅数字图像，我们需要将这些连续的感知数据转换成数字形式。这种转换过程包含两个关键步骤：取样和量化。

2.3.1　取样和量化的基本概念

图 2-7 展示了取样和量化的基本概念。在图 2-7（1）中，我们可以看到一幅连续的图像 f，目标是将它转换为数字形式。一幅图像的 x 和 y 坐标以及幅度都可能是连续的。为将它转换为数字形式，必须在坐标上和幅度上都进行取样操作。对坐标值进行数字化称为取样，对幅值数字化称为量化。

为了对这个函数进行取样，我们在 AB 线段上等间距地取样，如图 2-7 所示，每个样本的位置由底部的垂直刻度标出，用曲线上的白色方块表示。这些离散的位置构成了取样后的函数。尽管如此，样本的灰度值仍然在垂直方向上覆盖了一个连续的范围。为了得到数字函数，这些灰度值也需要被转换成离散的量，即进行量化。

按照之前讨论的方式进行取样，假设我们有一幅在两个坐标方向和幅度上都连续的图像。在实际应用中，取样方法由用于生成该图像的传感器配置决定。如图 2-4 所示，当一幅图像由单个传感单元与机械运动相结合生成时，传感器的输出可以使用之前讨论的方式进行量化。然而，空间取样是通过选择各个机械增量的数量并在取样点处激活传感器来收集数据的。由于机械运动可以非常精确地实现，因此从理论上讲，使用这种方法对一幅图像取样的精细程度是没有限制的。但在实际应用中，取样精度的限制由其他因素决定，例如系统光学元件的质量。

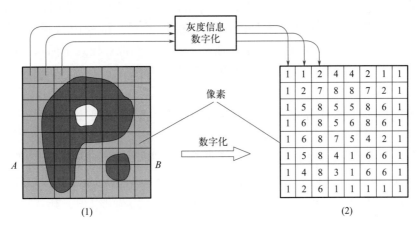

图 2-7 数字图像的生成

当我们使用带状传感器来获取图像时，传感器带上的传感器数量决定了图像在一个方向上的分辨率。而另一个方向上的机械运动控制需要更为精确，但在一个方向上实现超过由传感器数量限制的取样密度是没有意义的。对传感器输出的量化就完成了产生数字图像的过程。

当使用传感器阵列来捕获图像时，不需要任何移动，传感器阵列中的元件数量直接决定了两个方向上的采样分辨率。传感器输出的量化过程与之前描述的相同。图 2-7 阐述了这一概念。在图 2-8（1）中，我们看到一个连续的图像被投影到一个传感器阵列平面上，而图 2-8（2）展示了经过采样和量化处理后的图像。很明显，数字图像的质量在很大程度上依赖于采样和量化过程中使用的样本数量和灰度级别。但是，正如 2.3.3 小节所讨论的，选择这些参数时，图像内容是一个重要考虑因素。

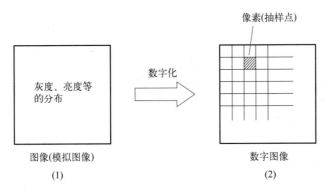

图 2-8 （1）为已投影到一个传感器阵列上的连续图像；（2）为图像取样和量化后的结果

2.3.2 数字图像表示

设 $f(s,t)$ 表示一个具有两个连续变量 s 和 t 的连续图像函数，我们可以通过取样和量化将这个函数转换成数字图像。假设我们将这个连续图像取样为一个二维数组 $f(x,y)$，该数组由 M 行和 N 列组成，其中 (x,y) 是离散坐标。为了清楚和方便，我们使用整数来表示这些离散坐标：$x=0, 1, 2, \cdots, M-1$ 和 $y=0, 1, 2, \cdots, N-1$。因此，数字图像在原点的值是 $f(0,0)$，第一行中紧接着原点的坐标处的值是 $f(0,1)$。这里，符号 $(0,1)$ 指的是第一行的第二个样本点，并不是实际的物理坐标值。通常，我们将图像在任意坐标 (x,y) 处的值表示为 $f(x,y)$，其中 x 和 y 都是整数。由图像坐标张成的实数平面部分被称为空间域，而 x 和 y 被称为空间变量或空间坐标。

在图 2-9 中，展示了三种表示 $f(x,y)$ 的基本方法。图 2-9（1）显示了一个图形的函数，其中使用两个坐标轴来确定空间位置，第三个维度是灰度值 f，它是空间变量 x 和 y 的函数。虽然在这个例子中，我们可以从图形中推断出图像的结构，但通常图像的复杂性使得通过这种方式难以解释图像的细节。当处理的元素由 (x,y,z) 三个坐标表达时，这种表示方法非常有用，其中 x 和 y 是空间坐标，z 是在坐标 (x,y) 处的 f 值。在 2.5.4 小节中，我们将详细讨论这种表示方法。

根据前面的讨论，我们可以得出结论，图 2-9（2）和图 2-9（3）中的表示方式是最实用的。图像显示帮助我们快速查看结果，而数值阵列则用于处理和算法的开发。我们可以用式（2-6）来表示一个 $M \times N$ 的数值阵列：

$$f(x,y) = \begin{bmatrix} f(0,0) & f(0,1) & \cdots & f(0,N-1) \\ f(1,0) & f(1,1) & \cdots & f(1,N-1) \\ \vdots & \vdots & & \vdots \\ f(M-1,0) & f(M-1,1) & \cdots & f(M-1,N-1) \end{bmatrix} \tag{2-6}$$

这个公式的两边以一种等效的方式定量地描述了一幅数字图像。右侧是一个实数矩阵，矩阵中的每个元素被称为图像单元、图像元素或像素。在本书中，图像和像素这两个术语将用来指代数字图像及其基本单元。

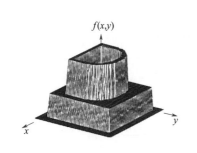
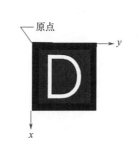

(1) 显示为表面图形的图像　　(2) 显示为可视灰度阵列的图像　　(3) 显示为一个二维数值阵列的图像
（0,0.5和1分别表示黑色、灰色和白色）

图 2-9　三种表示 $f(x,y)$ 的基本方法

在某些讨论中，使用传统的矩阵表示法来表示数字图像及其像素更为方便：

$$A = \begin{bmatrix} a_{0,0} & a_{0,1} & \cdots & a_{0,N-1} \\ a_{1,0} & a_{1,1} & \cdots & a_{1,N-1} \\ \vdots & \vdots & & \vdots \\ a_{M-1,0} & a_{M-1,1} & \cdots & a_{M-1,N-1} \end{bmatrix} \tag{2-7}$$

显然，$a_{ij} = f(x=i, y=j) = f(i,j)$，因此式（2-6）和式（2-7）是相同的矩阵。我们甚至可以将一幅图像表示一个向量 v。例如，尺寸为 $MN \times 1$ 的列向量由 v 的前 M 个元素作为 A 的第一列来构成，其后的 M 个元素作为第二列，等等。我们也可以使用 A 的行代替列来形成这样的一个向量。只要一致，哪种表示都是有效的。

回顾图 2-9，我们可以看到数字图像的原点位于左上角，其中 x 轴向下延伸，y 轴向右延伸。这种表示方式是基于这样一个事实：许多图像显示设备（如电视屏幕）的扫描都是从左上角开始，然后逐行向下进行。矩阵的第一个元素通常放在左上角，这与数学中的习惯一致，因此将原点设置在左上角在数学上是合理的。值得注意的是，这种表示是我们所熟悉的标准的右手笛卡儿坐标系。我们仅使用了指向下方和指向右方的坐标轴来代替向右和向上的坐标轴。

在某些情况下，需要使用更正式的数学术语来描述取样和量化过程。设 Z 表示整数集，R 表示实数集。取样处理可看成是把 xy 平面分为一个网格的过程，网格中每个单元的中心的坐标是笛卡儿积 Z^2 中的一对元素，Z^2 是所有有序元素对 (z_i, z_j) 的集合，z 和 j 是 Z 中的整数。因此，如果 (x,y) 是 Z^2 中的整数，并且 f 是一个函数，它将灰度值（即 R 中的一个实数）分配给每个特定的坐标对 (x,y)，那么 $f(x,y)$ 就构成了一幅数字图像。显然，这种赋值过程就是之前描述的量化过程。如果灰度级也是整数（这在当前和后续章节中通常是这种情况），则用 Z 代替 R，然后，数字图像就变成了一个二维函数，其坐标和幅值都是整数。

数字化过程要求针对 M 值、N 值和离散灰度级数 L 做出判定。对于 M 和 N，除了必须取正整数外没有其他限制。然而，出于存储和量化硬件的考虑，灰度级数典型地取为 2 的整数次幂，即

> 通常，将 L 个灰度值缩放至区间 $[0,1]$ 对于计算或算法开发是有益的，这时，它们的值不再是整数。但在大多数情况下，这些值会被缩放到用于图像存储和显示的整数区间 $[0,L-1]$。

$$L = 2^K \tag{2-8}$$

我们假定离散的灰度级别是等间隔分布的，并且它们代表区间 $[0,L-1]$ 内的整数值。有时，灰度值所覆盖的范围非正式地被称为动态范围。这一术语在不同的场合有不同的用法。在这里，我们将图像系统的动态范围定义为系统中最大可度量灰度与最小可检测灰度之比。理论上，上限由饱和度决定，而下限由噪声水平决定（参见图 2-10）。基本上，动态范围是由系统能够表示的最低和最高灰度级别决定的，因此，它也是图像所具有的动态范围。与这个概念紧密相关的是图像的对比度，我们将图像中最高和最低灰度级别之间的差异定义为对比度。一幅图像中像素可感知的数值具有高动态范围时，那么我们认为该图

像具有高的对比度，相反，动态范围较低的图像则显得平淡，缺乏层次感。

图 2-10　显示了饱和度和噪声的一幅图像 ❶

存储数字图像所需的比特数 b 为：

$$b = MNK \qquad (2\text{-}9)$$

当 $M=N$ 时，该式变为：

$$b = N^2K \qquad (2\text{-}10)$$

表 2-1 展示了 N 和 K 取不同值时需要用来存储方形图像的比特数。括号内的数字表示每个 K 值对应的灰度级数量。当一幅图像有 2^K 个灰度级时，我们通常称这幅图像为"K比特图像"。例如，如果一幅图像有 256 个可能的离散灰度值，我们就称它为 8 比特图像。需要注意的是，对于尺寸为 1024×1024 或更大的 8 比特图像，其存储需求很大。

表 2-1　N 和 K 取不同值时存储所需的比特数（L 是灰度级数）

N/K	1（$L=2$）	2（$L=2$）	3（$L=8$）	4（$L=16$）	5（$L=32$）	6（$L=64$）	7（$L=128$）
32	1024	2048	3027	4096	5120	6144	7168
64	4096	8192	12288	16384	20480	24576	28672
128	16384	32768	49152	65536	81920	98304	114688
256	65536	131072	196608	262144	32680	393216	458752
512	262144	524288	786432	1048576	1310720	1572864	1835008
1024	1048576	2097152	3145728	4194304	5242880	6291456	7340032
2048	4194304	8388608	12582912	16777216	20971520	25165824	29369128
4096	16777216	33554432	50331648	67.108.864	83886080	100663296	117440512
8192	67108864	134217728	201326592	268435456	335544320	402653184	469762048

---

❶ 饱和度是指超过这个值的灰度级将被剪切掉这样的一个最高值（注意整个饱和区域具有恒定的高灰度级）。这种情况下的噪声表现为粒状纹理模式。噪声，特别是较暗图像区域中的噪声，掩盖了可检测的最低真实灰度级。

2.3.3　空间和灰度分辨率

空间分辨率是图像中可以辨别的最小细节的度量，它可以通过多种方式来表达。其中，每单位距离线对数和单位距离点数（像素数）是最常用的度量标准。如果我们用交替出现的黑色和白色垂直线来构建一幅图像，线宽为 W 个单位（W 可以小于 1），那么线对的宽度就是 $2W$。单位距离中的线对数量是 $1/2W$。举个例子，如果线宽为 0.1mm，那么单位距离（mm）内就有 5 个线对。广泛使用的图像分辨率定义是单位距离内可分辨的最大线对数量，比如每毫米 100 个线对。此外，单位距离的点数也是印刷和出版业中常用的图像分辨率度量标准。在美国，这一度量通常使用每英寸❶点数（dpi）来表示。例如，报纸使用 75dpi 的分辨率进行印刷，杂志是 133dpi，精美的宣传册是 175dpi，而我们所阅读的书页则是以 2044dpi 的分辨率印刷的。

空间分辨率的度量必须基于特定的空间单位来规定，这样才能有意义。仅凭图像的大小本身并不能提供全部信息。如果我们没有规定图像所包含的空间维度，那么说一幅图像的分辨率为 1024×1024 像素是没有实际意义的。尺寸本身只在比较图像容量时才有帮助。例如，一台配备 20 兆像素成像芯片的 CCD 数字摄像机与一台 8 兆像素的摄像机相比，具有更高的分辨细节的能力。假设这两台摄像机都配备了可比较的镜头，并在相同的距离拍摄可比较的图像。

类似地，灰度分辨率是指在灰度级别中可分辨的最小变化。基于硬件的考虑，正如 2.3.2 小节所述，灰度级别通常是 2 的整数次幂。最常用的数是 8 比特，在某些特殊的图像增强应用中，使用 16 比特也是必要的。灰度量化使用 32 比特的情况非常罕见。有时，我们会发现有使用 10 比特或 12 比特来数字化图像灰度级别的系统，但这些系统都是特例而不是常规系统。与空间分辨率必须基于每单位距离才有意义不同，灰度分辨率指的是用于量化灰度的比特数。例如，通常说一幅被量化为 256 级的图像具有 8 比特的灰度分辨率。因为灰度中可分辨的真实变化不仅受到噪声和饱和度值的影响，还受到人类感知能力的影响（见 2.1 节）。因此，说一幅图像具有 8 比特的灰度分辨率并不比规定以灰度幅值为 1/256 的固定增量量化为 8 比特的系统能力的规定有更多的内容。

例 2.2 展示了图像尺寸和灰度分辨率对可分辨细节的影响。下面我们将探讨决定感知图像质量的两个参数是如何相互作用的。

例 2.2　降低图像空间分辨率的效果说明

图 2-11 展示了降低图像空间分辨率的效果。从图 2-11（1）到图 2-11（4），分别展示了分辨率为 1250dpi、300dpi、150dpi 和 72dpi 的图像。可以看出，低分辨率的图像与原图像相比要小。例如，原始图像的尺寸为 3692×2812 像素，而 72dpi 的图像仅是一个 213×162 像素的阵列。为了便于比较，所有的小图像都放大到了原图像的大小。因此，我们可就可见细节做可比性的说明。

在图 2-11（1）和图 2-11（2）之间，存在一些细微的视觉差异，最显著的莫过于在图 2-11（2）中大黑针的轻微失真。然而，图 2-11（2）的图像质量大体上仍是可接受的。

---

❶ 1 英寸等于 2.54 厘米。

实际上，300dpi是书籍印刷所采用的最小空间分辨率标准。因此，我们并不会看到巨大的差异。图 2-11（3）显示了可见的退化，比如计时器的圆形边缘和右侧指向 60min 的小针。图 2-11（4）图像中大多数细节则显著退化。为了以低的分辨率下印刷时获得更好的效果，印刷和出版行业会采用一些"技巧"（比如局部调整像素尺寸）。

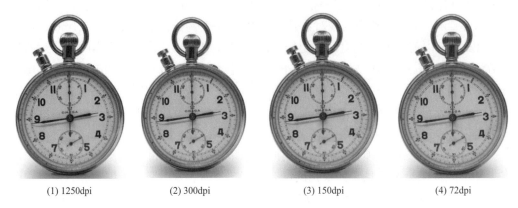

| (1) 1250dpi | (2) 300dpi | (3) 150dpi | (4) 72dpi |

图 2-11　降低空间分辨率的典型效果

例 2.2 展示了改变图像的尺寸 N 和每个像素的比特数 K 对图像质量的影响。但是，这些结果只是部分地解答了改变这两个参数如何影响图像的问题，因为我们还没有考虑到这两个参数之间可能存在的相互作用。Huang（1965）早期的研究试图通过实验来量化同时改变 N 和 K 时对图像质量所产生的影响。这些实验包括了一系列主观测试，使用了类似于图 2-12 中展示的图像。在这些测试中，图像（1）代表了含有较少细节的图像，图像（2）包含了中等程度的细节，图像（3）则包含了大量的细节。

(1)具有少量细节的图像　　　(2)具有中等程度细节的图像　　　(3)具有大量细节的图像

图 2-12　测试图像

通过调整 N 和 K 的值，生成了一组这三种类型的图像，并要求观察者根据图像质量进行主观排序。最终结果以等偏爱曲线形式在 NK 平面上汇总（图 2-13 中显示了对应于图 2-12 中图像的平均等偏爱曲线）。NK 平面上的每个点代表一幅图像，其 N 值和 K 值等于该点的坐标。位于等偏爱曲线上的点对应于具有相同主观判定质量的图像。实验发现等偏爱曲线倾向于向右上方移动，但三类图像的等偏爱曲线形状并不相同，如图 2-13 中所示。曲线向右上方移动意味着更大的 N 值和 K 值，而这又意味着更好的图像质量。

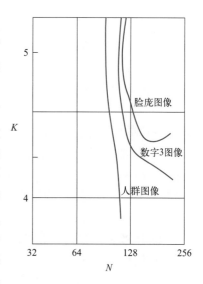

图 2-13　图 2-12 中三类图像的典型等偏爱曲线

由图 2-13 可知，当图像中的细节增多时，等偏好曲线会变得更加垂直。这一观察结果意味着，对于包含大量细节的图像，可能只需要较少的灰度级。例如，在图 2-13 中，对应人群图像的等偏爱曲线几乎是垂直的，这表明在 N 保持不变的情况下，这类图像的感觉质量与所用的灰度级数（对于图 2-13 所示的灰度级范围）是近似独立的。另两类图像在样本数增加的某些间隔内感觉质量保持相同，但灰度级数实际上降低了。这种现象最可能的解释是，减少 K 可能会导致对比度的显著增强，而这通常会被人类视觉系统感知为图像质量的改善。

2.4　像素间的一些基本关系

在这一节，我们考虑数字图像中像素间的几个重要关系。图像由 $f(x, y)$ 表示，当引用某个特殊的像素时，通常使用小写字母，如 p 和 q。

2.4.1　相邻像素

位于坐标 (x, y) 处的像素 p 有 4 个水平和垂直的相邻像素，其坐标由下式给出：

$$(x+1, y), (x-1, y), (x, y+1), (x, y-1)$$

这组像素称为 p 的 4 邻域，用 $N_4(p)$ 表示。每个像素距 (x, y) 一个单位距离，如果 (x, y) 位于图像的边界上，则 p 的某些相邻像素位于数字图像的外部。我们将在第 3 章处理这个问题。

p 的 4 个对角相邻像素的坐标如下：

$$(x+1, y+1), (x-1, y-1), (x-1, y+1), (x-1, y-1)$$

并用 $N_D(p)$ 表示。这些点与 4 个邻点一起称为 p 的 8 邻域，用 $N_8(p)$ 表示。如果 (x, y) 位于图像的边界上，则 $N_D(p)$ 和 $N_8(p)$ 中的某些邻点会落入图像的外边。

2.4.2　邻接性、连通性、区域和边界

在二值图像中，如果将灰度值为 1 的像素视为邻接像素，则定义邻接性的灰度值集合 V 就只包含这一个值：$V=\{1\}$。然而，在灰度图像中，这个概念依然适用，但 V 的元素可

能会更多。考虑到灰度值的范围是从 0 到 255，集合 V 可以是这 256 个值中的任何子集。我们考虑三种类型的邻接：

①4 邻接。如果 q 在集合 $N_4(p)$ 中，则具有 V 中数值的两个像素 p 和 q 是 4 邻接的。

②8 邻接。如果 q 在集合 $N_8(p)$ 中，则具有 V 中数值的两个像素 p 和 q 是 8 邻接的。

③m 邻接（混合邻接）。如果① q 在 $N_4(p)$ 中，或② q 在 $N_D(p)$ 中，且集合 $N_4(p) \cap N_4(q)$ 中没有来自 V 中数值的像素，则具有 V 中数值的两个像素 p 和 q 是 m 邻接的。

> 我们使用符号 $\cap$ 和 $\cup$ 来表示集合的交与并。假设有两个集合 A 和 B。根据定义，集合 A 和 B 的交集是指同时存在于集合 A 和集合 B 中的元素组成的集合。而这两个集合的并集则包括属于集合 A、集合 B 或两者所有的元素组成的集合。集合操作详见 2.5.4 小节

混合邻接是 8 邻接的改进。混合邻接的引入是为了消除采用 8 邻接时产生的二义性。例如，考虑图 2-14（1）中对于 $V=\{1\}$ 的像素排列，位于图 2-14（2）上部的 3 个像素显示了多重（二义性）8 邻接，如虚线所示。这种二义性可以通过 m 邻接消除，如图 2-14（3）所示。

从具有坐标 (x,y) 的像素 p 到具有坐标 (s,t) 的像素 q 的通路（或曲线）是特定的像素序列，其坐标为：

$$(x_0, y_0), (x_1, y_1), \cdots, (x_n, y_n)$$

其中 $(x_0, y_0) = [(x,y), (x_n, y_n) = (s,t)]$，且像素 (x_i, y_i) 和 (x_{i-1}, y_{i-1}) 对于 $1 \leqslant i \leqslant n$ 是邻接。在这种情况下，n 是通路的长度。如果 $(x_0, y_0) = (x_n, y_n)$，则通路是闭合通路。根据特定的邻接类型，我们可以定义 4 邻接、8 邻接或 m 邻接。例如，在图 2-14（2）中，右上点和右下点之间的通路被称为 8 通路，而在图 2-14（3）中，所展示的通路则被称为 m 通路。

令 S 是图像中的一个像素集合。如果 S 中的所有像素之间都存在一个通路，那么我们可以说，在 S 中的两个像素 p 和 q 是连通的。对于 S 中的每一个像素 p，与它连通的像素集合被称为 S 的连通分量。如果 S 只有一个连通分量，那么我们称 S 为一个连通集。

现在，我们定义 R 为图像中的另一个像素集合。如果 R 是一个连通集，那么我们称 R 为一个区域。如果两个区域合并后形成一个连通集（R_i 和 R_j），那么我们将这两个区域称为邻接区域。如果两个区域不是邻接的，那么它们是不连接区域。当我们谈论区域时，通常会考虑 4 邻接和 8 邻接。为了使我们的定义有意义，需要明确邻接的类型。例如，如果仅使用 8 邻接时，则图 2-14（4）中的两个区域（由 1 组成的）是邻接的（根据定义，两个区域之间不存在 4 通路，它们的并集不是连通集）。

区域 R 的边界（也称为边缘或轮廓）是点的集合，这些点与 R 的补集中的点邻近。换句话说，一个区域的边界是该区域中至少有一个背景邻点的像素集合。这里需要强调的是，我们必须指定用于定义邻接的连通性。例如，图 2-14（5）中被圈出的点，如果在区域及其背景间使用 4 连通，就不是 1 值区域边界的成员。基于这个规则，为了处理这种情况，一个区域及其背景中的点之间的邻接应该根据 8 连通来定义。

前面对区域边界的定义有时被称为区域的内边界，以便与外边界相区分。外边界对应于背景边界。在开发跟踪边界的算法时，这种区分非常重要。这种算法通常沿着外边界建

立，以确保结果形成一个闭合通路。例如，在图 2-14（6）中，1 值区域的内边界就是该区域本身。这一边界并不满足先前给出的闭合通路的定义。另一方面，区域的外边界确实形成了一个围绕该区域的闭合通路。

图 2-14　邻接、连通、区域和边界示例

如果 R 恰好是整幅图像（我们假设这是一组像素的方形集合），那么边界由图像的第一行、第一列以及最后一行、最后一列的像素集合来定义。这一额外的定义是必要的，因为图像范围之外的区域是没有邻接点的。通常情况下，当我们谈论一个区域时，指的是图像的一个子集，而且区域边界中所有与图像边缘相接触的像素都包含在该区域边界中。

边缘的概念在涉及区域和边界的讨论中经常出现。然而，边缘和边界这两个概念之间存在一个重要的区别。一个有限区域的边界形成一个闭合通路，属于"整体"概念。而边缘由具有超过预定阈值的导数值的像素形成，这意味着边缘的概念是基于在进行灰度级测量时不连续点的"局部"概念。将边缘点连接成边缘线段是有可能的，如二值图像中的边缘和边界相吻合。根据连通类型和所用的边缘算子，从二值区域提取边缘与区域边界是一致的。所以有时也按照与边界对应的方式进行连接，但并非总是如此。从概念上讲，将边缘视为灰度不连续性以及将边界视为闭合通路是有益的，我们将在第 7 章中深入探讨。

2.4.3　距离度量

对于坐标分别为 (x, y)，(s, t) 和 (v, w) 的像素 p，q 和 z，如果

① $D(p, q) \geqslant 0$ 　$[D(p, q)=0$，当且仅当 $p=q]$

② $D(p, q)=D(q, p)$

③ $D(p, z) \leqslant D(p, q)+D(p, q)$

则 D 是距离函数或度量。p 和 q 间的欧几里得（欧氏）距离定义如下：

$$D_e(p, q) = \left[(x - s)^2 + (y - t)^2 \right]^{\frac{1}{2}} \tag{2-11}$$

对于距离度量，距点 (x, y) 的距离小于或等于某个值 r 的像素是中心在 (x, y) 且半径为 r 的圆平面。p 和 q 间的距离 D_4（又称为城市街区距离）由式（2-12）定义：

$$D_4(p, q) = |x - s| + |y - t| \tag{2-12}$$

在这种情况下，距 (x,y) 的距离 D_4 小于或等于某个值 r 的像素形成一个中心在 (x,y) 的菱形。例如，距中心点 (x,y) 的距离 D_4 小于或等于 2 的像素，形成固定距离的下列轮廓：

$$
\begin{array}{ccccc}
 & & 2 & & \\
 & 2 & 1 & 2 & \\
2 & 1 & 0 & 1 & 2 \\
 & 2 & 1 & 2 & \\
 & & 2 & & \\
\end{array}
$$

其中，D_4=1 的像素是 (x,y) 的 4 邻域。

p 和 q 间的距离 D_4（又称为棋盘距离）由式（2-13）定义：

$$D_4(p,q) = \max\left(|x-s|,|y-t|\right) \tag{2-13}$$

在这种情况下，如果一个像素与点 (x,y) 之间的 D_8 距离小于或等于某个值 r，那么这个像素会形成一个以 (x,y) 为中心的方形区域。例如，中心点为 (x,y) 的 D_8 距离小于或等于 2 的像素会形成一个特定距离的轮廓：

$$
\begin{array}{ccccc}
2 & 2 & 2 & 2 & 2 \\
2 & 1 & 1 & 1 & 2 \\
2 & 1 & 0 & 1 & 2 \\
2 & 1 & 1 & 1 & 2 \\
2 & 2 & 2 & 2 & 2 \\
\end{array}
$$

其中，D_8=1 的像素是 (x,y) 的 8 邻域。

需要注意的是，p 和 q 之间的 D_4 距离和 D_8 距离与任何通路无关，因为这些距离仅与这些点的坐标有关，通路可能存在于各点之间。然而，如果选择考虑 m 邻接，那么两点间的 D_m 距离用点间的最短通路来定义。在这种情况下，两个像素间的距离将取决于沿通路的像素值及其邻近像素的值。例如，考虑如下排列的像素并假设 p，p_2 和 p_4 的值为 1，p_1 和 p_3 的值为 0 或 1：

$$
\begin{array}{cc}
p_3 & p_4 \\
p_1 & p_2 \\
p & \\
\end{array}
$$

假设我们考虑值为 1 的像素邻接 [即 V={1}]。如果 p_1 和 p_3 是 0，则 p 和 p_4 间的最短 m 通路的长度（D_m 距离）是 2。如果 p_1 是 1，则 p_2 和 p 将不再是 m 邻接的，并且最短 m 通路的长度变为 3（通路通过点 $p\,p_1\,p_2\,p_3\,p_4$）。类似地，如果 p_3 是 1（且 p_1 是 0），在这种情况下，此时最短的 m 通路距离也是 3。最后，如果 p_1 和 p_3 都为 1，则 p 和 p_4 间的最短 m 通路的长度为 4，在这种情况下，通路通过点 $p\,p_1\,p_2\,p_3\,p_4$。

2.5 数字图像处理中涉及的数学工具

本节介绍本书中所使用的各种数学工具，通过将这些工具应用于基本图像处理任务，建立起如何运用这些工具的初步概念，为在后续的章节中对这些工具的扩展应用奠定基础。

2.5.1 阵列与矩阵操作

在数字图像处理中，图像通常被视为像素的阵列，并且对这些像素的操作是逐个进行的。如本章前文所述，图像可以被视为等效的矩阵，其中每个像素对应于矩阵中的一个元素。实际上，许多图像处理操作都是基于矩阵理论来完成的。但图像阵列操作与矩阵操作之间是有区别的，理解这一点是非常重要的。例如，让我们考虑一个具体的 2×2 图像阵列：

$$\begin{bmatrix} a_{11} & a_{12} \\ a_{21} & a_{22} \end{bmatrix} 和 \begin{bmatrix} b_{11} & b_{12} \\ b_{21} & b_{22} \end{bmatrix}$$

这两幅图像的阵列相乘是：

$$\begin{bmatrix} a_{11} & a_{12} \\ a_{21} & a_{22} \end{bmatrix}\begin{bmatrix} b_{11} & b_{12} \\ b_{21} & b_{22} \end{bmatrix} = \begin{bmatrix} a_{11}b_{11} & a_{12}b_{12} \\ a_{21}b_{21} & a_{22}b_{22} \end{bmatrix}$$

而数学中的矩阵相乘则为：

$$\begin{bmatrix} a_{11} & a_{12} \\ a_{21} & a_{22} \end{bmatrix}\begin{bmatrix} b_{11} & b_{12} \\ b_{21} & b_{22} \end{bmatrix} = \begin{bmatrix} a_{11}b_{11} + a_{12}b_{21} & a_{12}b_{12} + a_{12}b_{22} \\ a_{21}b_{11} + a_{22}b_{21} & a_{21}b_{12} + a_{22}b_{22} \end{bmatrix}$$

在本书中，我们默认使用阵列操作，除非特别说明。例如，当我们提到对一幅图像进行幂运算时，意味着对每个像素进行幂运算；当我们说一幅图像除以另一幅图像时，意味着在相应的像素对之间进行除法运算。

2.5.2 线性操作与非线性操作

不同图像处理方法的核心区分条件之一在于其为线性或非线性。下面先来了解线性操作，考虑一般的算子 H，该算子对于给定的输入图像 $f(x,y)$，产生一幅输出图像 $g(x,y)$：

$$H[f(x,y)] = g(x,y) \tag{2-14}$$

如果：

$$H\left[a_i f_i(x,y) + a_j f_j(x,y)\right] = a_i H[f_i(x,y)] + a_j H[f_j(x,y)] = a_i g_i(x,y) + a_j g_j(x,y) \tag{2-15}$$

则称 H 是一个线性算子，其中 a_i、a_y、$f_i(x,y)$ 和 $f_j(x,y)$ 分别是任意常数和图像（大小相同）。式（2-15）指出输出是线性操作，因为两个输入的和，与分别对输入进行操作然后再求和得到的结果相同。另外，输入乘以常数的线性操作的输出，与乘以该常数的原始输入的操作的输出是相同的。第一个特性称为加性，第二个特性称为同质性。

作为一个简单的例子，假设 H 是求和算子 $\sum$，即该算子的功能是对输入简单地求和。为检验其线性，我们来证明式（2-15）的左侧与右侧相等：

$$\sum\left[a_i f_i(x,y) + a_j f_j(x,y)\right] = \sum a_i f_i(x,y) + \sum a_j f_j(x,y)$$
$$= a_i \sum f_i(x,y) + a_j \sum f_j(x,y)$$
$$= a_i g_i(x,y) + a_j g_j(x,y)$$

其中第一步遵循求和是分布式的规则。因此，式（2-15）左边的展开等于的右边，从而得出该求和算子是线性的这一结论。

我们再来了解非线性操作。在考虑最大值操作时，即在图像中寻找像素的最大值，通常是非线性操作。证明该操作是非线性的最简方法是，寻找一个测试式（2-15）失败的例子。考虑下列两幅图像：

$$f_1 = \begin{bmatrix} 0 & 2 \\ 2 & 3 \end{bmatrix} \text{和} f_2 = \begin{bmatrix} 6 & 5 \\ 4 & 7 \end{bmatrix}$$

并假设令 $a_1=1$ 和 $a_2=-1$。为了对线性进行测试，我们再次从式（2-15）的左侧开始：

$$\max\left\{(1)\begin{bmatrix} 0 & 2 \\ 2 & 3 \end{bmatrix} + (-1)\begin{bmatrix} 6 & 5 \\ 4 & 7 \end{bmatrix}\right\} = \max\left\{\begin{bmatrix} -6 & -3 \\ -2 & -4 \end{bmatrix}\right\} = -2$$

下一步，考虑右侧我们得到：

$$(1)\max\left\{\begin{bmatrix} 0 & 2 \\ 2 & 3 \end{bmatrix}\right\} + (-1)\max\left\{\begin{bmatrix} 6 & 5 \\ 4 & 7 \end{bmatrix}\right\} = 3 - 7 = -4$$

此时式（2-20）的左边和右边并不相等，因此我们证明了通常求最大值的操作是非线性的。

在后续的章节中，特别是第 4 章，线性操作非常重要，因为它们是以大量的可用于图像处理的理论和实践结果为基础的。相对而言，非线性系统由于理解难度较大，其应用范围受到了一定的限制。在后面的章节中，我们会遇到一些性能远超过线性操作的非线性图像处理操作。

2.5.3　算术操作

图像间的算术操作是阵列操作，其意思是算术操作在相应的像素对之间执行。4 种算术操作表示如下：

$$\begin{aligned} s(x,y) &= f(x,y) + g(x,y) \\ d(x,y) &= f(x,y) - g(x,y) \\ p(x,y) &= f(x,y) \times g(x,y) \\ v(x,y) &= f(x,y) \div g(x,y) \end{aligned} \qquad (2\text{-}16)$$

它们可理解为是在 f 和 g 中相应的像素对之间执行操作，其中 $x=0, 1, 2, \cdots, M-1$；$y=0,1, 2, \cdots, N-1$。通常，M 和 N 是图像的行和列。很显然，s、d、p 和 v 是大小为 $M{\times}N$ 的图像。注意，按照我们刚才所定义的方式，图像算术操作要求所涉及的图像具有相同的大小。接下来用几个例子展示在数字图像处理中算术操作的重要作用。

例 2.3 用于图像收缩和放大的内插方法的比较

令 $g(x,y)$ 是无噪声图像 $f(x,y)$ 被加性噪声 $\eta(x,y)$ 污染后的图像，即

$$g(x,y) = f(x,y) + \eta(x,y) \tag{2-17}$$

这里假设在每一对坐标 (x,y) 处，噪声是不相关的，并且其均值为零。以下步骤的目的是通过一组带噪图像 $\{g(x,y)\}$ 的相加减少噪声。

如果噪声满足声明的约束，那么可以证明如果图像 $\overline{g}(x,y)$ 是通过对 K 幅不同的噪声图像进行平均形成的：

$$\overline{g}(x,y) = \frac{1}{K}\sum_{i=1}^{K} g_i(x,y) \tag{2-18}$$

且遵循

$$E\{\overline{g}(x,y)\} = f(x,y) \tag{2-19}$$

$$\sigma_{\overline{g}(x,y)}^2 = \frac{1}{K}\sigma_{\eta(x,y)}^2 \tag{2-20}$$

式中，$E\{\overline{g}(x,y)\}$ 是 $\overline{g}$ 的期望值；$\sigma_{\overline{g}(x,y)}^2$ 和 $\sigma_{\eta(x,y)}^2$ 分别是 $\overline{g}$ 和 η 在所有坐标 (x,y) 处的方差，那么在平均图像中的任意一点处的标准差（方差的均方根）是：

$$\sigma_{\overline{g}(x,y)} = \frac{1}{\sqrt{K}}\sigma_{\eta(x,y)} \tag{2-21}$$

随着 K 的增大，式（2-20）和式（2-21）指出，在每个位置 (x,y) 处的像素值的变化（就像方差或标准差度量的那样）将减小。因为 $E\{\overline{g}(x,y)\} = f(x,y)$，这意味着在求平均过程中所使用的带噪图像的数量增加时，$\overline{g}(x,y)$ 将逼近 $f(x,y)$。实际上，为了避免输出图像带来模糊和其他人为缺陷，图像 $g_i(x,y)$ 必须已配准（对齐）。

图像平均的一种重要应用是在天文学领域，在该领域，由于在非常低的照度下成像常常会导致传感器噪声，以至于单幅图像无法分析。图 2-15 显示了一幅 8 比特图像，其中加入了均值为 0、标准差为 64 个灰度级的高斯噪声模拟退化。

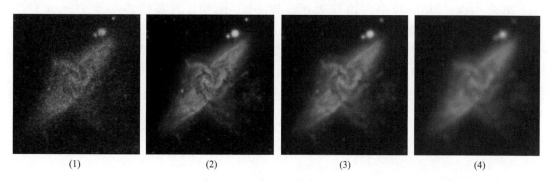

| (1) | (2) | (3) | (4) |

图 2-15 （1）为被高斯噪声污染的 Galaxy Pair NGC3314 图像；（2）～（4）分别为
5,10,20 幅噪声图像平均的结果

实际上，大多数图像使用 8 比特显示（即使 24 比特的彩色图像也是由分立的三个 8 比特通道组成的）。图像的灰度值范围为 0 ~ 255。当图像以标准格式存储时，如 TIFF 或 JPEG，图像的灰度值将自动转换到该范围。然而，转换所用的方法取决于所用的系统。例如，两幅 8 比特图像以不同的取值范围可以是 −255 ~ +255，图像之和的值可能在 0 ~ 510。许多软件包在把图像转换为 8 比特图像时，仅简单地把所有的负值转换为 0，而把超过 255 的值转换为 255。给定一幅图像 f，保证图像间算术操作的整个值域落入某个固定比特数的方法如下。首先，我们执行操作：

$$f_m = f - \min(f) \tag{2-22}$$

该操作生成其最小值为 0 的一幅图像。然后，执行操作：

$$f_s = K[f_m/\max(f_m)] \tag{2-23}$$

该操作生成一幅标定的图像 f，其值在 $[0, K]$ 范围内。对于 8 比特图像，K 设为 255，我们得到一幅灰度范围从 0 到 255 的全部 8 比特的满标度图像。此方法适用于 16 比特及以上图像。该方法可使用所有算术操作，但除法需特别注意避免除零。在执行除法操作时，需要将一个较小的数加到除数图像的像素上，以避免用 0 去除。

2.5.4 集合和逻辑操作

在这一节，我们简要介绍一些重要的集合和逻辑操作以及模糊集合的概念。

（1）基本集合操作

令 A 为一个实数序对组成的集合。如果 $a = (a_1, a_2)$ 是 A 的一个元素，则将其写成：

$$a \in A \tag{2-24}$$

同样，如果 a 不是 A 的一个元素，则写成：

$$a \notin A \tag{2-25}$$

不包含任何元素的集合称为空集，用符号 $\varnothing$ 表示。

集合由两个大括号中的内容表示，即 $\{\bullet\}$。例如，当我们将一个表达式写成 $C = \{w|w = -d, d \in D\}$ 的形式时，所表达的意思是：集合 C 是元素 w 的集合，而 w 是通过用 −1 与集合 D 中的所有元素相乘得到的。该集合操作用于图像处理时可令集合的元素为图像中表示区域（物体）的像素的坐标（整数序对）。

如果集合 A 中的每个元素又是另个集合 B 中的一个元素，则称 A 为 B 的子集，表示为：

$$A \subseteq B \tag{2-26}$$

两个集合 A 和 B 的并集表示为：

$$C = A \cup B \tag{2-27}$$

这个集合包含集合 A 和 B 中的所有元素。类似地，两个集合 A 和 B 的交集表示为：

$$D = A \bigcap B \qquad (2\text{-}28)$$

这个集合包含的元素同时属于集合 A 和 B。如果 A 和 B 两个集合没有共同的元素，则称这两个集合是不相容的或互斥的。此时，

$$A \bigcap B = \varnothing \qquad (2\text{-}29)$$

全集 U 是给定应用中的所有元素的集合。根据这一定义，给定应用的所有集合元素是对于该应用所定义的全部成员。例如，如果处理实数集合，则集合的全集是实数域，它包含所有的实数。在图像处理中，我们一般将全集定义为包含图像中所有像素的正方形。

集合 A 的补集是不包含于集合 A 的元素所组成的集合，表示为：

$$A^c = \{w | w \notin A\} \qquad (2\text{-}30)$$

集合 A 和 B 的差表示为 $A-B$，定义为：

$$A - B = \{w | w \notin A, w \notin B\} = A \bigcap B^c \qquad (2\text{-}31)$$

我们可以看出，这个集合中的元素属于 A，而不属于 B。

图 2-16 展示了集合操作概念，全集是包含在所示正方形中的坐标的集合，并且集合 A 和 B 是包含在所示边界内的坐标的集合。在每一幅图中，集合操作的结果用阴影显示。

在本小节中，集合成员是以位置（坐标）为基础的，在处理图像时，我们通常假设集合内所有像素的灰度值是相同的，因为我们尚未定义针对灰度值的集合操作。换句话说，我们还没有明确当两个集合相交时，交集中像素的灰度值应该如何确定。图 2-16 所示操作也只有在包含这两个集合的图像是二值的情况下成立，我们可以说集合成员是基于坐标的，并假设这两个集合的所有成员具有相同的灰度。

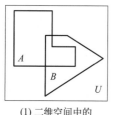 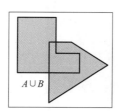 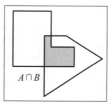 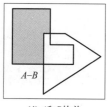

(1) 二维空间中的　　　(2) A 和 B 的并集　　　(3) A 和 B 的交集　　　(4) A 和 B 的差
两个坐标集合 A 和 B

图 2-16　集合操作

在处理灰度图像时，前述的概念就不适用了。这是因为，我们必须指定来自集合操作结果的所有像素的灰度。实际上，灰度值的并集操作和交集操作通常分别定义为相应像素对的最大和最小，而补集操作定义为常数与图像中每个像素的灰度间的两两之差。下面的例子是涉及灰度级图像的集合操作的简单说明。

例 2.4　图像灰度的集合操作

令灰度级图像的元素用集合 A 来表示，这些元素是三元组形式 (x,y,z)，其中 x 和 y 是

空间坐标，z 是灰度。我们可以将 A 的补集定义为 $A^c=\{(x,y,K-z)|(x,y,z)\in A\}$，它简单地表明像素集合 A 中的灰度已从常数 K 中减去。该常数等于 2^k-1，其中 k 是用于表示 z 的灰度的比特数。令 A 表示图 2-17（1）中的 8 比特灰度图像，并且假设我们想要用集合操作形成一个负 A。简单地形成集合 $A_n=A^c=\{(x,y,255-z)|(x,y,z)\in A\}$。注意，坐标不变，因此 A_n 是与 A 大小相同的图像。图 2-17（2）示出了这一结果。

两个灰度集合 A 和 B 的并集可定义为：

$$A\bigcup B=\left\{\max_z(a,b)\middle|a\in A,b\in B\right\}$$

也就是说，两个灰度集合（即两幅图像）的并集是通过取空间相应元素对中的最大灰度值来形成的。重要的是，这个过程中坐标保持不变，因此集合 A 和 B 的并集将是一幅与这两幅图像大小相同的新图像。为了具体说明，假设集合 A 代表图 2-17（1）中的图像，令集合 B 是与 A 大小相同的方形阵列，但其中所有的 z 值等于 A 中元素的平均灰度 m 的 3 倍。图 2-17（3）展示了执行这种并集操作后的结果，其中所有超过 $3m$ 的值呈现为 A 的值，而所有其他像素的值为 $3m$，即中间灰度值。

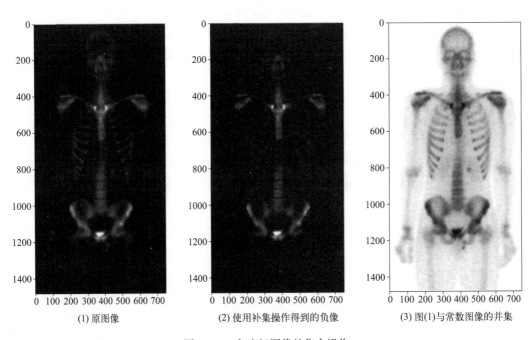

(1) 原图像 (2) 使用补集操作得到的负像 (3) 图(1)与常数图像的并集

图 2-17　灰度级图像的集合操作

（2）逻辑操作

在处理二值图像时，我们可以将图像视为像素集合的前景（1 值）和背景（0 值）。在这个背景下，如果我们将目标区域定义为由前景像素构成，那么图 2-16 中所展示的集合操作就可以视为二值图像中目标坐标间的操作。在二值图像的处理中，OR（或）、AND（与）和 NOT（非）逻辑操作对应于普通的并集、交集和补集操作。这些术语来源于逻辑理论，其中 1 代表真（或前景），0 代表假（或背景）。

考虑由前景像素组成的两个区域（集合）A 和 B。这两个集合的 OR（或）操作结果是属于 A 或属于 B，或者同时属于两者的所有像素的集合。另一方面，AND 操作是找出同时属于 A 和 B 的所有元素的集合。对于集合 A 的 NOT 操作，它表示的是不属于 A 的所有元素的集合。在图像处理中，如果 A 是给定的前景像素的集合，那么 NOT(A) 将表示图像中所有不属于 A 的像素的集合，这些像素可能是背景像素或其他前景像素。我们可以将该操作想象为：把 A 中的所有像素转换为 0（黑色），并把所有不在 A 中的元素转换为 1（白色）。特别值得注意的是，有一种特殊情况是前景像素集合，它属于集合 A 但不属于集合 B。这就是式（2-31）中集合差的定义。XOR（异或）操作的结果，表示属于 A 或 B 的前景像素的集合，但不是两者的前景像素的集合。可以说，前述操作是区域间的操作，显然，区域可以是不规则的和大小不同的。这与前述的基本集合操作对立了，基本集合操作是阵列操作并要求空间维数相同。换句话说，灰度集合操作是针对整个图像进行的，而不是图像的某个局部区域。

在图像处理中，我们主要依赖 AND、OR 和 NOT 三个基本逻辑算子，因为它们在逻辑上是功能完备的。这意味着，理论上，任何其他逻辑操作都可以通过组合这三个基本操作来实现。例如，上述的特殊情况我们用 AND 和 NOT 实现了差集操作。逻辑操作广泛用于图像形态学处理，第 6 章会作进一步讲解。

（3）模糊集合

集合与逻辑运算通常是二值的，元素要么属于某个集合，要么不属于。这种"干脆"的分类在某些情境下可能不够灵活。例如，将人群简单划分为年轻人和非年轻人时，若采用固定阈值（如 20 岁），则年龄略高于此阈值的人可能仍被视为年轻人，但这种划分忽略了过渡的模糊性。模糊集合理论通过引入隶属度函数来解决这一问题，该函数允许元素以介于 0 和 1 之间的值表示其属于某个集合的程度。使用模糊集合，我们可以声明一个人的年轻度为 50%（年轻和非年轻过渡的中间）。换句话说，年龄是一个不精确的概念，而模糊逻辑提供处理这种概念的工具。

【典型案例】

基于数字成像的机器视觉探索

机器视觉是一种利用计算机和相关的图像处理算法来模拟人类的视觉功能，从而从图像或视频中提取有用信息的技术。在机器视觉系统中，数字成像设备（如数字相机或图像传感器）捕捉到的图像是机器视觉算法分析和理解现实世界的基础。数字成像的优势在于它可以提供高清晰度、高分辨率的图像，同时还可以通过调整各种参数（如曝光时间、白平衡、增益等）来优化图像质量，以满足不同机器视觉应用的需求。在机器视觉应用中，数字成像技术被广泛用于各种场景。例如，在工业自动化中，数字成像可以用于识别和定位产品，检测产品缺陷，测量尺寸和形状等。在医疗影像领域中，数字成像则可以帮助医生更准确地诊断疾病和制定治疗方案。

本案例要求采用工业机器视觉系统（图 2-18）获取摄像头下的实物的图像并保存。

案例分析：针对图 2-18 所示的工业视觉系统，使用该系统的相机获取并保存图像以便后续的处理，调节该系统相机的各参数，使其能够适用于不同环境。本案例中的相机采用的是 CMOS 传感器相机，如图 2-19 所示，该相机能稳定工作在各种恶劣的环境下，是高可靠性、高性价比的工业数字相机。

图 2-18　工业视觉系统　　　　　　　　　　图 2-19　CMOS 传感器相机

① 调节硬件位置　首先需要在显示屏上打开相机画面显示窗口，调节相机的垂直高度和水平位置，调节方式是通过旋钮调节，见图 2-20，观察实验背景是否处于相机成像的居中位置。

② 调节环境光源　在相机下方有一个用于补光的光源，如图 2-21 所示，若存在环境光源较差的情况，则可以打开该光源电源再调节亮度旋钮，达到补光的目的。

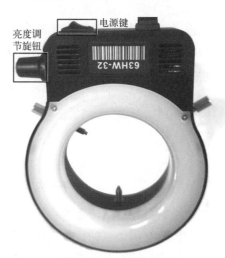

图 2-20　相机位置调节旋钮　　　　　　　　　图 2-21　补光源

③ 调节相机参数　相机一般还具有许多需要根据环境调节的参数，例如增益、白平衡和曝光等，这些参数有些可以设为自动调节，也可以根据需要手动调节。例如焦距，则可以通过旋转摄像头上的旋钮（图 2-22）进行实时调节。

待将以上需要调节的参数基本调节完成后，打开程序终端输入让相机获取并保存图像的程序，则可以获取到清晰可见的图像，如图 2-23 所示。

图 2-22　相机参数调节

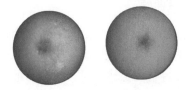

图 2-23　获取实验对象

【本章小结】

本章简要介绍了人类视觉系统，即人眼如何感知图像信息，并在此基础上讲解了数字图像感知与获取以及基本的图像处理技术，如取样与量化、像素间的关系等。同时，本章还介绍了学习图像处理必备的数学知识。本章介绍的概念与知识是后续章节深入学习图像处理技术重要基础。

【知识测评】

一、填空题

1. 数字图像处理主要涉及到图像的增强、复原、_____ 和 _____ 等过程。

2. 数字图像通常由像素组成，每个像素具有特定的 _____ 或 _____ 以及 _____。

3. 数字图像处理的目的是改善图像的 _____，提取图像中的 _____，以及便于图像的存储和传输。

4. 数字图像处理的基本步骤通常包括 _____、_____、_____ 和输出显示。

二、选择题

1. 在数字图像处理中，增强图像对比度通常是为了改善图像的什么特性？（　　　）

 A. 亮度   B. 清晰度   C. 色彩   D. 大小

2. 哪种变换常用于图像的频率域分析？（　　　）

 A. 傅里叶变换   B. 灰度直方图

 C. 邻域操作   D. 形态学操作

3. 数字图像处理中的滤波操作主要用于什么？（　　　）

 A. 改变图像大小   B. 消除图像噪声

 C. 增加图像颜色   D. 提取图像边缘

4. 以下哪种方法属于图像分割的范畴? (　　　)

    A. 灰度直方图均衡化　　　　　　　　B. 中值滤波

    C. 阈值处理　　　　　　　　　　　　D. 傅里叶变换

5. 下列哪个步骤不属于数字图像处理的预处理过程? (　　　)

    A. 图像增强　　　　　　　　　　　　B. 图像复原

    C. 图像分割　　　　　　　　　　　　D. 图像编码

三、判断题

1. 数字图像处理只能对数字图像进行处理,不能处理模拟图像。(　　　)

2. 图像的灰度直方图反映了图像中不同灰度级出现的频数或概率。(　　　)

3. 在进行图像滤波时,滤波器的选择对处理结果没有影响。(　　　)

4. 边缘检测是图像分割的一种常用方法,它可以将图像划分为不同的区域。(　　　)

5. 数字图像压缩一定会导致图像质量的损失。(　　　)

第 3 章

灰度变换与空间滤波

空间域是指图像平面本身，空间域操作即对图像中的像素直接进行操作的处理方法。这与变换域中的图像处理相对，变换域图像处理首先将图像转换到变换域中进行处理，然后再通过反变换将处理结果返回到空间域，如第 2 章所述。空间域处理主要包括两大类：灰度变换和空间滤波。

灰度变换是针对图像的单个像素进行操作的技术，主要目的是调整对比度和进行阈值处理。而空间滤波则涉及一些改善图像性能的操作，例如通过处理图像中每个像素的邻域来锐化图像。本章我们将学习一些经典的灰度变换和空间滤波技术。同时还将探讨模糊技术的某些细节，以便在灰度变换和空间滤波算法的公式化表示中并入不太精确的信息。

【学习目标】

① 掌握灰度变换的定义及其在图像处理中的作用，理解通过灰度变换可以改善图像的视觉效果或突出图像中的特定信息。

② 能够针对具体的图像处理任务，设计并实现包含灰度变换和空间滤波的综合处理方案，并通过实践验证方案的有效性。

③ 分析并讨论不同处理方案对图像质量的影响，提出改进和优化建议，提升图像处理效果。

【学习导图】

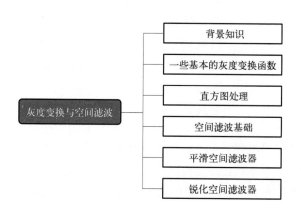

【知识讲解】

3.1 背景知识

3.1.1 灰度变换和空间滤波基础

本章所探讨的所有图像处理技术均是在空间域内进行的。空间域可以被简单地理解为包含图像像素的平面，与频率域不同，空间域技术直接在图像像素上操作，而非在图像的傅里叶变换上执行。需要注意的是，某些图像处理任务在空间域中执行更为便捷或具有实际意义，而其他任务则可能更适合采用其他方法。通常情况下，空间域技术在计算上更为高效，且执行时所需的处理资源较少。

本章讨论的空间域处理可由下式表示：

$$g(x,y) = T[f(x,y)] \tag{3-1}$$

式中，$f(x,y)$ 表示输入图像，而 $g(x,y)$ 表示经过处理后的图像。T 是在点 (x,y) 的邻域上定义的关于 f 的一种算子。该算子可以应用于单幅图像（这是本章的主要讨论内容）或图像集合。例如，为了降低噪声，可以对图像序列执行逐像素的求和操作。图 3-1 展示了式（3-1）在单幅图像上的基本实现。所标注的点 (x, y) 是图像中的一个任意位置，包含该点的小区域即为点 (x, y) 的邻域。通常，邻域是一个以 (x, y) 为中心的矩形区域，其尺寸远小于整个图像。

> 有时也使用其他形状的邻域，如圆的数字近似，但矩形邻域是到目前为止最好的邻域，因为它们在计算机上实现起来更为容易。

图 3-1 展示了图像处理过程，具体包含以下步骤：首先，邻域的原点从一个像素位置移动到另一个像素位置；接着，对邻域内的像素应用算子 T；最后，在当前位置生成输出。这样，对于任意指定的位置 (x,y) 输出图像 g 在这些坐标处的值就等于对 f 中以 (x,y) 为原点的邻域应用算子 T 的结果。以邻域大小为 3×3 的正方形为例，如果算子 T 定义为"计算该邻域的平均灰度"，考虑图像中的任意位置，譬如（100，150）。假设该邻域的原点位于其中心处，则在该位置的结果 g（100，150）是计算 f（100，150）和它的 8 个邻点的和，再除以 9（即由邻域包围的像素灰度的平均值）。然后，邻域的原点移动到下一个位置，并重复前面的过程，产生下一个输出图像 g 的值。通常，这种处理过程从输入图像的左上角开始，并以水平扫描的方式逐像素地进行，每次处理一行。当邻域的原点移动到图像的边界上时，邻域的一部分将位于图像外部。此时，不是用 T 做指定的计算时忽略外侧邻点，就是用 0

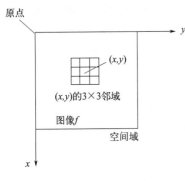

图 3-1　空间域中一幅图像关于点（$x，y$）的一个 3×3 邻域，邻域在图像中从一个像素到另一个像素移动来生成一幅输出图像

或其他指定的灰度值填充图像的边缘。被填充边界的厚度取决于邻域的大小。

上述过程被称为空间滤波，我们将在 3.4 节详细讨论。在这个过程中，邻域与预定义的操作共同构成了空间滤波器（也称作空间掩模、核、模板或窗口）。在邻域中执行的操作类型决定了滤波处理的特性。

最小邻域的大小为 1×1。在这种情况下，g 仅取决于点 (x,y) 处的 f 值，而式（3-1）中的 T 则成为一个形如下式的灰度（也称为灰度级或映射）变换函数：

$$s=T(r) \tag{3-2}$$

为了简化表达，我们引入变量 r 和 s，即 g 和 f 在任意点 (x,y) 处的灰度。例如，如果算子 $T(r)$ 具有如图 3-2（1）所示的形式，那么对 f 中的每个像素施以变换产生相应的 g 的像素的效果将比原始图像有更高的对比度，即低于 k 的灰度级更暗，而高于 k 的灰度级更亮。这种技术有时被称为对比度拉伸，其中低于 k 的 r 值通过变换函数被压缩到一个较窄的范围 s 内，接近黑色；而高于 k 的 r 值则相反。显然，灰度值 r_0 经过映射后得到了相应的值 s_0。在如图 3-2（2）所示的极端情况下，$T(r)$ 产生了一幅两级（二值）图像。这种形式的映射被称为阈值处理函数。

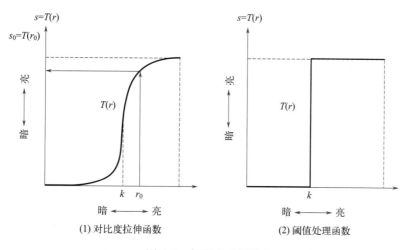

图 3-2　灰度变换函数

3.1.2　关于本章中的例子

虽然灰度变换和空间滤波有着广泛的应用，但本章中的大多数示例都集中在图像增强上。图像增强是一种处理技术，旨在通过对图像进行修改，使其更适合特定的应用需求，从而优于原始图像。这里的"特定"一词至关重要，它一开始就确定增强技术是面向问题的。例如，对于增强 X 射线图像非常有效的方法，可能并不适合用于增强由电磁波谱中远红外波段拍摄的图像。图像增强并没有一个通用的"理论"。当处理图像以供视觉解释时，观察者会根据特定方法的效果来判断其优劣。而对于机器感知，增强效果则相对易于量化。例如，在自动字符识别系统中，最合适的增强方法就是能够带来最高识别率的方法。这里我们不会考虑不同方法在计算量上的要求，换句话说，选择哪种增强技术取决于具体的任务和目标。

鉴于图像增强的应用场景和方法各异，对于图像处理初学者来说，首先学习那些重要且易于理解的增强应用是行之有效的方法。本章即选取图像增强经典案例来阐释灰度变换与空间滤波的原理与技术细节，帮助读者快速理解空间域处理技术。

3.2 一些基本的灰度变换函数

灰度变换是图像处理中最基础且简单的技术，如式（3-2）所示，r 和 s 分别代表处理前后的像素值，这些值与 $s=T(r)$ 表达式的形式有关，其中 T 是把像素值 r 映射到像素值 s 的一种变换。由于处理的是数字量，变换函数通常存储在一个一维阵列中，且从 r 到 s 的映射是通过查找表实现的。图 3-3 展示了灰度变换的三类常用的基本函数：线性函数（包括反转和恒等变换）、对数函数（对数和反对数变换）以及幂律函数（n 次幂和 n 次根变换）。恒等函数是最一般的情况，其输出灰度等于输入灰度的变换，在图 3-3 中列出主要是出于完整性考虑。

3.2.1 图像反转

使用图 3-3 中所示的反转变换，可得到灰度级范围为 $[0, L-1]$ 的一幅图像的反转图像，该反转图像由下式给出：

$$s=L-1-R \qquad (3-3)$$

使用这种方式反转一幅图像的灰度级，可得到等效的照片底片。这种处理方式特别有助于增强图像暗红区域中的白色或灰色细节，尤其是在图像中黑色区域占据较大比例时。以乳房 X 射线照片为例，如图 3-4 所示，原图像 3-4（1）中显示了一小块病变，图 3-4（2）是反转图像。可

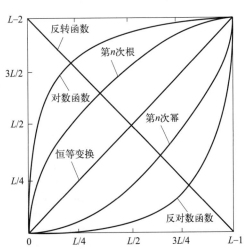

图 3-3　一些基本的灰度变换函数（所有曲线已被缩放到适合显示的范围）

以看出，尽管两幅图像在视觉上呈现相同的内容，但在分析乳房组织时，使用反转后的图像会更为便捷。

3.2.2 对数变换

图 3-3 中的对数变换的通用形式为：

$$s = c\log(1+r) \qquad (3-4)$$

其中 c 是一个常数，并假设 $r \geq 0$。图 3-3 中对数曲线的形状表明，该变换将输入中范围较窄的低灰度值映射为输出中较宽范围的灰度值，相反地，对高的输入灰度值也是如

此。我们使用这种类型的变换来扩展图像中的暗像素的值，同时压缩更高灰度级的值。反对数变换的作用与此相反。

具有图3-4所示对数函数的一般形状的任何曲线，都能完成图像灰度级的扩展或压缩。对数函数有个重要特征，即它会压缩像素值变化较大的图像的动态范围。现在，我们只关注图像的频谱特征。通常，频谱值的范围为从 0 到 10^6，甚至更高。尽管计算机能毫无问题地处理这一范围的数字，但图像的显示系统通常不能如实地再现如此大范围的灰度值。因而，最终结果是许多重要的灰度细节在典型的傅里叶频谱的显示中丢失了。

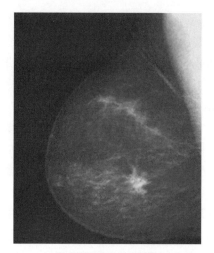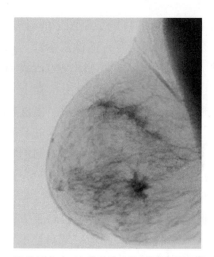

(1) 原始乳房X 射线照片　　　　　(2) 使用式（3-3）给出的反转变换得到的反转图像

图 3-4　反转变换图像处理

作为对数变换的说明，图 3-5（1）展示了值域为 $0 \sim 1.5 \times 10^6$ 的傅里叶频谱。在 8 位显示系统中，如果直接线性缩放这些值进行显示，最亮的像素将支配该显示，导致频谱中的低值（恰好非常重要）信息丢失。图 3-5（1）中相对较小的图像区域，鲜明地体现了这种支配性的效果，甚至有些区域成为黑色而观察不到。替代这种显示数值的方法，如果我

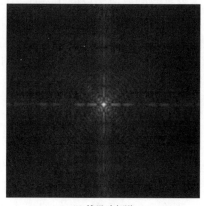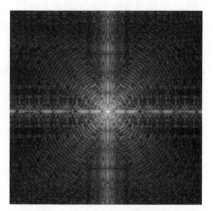

(1) 傅里叶频谱　　　　　　　(2) 应用式（3-4）中的对数变换（$c=1$）的结果

图 3-5　对数变换说明

们先对这些频谱值应用式（3-4）（此时 c=1），那么得到的值的范围就变为 0 ~ 6.2。图 3-5（2）展示了线性缩放这个新值域后并在同一个 8 比特显示系统中显示的频谱结果。与未改进的频谱相比，图 3-5（2）中的细节明显更为丰富。目前关于图像处理的资料中，绝大多数傅里叶频谱都用这种方式标定过。

3.3　直方图处理

灰度级范围为 [0,L-1] 的数字图像的直方图是一个离散函数 $h(r_k)=n_k$，其中 r_k 是第 k 级灰度值，n_k 是图像中灰度为 r_k 的像素个数。在实践中，为了归一化直方图，通常会用图像像素的总数 MN（M 和 N 分别是图像的行数和列数）去除直方图的每个分量。因此，归一化后的直方图由 $p(r_k)= nk /(MN)$ 给出，其中 k=0, 1, …, L-1。简单地说，$p(r_k)$ 是灰度级 r_k，在图像中出现的概率的一个估计。归一化直方图的所有分量之和应等于 1。

直方图是众多空间域图像处理技术的基础，它常用于图像增强。除了提供重要的图像统计信息，本书后续章节还会展示直方图的固有信息在其他图像处理中的应用，如图像压缩和分割。由于直方图在软件中计算简单，且易于与商业硬件集成，它已经成为实时图像处理中的一种广泛采用的工具。

我们以图 3-6 介绍作为灰度变换的直方图处理。图 3-6 左侧是以 4 个基本灰度级为特征的花粉图像：暗图像、亮图像、低对比度图像和高对比度图像。图 3-6 的右侧显示了与这些图像对应的直方图。每个直方图的水平轴对应于灰度值 r_k，垂直轴对应于值 $h(r_k)=n_k$ 或归一化后的值 $p(r_k)=n_k/(MN)$。这样，直方图就可以简单地被看成是值 $h(r_k)=n_k$ 对应于 r_k，或 $p(r_k)=n_k/(MN)$ 对应于 r_k 的图形。

我们观察到，在暗图像中，直方图的分量主要集中在灰度级的低端（暗部）。同样，亮图像的直方图分量则倾向于集中在灰度级的高端。低对比度的图像通常具有较窄的直方图，且其分布主要集中在灰度级的中部，对于单色图像而言，这可能意味着整体看起来较为暗淡，仿佛灰度被淡化了一般。另一方面，高对比度的图像其直方图分量会覆盖更广泛的灰度级范围，并且像素的分布相对均匀，仅少数垂线的数值明显高于其他。若一幅图像的像素倾向于占据整个可能的灰度级并且分布均匀，则该图像会有高对比度的外观并展示灰色调的较大变化。这种效果最终将呈现为一幅灰度细节丰富、动态范围宽广的图像。因此，我们仅仅依靠输入图像直方图中的可用信息就可开发出一个变换函数来自动地实现这种效果。

3.3.1　直方图均衡

考虑连续灰度值，并用变量 r 表示待处理图像的灰度。通常，我们假设 r 的取值区间为 [0，L-1]，且 r = 0 表示黑色，$r = L$-1 表示白色。在 r 满足这些条件的情况下，我们将注意力集中在变换形式上（灰度映射），对于输入图像中每个具有 r 值的像素值产生一个输出灰度值 s。

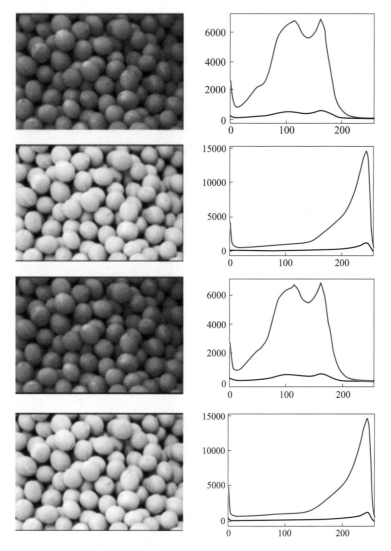

图 3-6　4 种基本的图像类型：暗图像、亮图像、低对比度图像和
高对比度图像及与它们相对应的直方图

$$s=T(r),0 \leqslant r \leqslant L-1 \tag{3-5}$$

我们假设：

① $T(r)$ 在区间 $0 \leqslant r \leqslant L-1$ 上为单调递增函数。

② 当 $0 \leqslant r \leqslant L-1$ 时，$0 \leqslant T(r) \leqslant L-1$。

在稍后讨论的一些公式中，我们用反函数：

$$s=T^{-1}(r),0 \leqslant r \leqslant L-1 \tag{3-6}$$

在这种情况下，条件①改为：$T(r)$ 在区间 $0 \leqslant r \leqslant L-1$ 上是一个严格单调递增函数。条件①要求 $T(r)$ 为单调递增函数，这是为了确保输出灰度值不小于相应的输入值，防止在灰度反变换过程中产生人为的缺陷。条件②则保证了输出灰度的范围与输入灰度的范围相一致。最后，修改后的条件①确保了从 s 到 r 的反映射是一一对应的，避免了二义性。图 3-7（1）展示了一个满足条件①和②的变换函数示例。在此示例中，多值映射到单值是可能的，并且仍然满足这两个条件。这意味着单调变换函数可以执行一对一或多对一的映射。当从 r 到 s 映射时，这是很完美的。然而，如果我们想要唯一地从映射的值恢复 r 值（反映射由反向箭头表示），即图 3-7（1）就存在一个问题。即图 3-7（1）中 s_k 的反映射是可能的，但是，s_q 的反映射是一个范围的值，通常，我们要防止由 s_q 恢复原始的 r 值。为了解决这个问题，我们需要确保 T(r) 是严格单调的，如图 3-7（2）所示。这样可以保证反映射是单值的，即两个方向上的映射都是一对一的。这是我们在本章后续部分推导一些重要直方图处理技术时的理论基础。在实践中，由于我们处理的是整数灰度值，因此需要将所有结果四舍五入到最接近的整数值。当严格单调性不满足时，我们需要采用寻找最接近整数匹配的方法来解决非唯一反变换的问题。例 3.2 将对此进行详细说明。

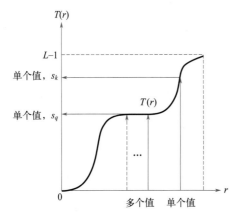

(1) 非单调递增函数显示了将多个值映射为单个值的方式　　　(2) 严格单调递增函数是一个双向的一一映射

图 3-7　示例

一幅图像的灰度级可看成是区间 [0，L-1] 内的随机变量。随机变量的基本描绘子是其概率密度函数（PDF）。令 $p_r(r)$ 和 $p_s(s)$ 分别表示随机变量 r 和 s 的概率密度函数，其中 p 的下标用于指示 p_r 和 p_s 是不同的函数。由基本概率论得到的一个基本结果是，如果 $p_r(r)$ 和 T(r) 已知，且在感兴趣的值域上 T(r) 是连续且可微的，则变换（映射）后的变量 s 的 PDF 可由下面的简单公式得到：

$$p_s(s) = p_r(r)\left|\frac{\mathrm{d}r}{\mathrm{d}s}\right| \tag{3-7}$$

这样，我们看到，输出灰度变量 s 的 PDF 就由输入灰度的 PDF 和所用的变换函数决定 [r 和 s 由 T(r) 关联起来]。

在图像处理中特别重要的变换函数有如下形式：

$$s = T(r) = (L-1)\int_0^r p_r(w)\mathrm{d}w \tag{3-8}$$

式中，w 是积分的假变量。公式右边是随机变量 r 的累积分布函数（CDF）。因为 PDF 总为正，遵循式（3-7）的变换函数满足条件①，因为积分值不随 r 的增大而减小。当在该等式中上限是 $r=(L-1)$ 时，则积分值等于 1（PDF 曲线下方的面积总是 1），所以 s 的最大值是（$L-1$），条件②也是满足的。

为得到 $p_s(s)$，我们使用式（3-7）。由基本积分学中的莱布尼茨准则可知，关于上限的定积分的导数是被积函数在该上限的值，即：

$$\frac{\mathrm{d}s}{\mathrm{d}r}=\frac{\mathrm{d}T(r)}{\mathrm{d}r}=(L-1)\frac{\mathrm{d}}{\mathrm{d}r}\left[\int_0^r p_r(w)\mathrm{d}w\right]=(L-1)p_r(r) \tag{3-9}$$

把 $\mathrm{d}r/\mathrm{d}s$ 的这个结果代入式（3-7）（概率密度值为正），得到：

$$p_s(s)=p_r(r)\left|\frac{\mathrm{d}r}{\mathrm{d}s}\right|=p_r(r)\pi\left|\frac{1}{(L-1)p_r(r)}\right|=\frac{1}{L-1},0\leqslant s\leqslant L-1 \tag{3-10}$$

由式（3-10）可知，$p_s(s)$ 是一个均匀概率密度函数。简而言之，我们已证明执行式（3-8）的灰度变换将得到一个随机变量 s，该随机变量由一个均匀 PDF 表征。特别要注意，由该式可知 $T(r)$ 取决于 $p_r(r)$，但正如式（3-10）所指出的那样，得到的 $p_s(s)$ 始终是均匀的，它与 $p_r(r)$ 的形式无关。图 3-8 说明了这些概念。

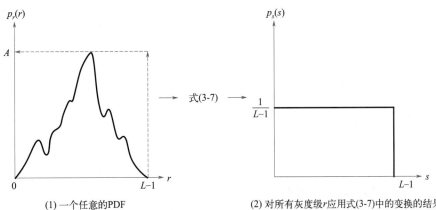

(1) 一个任意的PDF　　　　　　(2) 对所有灰度级r应用式(3-7)中的变换的结果
　　　　　　　　　　　　　　　（具有均匀PDF的结果灰度s与r的PDF的形式无关）

图 3-8　图像变换示意

例 3.1　式（3-8）和式（3-10）的说明

假设图像中的（连续）灰度值有如下 PDF：

$$p_r(r)=\begin{cases}\dfrac{2r}{(L-1)^2}, & 0\leqslant r\leqslant L+1\\[2mm] 0, & 其他\end{cases}$$

从式（3-8）有：

$$s=T(r)=(L-1)\int_0^r p_r(w)\mathrm{d}w=\frac{2}{L-1}\int_0^r w\mathrm{d}w=\frac{r^2}{L-1}$$

假设我们接着使用这个变换得到一幅灰度为 s 的新图像；也就是说，s 值是通过求输入图像的相应灰度值的平方，然后除以 $(L-1)$ 形成的。例如，考虑一幅 $L=10$ 的图像，并且假设输入图像中任意位置 (x,y) 处的像素有灰度 $r=3$。则新图像中在该位置的像素是 $s=T(r)=r^2/9=1$。我们可以把 $p_r(r)$ 代入式 (3-10)，并用 $s=r^2/(L-1)$ 这样的事实验证新图像中的灰度的 PDF 是均匀的，即：

$$p_s(s) = p_r(r)\left|\frac{\mathrm{d}r}{\mathrm{d}s}\right| = \frac{2r}{(L-1)^2}\left|\left[\frac{\mathrm{d}s}{\mathrm{d}r}\right]^{-1}\right| = \frac{2r}{(L-1)^2}\left|\left[\frac{\mathrm{d}}{\mathrm{d}r}\left(\frac{r^2}{L-1}\right)\right]^{-1}\right| = \frac{2r}{(L-1)^2}\left|\frac{(L-1)}{2r}\right| = \frac{1}{L-1}$$

其中，最后一步遵循了这样一个事实，即 r 是非负的并且假设 $L>1$。正如所期望的那样，结果是一个均匀的 PDF。

对于离散值，我们处理其概率（直方图值）与求和来替代处理概率密度函数与积分。正如前面提到的那样，一幅数字图像中灰度级 n 出现的概率近似为：

$$p_r(r_k) = \frac{n_k}{MN}, k=0,1,2,\cdots,L-1 \tag{3-11}$$

式中，MN 是图像中像素的总数，n_k 是灰度为 r_k 的像素个数，L 是图像中可能的灰度级的数量（即对 8 比特图像是 256）。正像本节开始说明的那样，与 r_k 相对的 $p_r(r_k)$ 图形通常称为直方图。

式 (3-8) 中变换的离散形式为：

$$s_1 = T(r_1) = 7\sum_{j=0}^{1}p_r(r_j) = 7p_r(r_0) + 7p_r(r_1) = 3.08 \tag{3-12}$$

这样，已处理的图像（即输出图像）通过式 (3-12) 将输入图像中灰度级为 r_k 的各像素映射到输出图像中灰度级为 s_k 的对应像素得到。在这个公式中，变换（映射）$T(r)$ 称为直方图均衡或直方图线性变换。不难证明该变换函数满足本节前面所述的条件①和②。

例 3.2　直方图均衡的简单说明

我们考虑下面这个简单的例子来说明直方图均衡的工作原理。假设一幅大小为 64×64 像素（$MN=4096$）的 3 比特图像（$L=8$）的灰度分布如表 3-1 所示，其中灰度级是范围 $[0, L-1]=[0,7]$ 中的整数。

假设图像的直方图如图 3-9（1）所示。直方图均衡变换函数的值使用式 (3-12) 得到。例如，

$$s_0 = T(r_0) = 7\sum_{j=0}^{0}p_r(r_j) = 7p_r(r_0) = 1.33$$

类似地，有：

$$s_1 = T(r1) = 7\sum_{j=0}^{1}p_r(r_j) = 7p_r(r_0) + 7p_r(r_1) = 3.08$$

及 $s_2=4.55$，$s_3=5.67$，$s_4=6.23$，$s_5=6.65$，$s_6=6.86$，$s_7=7.00$。变换函数的形状为阶梯形状，

如图 3-9（2）所示。

表 3-1　大小为 64×64 像素的 3 比特数字图像的灰度分布和直方图值

r_k	n_k	$p_r(r_k)=n_k/MN$
$r_0=0$	790	0.19
$r_1=1$	1023	0.25
$r_2=2$	850	0.21
$r_3=3$	656	0.16
$r_4=4$	329	0.08
$r_5=5$	245	0.06
$r_6=6$	122	0.03
$r_7=7$	81	0.02

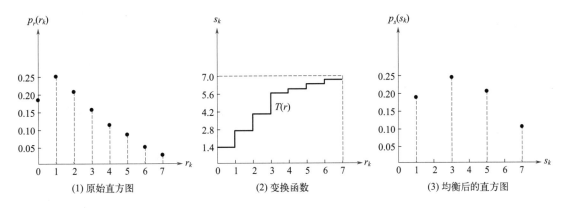

(1) 原始直方图　　　　(2) 变换函数　　　　(3) 均衡后的直方图

图 3-9　3 比特（8 个灰度级）图像的直方图均衡示例

在这一点上，s 值一直是分数，因为它们是通过求概率值的和产生的，因此我们要把它们近似为最接近的整数：

$$s_0=1.33 \rightarrow 1 \qquad s_4=6.23 \rightarrow 6$$
$$s_1=3.08 \rightarrow 3 \qquad s_5=6.65 \rightarrow 7$$
$$s_2=4.55 \rightarrow 5 \qquad s_6=6.86 \rightarrow 7$$
$$s_3=5.67 \rightarrow 6 \qquad s_7=7.00 \rightarrow 7$$

很明显，均衡后的直方图的值只有 5 个不同的灰度级。因为 $r_0=0$ 被映射为 $s_0=1$，在均衡后的图像中有 790 个像素具有该值（见表 3-1）。另外，在图像中 1023 个像素取 $s_1=3$ 这个值，有 850 个像素取 $s_2=5$ 这个值。然而，r_3 和 r_4 都被映射为同一个值 6，所以在均衡后的图像中有（656+329）=985 个像素取这个值。类似地，在均衡后的图像中有（245+122+81）=448 个像素取 7 这个值。使用 MN=4096 除这些数就得到了图 3-9（3）所示的均衡后的直方图。

因为直方图是 PDF 的近似，而且在处理中不允许造成新的灰度级，所以在实际的直方图均衡应用中，很少见到完美平坦的直方图。因此，与连续的情况不同，通常无法证明离散直方图均衡会导致均匀的直方图。然而，式（3-12）具有展开输入图像直方图的趋势，均衡后的图像的灰度 级跨越更宽灰度级范围，最终增强了对比度。

直方图均衡化方法具有一个显著优点，那就是它的"全自动性"。换句话说，当给定一幅图像时，进行直方图均衡化只需要执行式（3-12）这个简单的公式，而这个公式所依赖的全部信息都可以直接从图像本身提取，无需任何额外的参数或用户输入。

从 s 回到 r 的反变换形式表示为

$$r_k = T^{-1}(s_k), \quad k = 0,1,2,\cdots,L-1 \tag{3-13}$$

可以证明，只要灰度级 $r_k(k=0,1,2,\cdots,L-1)$ 在输入图像中一个也不缺，即图像直方图中没有哪个分量为 0，反变换就满足条件①和②。尽管反变换不用于直方图均衡，但它在 3.3.2 小节所述的直方图匹配方案中起核心作用。

3.3.2 直方图匹配（规定化）

如前所述，直方图均衡化能够自动确定变换函数，该函数旨在生成具有均匀分布的直方图的输出图像。当需要自动进行图像增强时，这种方法非常有效，因为它产生的结果是

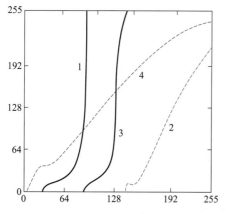

图 3-10　直方图均衡的变换函数［变换 1
　　　　　到 4 使用式（3-12）］

可预测的，并且实现起来也相对简单。直方图均衡变换如图 3-10 所示。然而，对于某些特定应用，仅仅使用均匀直方图的基本增强可能不是最佳选择。特别是，在某些情况下，我们可能希望处理后的图像具有特定的直方图形状，因为这可能对某些应用更为有用。这种用于生成具有特定形状直方图的输出图像的方法被称为直方图匹配或直方图规定化。

现在我们考虑连续灰度 r 和 z（看成是连续随机变量），并令 $p_r(r)$ 和 $p_z(z)$ 表示它们所对应的连续概率密度函数。在这种表示方法中，r 和 z 分别表示输入图像和输出（已处理）图像的灰度级。我们可以由给定的输入图像估计 $p_r(r)$，而 $p_z(z)$ 是我们希望输出图像所具有的指定概率密度函数。令 s 为一个有如下特性的随机变量：

$$s = T(r) = (L-1)\int_0^r p_r(w)\mathrm{d}w \tag{3-14}$$

式中，w 为积分假变量。我们发现这个表达式是式（3-8）给出的直方图均衡的连续形式。接着，我们定义一个有如下特性的随机变量 z：

$$G(z) = (L-1)\int_0^z p_z(t)\mathrm{d}t = s \tag{3-15}$$

式中，t 为积分假变量。由这两个等式可得 $G(z)=T(r)$，因此 z 必须满足下列条件：

$$z = G^{-1}[T(r)] = G^{-1}(s) \tag{3-16}$$

一旦由输入图像估计出 $p_r(r)$，变换函数 $T(r)$ 就可由式（3-14）得到。类似地，因为 $p_z(z)$ 已知，变换函数 $G(z)$ 可由式（3-15）得到。

从式（3-14）到式（3-16）表明，使用下列步骤，可由一幅给定图像得到一幅其灰度级具有指定概率密度函数的图像：

① 由输入图像得到 $p_r(r)$，并由式（3-14）求得 s 的值。

② 使用式（3-15）中指定的 PDF 求得变换函数 $G(z)$。

③ 求得反变换函数 $z=G^{-1}(s)$；z 是由 s 得到的，所以该处理是 s 到 z 的映射，而后者正是我们期望的值。

④ 用式（3-14）对输入图像进行均衡得到输出图像，该图像的像素值是 s 值。对均衡后的图像中具有 s 值的每个像素执行反映射 $z=G^{-1}(s)$，得到输出图像中的相应像素。当所有的像素都处理完后，输出图像的 PDF 将等于指定的 PDF。

例 3.3　直方图规定化

假设采用连续灰度值，并假设一幅图像的灰度 PDF 为 $p_r(r)=2r/(L-1)^2$，$0 \leq r \leq (L-1)$，对于其他 r 值有 $p_r(r)=0$。寻找一个变换函数，使得产生的图像的灰度 PDF 是 $p_z(z)=3z^2/(L-1)^3$，$0 \leq z \leq (L-1)$，而对于其他 z 值有 $p_z(z)=0$。

首先，我们对区间 $[0,L-1]$ 寻找直方图均衡变换：

$$s = T(r) = (L-1)\int_0^r p_r(w)\mathrm{d}w = \frac{2}{L-1}\int_0^r w\mathrm{d}w = \frac{r^2}{L-1}$$

由定义可知，对于范围 $[0, L-1]$ 外的值，该变换为 0。输入灰度值的平方除以 $(0, L-1)^2$ 将产生一幅灰度为 s 并具有均匀 PDF 的图像，即直方图均衡变换。

为求出具有规定直方图的图像，我们在 $[0, L-1]$ 区间寻找下一个直方图均衡变换：

$$G(z) = (L-1)\int_0^z p_z(w)\mathrm{d}w = \frac{3}{(L-1)^2}\int_0^z w^2\mathrm{d}w = \frac{z^3}{(L-1)^2}$$

由定义可知在该区间外这个函数也为 0。最后，我们要求 $G(z)=s$，但 $G(z)=z^3/(L-1)^2$；因此 $z^3/(L-1)^2=s$，并且有：

$$z = [(L-1)^2 s]^{1/3}$$

如果我们用 $(L-1)^2$ 乘以直方图均衡过的每一个像素，取该乘积的 1/3 次幂，结果将是一幅我们所期望的图像，该图像在区间 $[0, L-1]$ 内 z 的灰度的 PDF 为 $p_z(z)=3z^2/(L-1)^3$。

因为 $s=r^2/(L-1)$，我们可以直接由输入图像的灰度 r 生成 z：

$$z = \left[(L-1)^2 s\right]^{1/3} = \left[(L-1)^2 \frac{r^2}{(L-1)}\right]^{1/3} = \left[(L-1)r^2\right]^{1/3}$$

这样，原图像中每一个像素值的平方与（$L-1$）相乘，然后再取该乘积的 1/3 次幂，将得到其灰度级 z 具有规定 PDF 的图像。我们看到，均衡输入图像的中间一步可以跳过，我们需要的是得到将 r 映射为 s 的变换函数 $T(r)$。然后，这两步可以合并为从 r 到 z 的一步变换。

例 3.3 展示了直方图规定化的原理。在实践中，一个常见的难题是寻找 $T(r)$ 和 G^{-1} 的有意义的表达式。幸运的是，在处理离散量时，问题可被大大简化，我们只需得到一个近似的直方图，因此，所付出的代价与直方图均衡相当。

式（3-14）的离散形式是式（3-12）中的直方图均衡变换，为方便起见，我们重写如下：

$$s_k = T(r_k) = (L-1)\sum_{j=0}^{k} p_r(r_j) = \frac{L-1}{MN}\sum_{j=0}^{k} n_j, \quad k=0,1,2,\cdots,L-1 \tag{3-17}$$

式中，MN 是图像的像素总数，n_j 是具有灰度值 r_j 的像素数，L 是图像中可能的灰度级数。类似地，给定一个规定的 s_k 值，式（3-15）的离散形式涉及计算变换函数：

$$
\begin{array}{ll}
G(z_0)=0.00 \rightarrow 0 & G(z_4)=2.45 \rightarrow 2 \\
G(z_1)=0.00 \rightarrow 0 & G(z_5)=4.55 \rightarrow 5 \\
G(z_2)=0.00 \rightarrow 0 & G(z_6)=5.95 \rightarrow 6 \\
G(z_3)=1.05 \rightarrow 1 & G(z_7)=7.00 \rightarrow 7
\end{array}
\tag{3-18}
$$

对一个 q 值，有：

$$G(z_q) = s_k \tag{3-19}$$

$p_z(z_i)$ 是规定的直方图的第 i 个值。与前面一样，我们用反变换找到期望的值 z_q：

$$z_q = G^{-1}(s_k) \tag{3-20}$$

换句话说，该操作对每一个 s 值给出一个 z 值；这样，就形成了从 s 到 z 的一个映射。

实践中，我们不需要计算 G 的反变换。因为我们处理的灰度级是整数（如 8 比特图像的灰度级是从 0 到 255），使用式（3-18）计算 $q=0$, 1, 2, $\cdots$, $L-1$ 时的所有可能 G 值很简单。标定这些值，并四舍五入为区间 [0, $L-1$] 内的最接近整数。将这些值存储在一个表中。然后，给定一个特殊的 s_k 值后，我们可以查找存储在表中的最匹配的值。例如，如果在表中第 64 个输入接近 s_k，则 $q=63$（注意，我们是从 0 开始计数的），故 z_{63} 是式（3-19）的最优解。这样，给定的 s_k 值就与 z_{63} 关联在一起（即规定的 s_k 值将映射为 z_{63}）。因为 z 项是用于规定的直方图 $p_z(z)$ 作为基础所用的灰度，它遵循 $z_0=0$, $z_1=1$, $\cdots$, $z_{L-1}=L-1$，因此，z_{63} 的灰度值为 63。重复该过程，我们将找到每个 s 值到 z 值的映射，它们是式（3-20）的最接近的解。这些映射也是直方图规定化问题的解。我们可以总结直方图规定化过程如下：

① 计算给定图像的直方图 $p_r(r)$，并用它寻找式（3-12）的直方图均衡变换。把 s_k 四舍五入为范围 [0, $L-1$] 内的整数。

② 用式（3-19）对 $q=0,1,2$，$\sigma_{s_{xy}}^2 = \displaystyle\sum_{i=0}^{L-1}(r_i - m_{s_{xy}})^2 p_{s_{xy}}(r_i)$，$L-1$ 计算变换函数 G 的所有值，其中 $p_z(z_i)$ 是规定的直方图的值。把 G 的值四舍五入为范围 $[0,L-1]$ 内的整数。将 G 的值存储在一个表中。

③ 对每一个值 $s_k(k=0,1,2,\cdots,L-1)$，使用步骤②存储的 G 值寻找相应的 z 值，以使 $G(z_4)$ 最接近 s_2，并存储这些从 s 到 z 的映射。当满足给定 s 的 z 值多于一个时（即映射不唯一时），按惯例选择最小的值。

④ 对输入图像进行均衡，然后使用步骤③找到的映射把该图像中的每个均衡后的像素值 s 映射为直方图规定化后的图像中的相应 z 值，形成直方图规定化后的图像。正如连续情况那样，均衡输入图像的中间步骤是概念上的，它可以用合并两个变换函数 T 和 G^{-1} 跳过这一步，如例 3.4 所示。

如 3.3.1 小节所述，对于满足条件①和②的 G^{-1}，G 必须是严格单调的，根据式（3-13），它意味着规定的直方图的任何 $p_z(z_i)$ 值都不能为零。当工作在离散数值的情况时，该条件可能不满足但并不是一个严重的实现问题，如上面的步骤③中指出的那样。下面的例 3.4 说明了这一情况。

例 3.4　直方图规定化的一个简单例子

再次考虑例 3.2 中大小为 64×64 的假设图像，其直方图重复显示在图 3-11（1）中。我们变换该直方图，以便使其具有表 3-2 中第二列规定的值。图 3-11（2）显示了该直方图的大概形状。

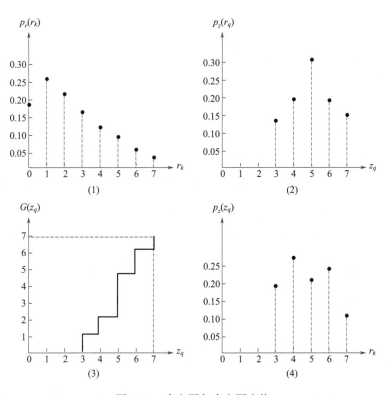

图 3-11　直方图与直方图变换

表 3-2 规定直方图和实际直方图（第三列的值来自例 3.4 中的计算结果）

z_q	规定的 $p_z(z_q)$	实际的 $p_z(z_k)$
$z_0=0$	0.00	0.00
$z_1=1$	0.00	0.00
$z_2=2$	0.00	0.00
$z_3=3$	0.15	0.19
$z_4=4$	0.20	0.25
$z_5=5$	0.30	0.21
$z_6=6$	0.20	0.24
$z_7=7$	0.15	0.11

过程的第一步是得到标定的直方图均衡后的值，就像在例 3.2 中那样：

$$s_0 = 1 \quad s_2 = 5 \quad s_4 = 6 \quad s_6 = 7$$
$$s_1 = 3 \quad s_3 = 6 \quad s_5 = 7 \quad s_7 = 7$$

接着，我们使用式（3-18）来计算变换函数 G 的所有值：

$$G(z_0) = 7\sum_{j=0}^{0} p_z(z_i) = 0.00$$

和

$$G(z_2) = 0.00, G(z_4) = 2.45, G(z_6) = 5.95, G(z_3) = 1.05, G(z_5) = 4.55, G(z_7) = 7.00$$

如例 3.2 那样，要把这些分数值转换为有效区间 $[0, 7]$ 内的整数。结果如表 3-3 所示。

表 3-3 变换函数 G 关于 z 的所有可能值（已四舍五入并排序）

z_q	$G(z_q)$
$z_0=0$	0
$z_1=1$	0
$z_2=2$	0
$z_3=3$	1
$z_4=4$	2
$z_5=5$	5
$z_6=6$	6
$z_7=7$	7

在过程的最后一步中，我们使用表 3-4 中的映射把直方图均衡后的图像中的每个像素

映射为新创建的直方图规定化图像中的相应像素。结果直方图的值列在表 3-2 的第三列，直方图画在图 3-11（4）中。$p_z(z_q)$ 的值是使用例 3.2 中的相同过程得到的。例如，我们在表 3-4 中看到，$s=1$ 映射为 $z=3$，在直方图均衡后的图像中有 790 个像素取 1 值。因此，$p_z(z_3)=790/4096=0.19$。

表 3-4　将所有的 s 值映射到相应的 z_0 值

s_k	→	z_q
1	→	3
3	→	4
5	→	5
6	→	6
7	→	7

虽然示于图 3-11（4）中的最终结果并不完全与规定的直方图匹配，但我们达到了将灰度明确地移向灰度级高端的目的。如前所述，得到直方图均衡后图像的中间步骤对于解释该过程是有帮助的，但它并不是必需的。我们可以在表 3-4 中列出从 r 到 s 的映射和从 s 到 z 的映射，然后，使用这些映射把原始像素直接映射到直方图规定化后的图像的像素。

例 3.5　直方图均衡与直方图匹配的比较

图 3-12（1）显示了太空烟花（Phobos）图像。图 3-12（2）显示了该图的直方图。图像的大部分是暗色区域，产生了像素集中于灰度级暗端的直方图的特点。乍看之下，会得到直方图均衡化是增强该图像的一个好办法，以便使暗区域的细节更清楚的结论。下面的讨论将证明事实并非如此。

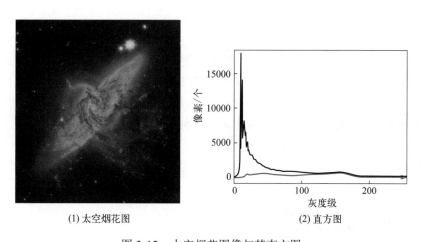

(1) 太空烟花图　　　　　(2) 直方图

图 3-12　太空烟花图像与其直方图

图 3-13（1）显示了由图 3-12（2）所示直方图得到的直方图均衡变换［式（3-12）或

式（3-17）]。这个变换函数最相关的特征是灰度快速上升到接近190。这是因为输入直方图中有大量的像素灰度接近0。当这种变换应用于输入图像的灰度，以获得直方图的均衡效果时，最终结果是把非常窄的暗像素区间映射到输出图像灰度级的高端。因为输入图像的大量像素在此区间有精确的灰度值，所以我们希望结果是具有明亮、"冲淡"外观的图像。如图3-13（2）所示，情况确实如此。该图像的直方图如图3-13（3）所示。注意，所有灰度级基本上都偏向了灰度范围的上半部。

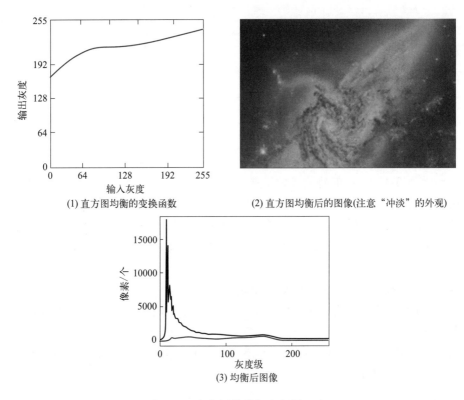

(1) 直方图均衡的变换函数   (2) 直方图均衡后的图像(注意"冲淡"的外观)

(3) 均衡后图像

图 3-13　直方图均衡与直方图匹配

虽然我们对直方图规定化有了较为清晰的理解，但仍需强调其多数情况下是一个试凑的过程。如同之前例子所示，有效的学习方法往往是针对具体问题进行调整和实践。虽然，有时我们可能会遇到需要定义"平均"直方图外观的情况，并将其作为规定的直方图，在这种情况下，直方图规定化就转化为了一种直接的处理方式。但一般而言，并没有固定的规则，因此针对任何特定的增强任务，我们都需要依赖实际的分析和尝试来确定最佳的直方图规定化策略。

3.4　空间滤波基础

在本节中，我们将介绍空间滤波图像处理的几个基本概念。空间滤波作为图像处理领域的重要技术之一，其应用广泛且效果显著。因此，深入理解这些基本概念对于后续的学习至关重要。正如本章开头所述，本节的大部分例子都将围绕使用空间滤波来增强图像这一主题展开。空间滤波的其他应用，我们将在后续章节中详细讨论。

滤波一词在频域处理（第 4 章会详细讲解）中得到广泛应用。在频域处理中，"滤波"指的是接受（通过）或拒绝特定的频率成分。例如，允许低频通过的滤波器被称为低通滤波器，其效果通常是模糊（平滑）图像。与之相似，我们也可以使用空间滤波器（也称为空间掩模、核、模板或窗口）直接作用于图像本身来实现类似的平滑效果。实际上，线性空间滤波与频域滤波之间存在一种对应关系。然而，空间滤波的功能远不止于此，它还可以用于非线性滤波，这在频域处理中是无法实现的。

3.4.1 空间滤波机理

在图 3-1 中，我们简单解释过，空间滤波器由①一个邻域（典型的是一个较小的矩形），②对该邻域包围的图像像素执行的预定义操作组成。滤波产生一个新像素，新像素的坐标等于邻域中心的坐标，像素的值是滤波操作的结果。滤波器的中心访问输入图像中的每个像素，就生成了处理（滤波）后的图像。如果在图像像素上执行的是线性操作，则该滤波器称为线性空间滤波器。否则，就称为非线性空间滤波器。接下来，我们重点关注线性滤波器，同时说明某些简单的非线性滤波器。4.3 节将包含更多的非线性滤波器及其应用的更全面的内容。

图 3-14 说明了使用 3×3 邻域的线性空间滤波的机理。在图像中的任意一点 (x, y)，滤波器的响应 $g(x, y)$ 是滤波器系数与由该滤波器包围的图像像素的乘积之和：

$$g(x,y) = w(-1,-1)f(x-1,y-1) + w(-1,0)f(x-1,y) + \cdots +$$
$$w(0,0)f(x,y) + \cdots + w(1,1)f(x+1,y+1)$$

很明显，滤波器的中心系数 $w(0, 0)$ 对准位置 (x, y) 的像素。对于一个大小为 $m \times n$ 的模板，我们假设 $m=2a+1$ 且 $n=2b+1$，其中 a，b 为正整数。这意味着在后续的讨论中，我们关注的是奇数尺寸的滤波器，其最小尺寸为 3×3。一般来说，使用大小为 $m \times n$ 的滤波器对大小为 $M \times N$ 的图像进行线性空间滤波，可由下式表示：

> 当然，也可以使用偶数尺寸的滤波器，或使用混合有偶数尺寸和奇数尺寸的滤波器。但是，使用奇数尺寸的滤波器可简化索引，并更为直观，因为滤波器的中心落在整数值上。

$$g(x,y) = \sum_{s=-a}^{a} \sum_{t=-b}^{b} w(s,t)f(x+s, y+t)$$

式中，x 和 y 是可变的，以便 w 中的每个像素可访问 f 中的每个像素。

3.4.2 空间相关与卷积

在执行线性空间滤波时，必须准确理解两个紧密相关的概念：相关和卷积。相关是滤波器模板移过图像并计算每个位置乘积之和的处理。而卷积的机理与之相似，但需要先将滤波器旋转 180°。为了清晰地说明这两个概念的区别，我们可以通过一个一维示例来展示。

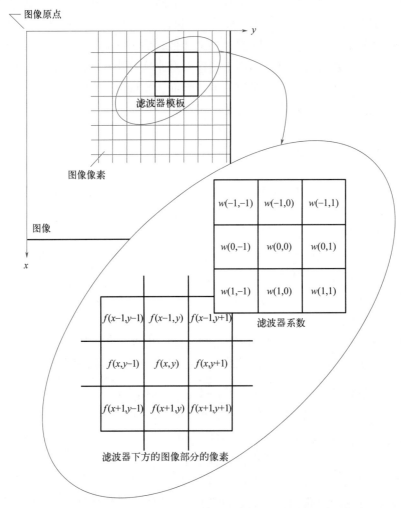

图 3-14　使用大小为 3×3 的滤波器模板的线性空间滤波的机理（表示
滤波器模板系数的坐标所选择的形式简化了线性滤波的表达式）

图 3-15（1）显示了一个一维函数 f 和一个滤波器 w，图 3-15（2）显示了执行相关的起始位置。我们注意到存在未覆盖的部分函数。该问题的解决办法是在 f 的任意一侧补上足够的 0，以便使 w 中的每一个像素都可访问到 f 中的每一个像素。如果滤波器的尺寸是 m，那么我们需要在 f 的一侧补 $m-1$ 个 0。图 3-15（3）显示了适当填充过的函数。相关的第一个值是如图 3-15（3）所示的初始位置的 f 和 w 的乘积之和（乘积之和为 0）。这相当于位移 $x=0$。为了得到相关的第二个值，我们把 w 向右移动一个像素位置（位移 $x=1$），并计算乘积之和。结果还是 0。事实上，当 $x=3$ 时才第一次出现非零结果，在这种情况下，w 中的 8 覆盖 f 中的 1，相关的结果是 8。按这种方法进行，我们可以得到图 3-15（7）中的全部相关结果。注意，x 取了 12 个值（即 $x=0,1,2,\cdots,11$）使 w 滑过 f，以便 w 中的每一

个像素访问 f 中的每一个像素。通常，我们使用大小与 f 相同的相关阵列，在这种情况下，我们将全部相关结果裁剪到原函数大小，如图 3-15（8）所示。

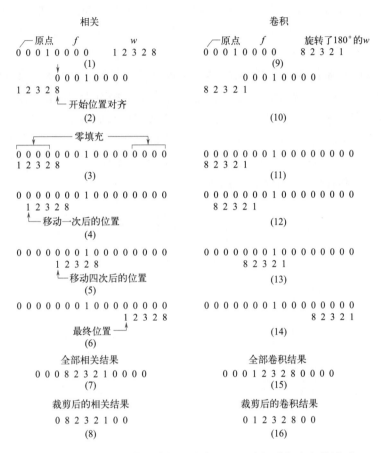

图 3-15　具有离散单位冲激的滤波器的一维相关与卷积的说明

从前面的讨论中，我们可以总结出两个关键要点。首先，相关是滤波器位移的函数。这意味着，相关的第一个值对应于滤波器的零位移，第二个值对应于一个单元位移，以此类推。其次，当滤波器 w 与包含有全部 0 和单个 1 的函数相关，得到的结果是 w 的一个副本，但旋转了 180°。我们将包含单个 1 而其余都是 0 的函数称为离散单位冲激。因此，我们可以得出结论：一个函数与离散单位冲激进行相关运算时，会在冲激的位置产生一个该函数的翻转版本。

卷积的概念是线性系统理论的基石，即一个函数与单位冲激进行卷积操作时，会在冲激位置产生该函数的一个拷贝。回顾前文，我们知道相关操作同样能生成函数的拷贝，但这个拷贝是旋转了 180° 的。因此，如果我们事先将滤波器旋转 180°，然后执行相同的滑动乘积求和操作，就可以得到期望的结果。如图 3-15 的右侧列所示，实际情况确实如此。这意味着，为了

> 注意，旋转 180° 等同于水平翻转该函数。

执行卷积操作，我们只需将其中一个函数旋转 180°，然后按照相关操作中的步骤进行即

可。实际上，我们旋转两个函数的做法没有区别。

如图 3-16 所示，相关和卷积的概念很容易扩展到图像。当处理一个大小为 $m \times n$ 的滤波器时，我们需要在图像的顶部和底部各填充 m-1 行 0，同时在左侧和右侧各填充 n-1 列 0。在这种情况下，m 和 n 都等于 3，因此如图 3-16（2）所示，我们在图像的顶部和底部各添加了两行 0，同时在左侧和右侧各添加了两列 0。图 3-16（3）展示了在执行相关操作时滤波器模板的初始位置，而图 3-16（4）则展示了所有相关操作的结果。经过裁剪后，我们得到了如图 3-16（5）所示的结果。注意，这个结果相对于原始图像旋转了 180°。对于卷积操作，我们采取与之前相同的方法，但首先要将模板旋转 180°，然后再进行滑动乘积求和操作。图 3-16（6）到（8）展示了卷积操作的结果。可以清楚地看到，当一个函数与冲激进行卷积时，它会在冲激的位置复制这个函数。此外，如果滤波器模板是对称的，那么相关操作和卷积操作将得到相同的结果。

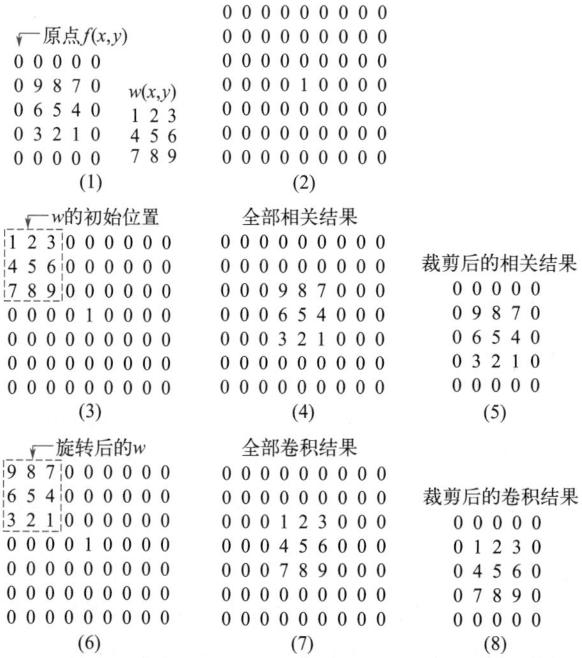

图 3-16　二维滤波器与二维离散单位冲激的相关（中间一行）和卷积（最后一行）

替代包含单个 1，如果图 3-16 中的图像 f 包含一个与 w 完全相等的区域，当 w 位于 f 的区域的中心时，相关函数（归一化后）的值将是最大的。

以公式形式总结一下前面的讨论。一个大小为 $m \times n$ 的滤波器 $w(x, y)$ 与一幅图像 $f(x, y)$ 做相关操作，可表示为 $w(x, y) \star g(x, y)$，其公式在 3.4.1 小节已经给出，为方便起见我们重写如下：

$$w(x, y) \star g(x, y) = \sum_{s=-a}^{a} \sum_{t=-b}^{b} w(s, t) f(x+s, y+t) \tag{3-21}$$

这一等式对所有位移变量 x 和 y 求值，以便 w 的所有元素访问 f 的每一个像素，其中我们

假设 f 已被适当地填充。正如早些时候解释的那样，$a=(m-1)/2$，$b=(n-1)/2$，同时，为表示方便，我们假设 m 和 n 是奇整数。

类似地，$w(x,y)$ 和 $f(x,y)$ 的卷积表示为 $w(x,y) \star g(x,y)$，它由下式给出：

$$w(x,y) \star g(x,y) = \sum_{s=-a}^{a} \sum_{t=-b}^{b} w(s,t) f(x-s,y-t) \tag{3-22}$$

其中等式右侧的减号表示翻转 f（即旋转 180°）。为简化符号表示，我们遵循惯例，翻转和移位 w 而非 f，结果是一样的。与相关一样，该式也对所有位移变量 x 和 y 求值，因此，w 的每一个元素访问 f 中的每一个像素，同样我们也假设 f 已被适当地填充了。感兴趣的读者可以对 3×3 模板展开式（3-22），并自己证明使用该式的结果与图 3-16 中的例子是一样的。在实践中，我们常常用一个算法实现式（3-21）。如果我们想要

> 通常，在含义明确的情况下，我们用函数 $g(x,y)$ 而不用 $w(x,y) \, ☆ \, f(x,y)$ 或 $w(x,y) \star f(x,y)$ 来表示相关或卷积的结果。例如，前面的 3.4.1 小节和后文的式（3-25）。

执行相关，可将 w 输入到算法中；如果要执行卷积，可将旋转 180° 后的 w 输入到算法中。同样地，如果代之以执行式（3-22）也是可用的。

如之前提及的那样，卷积是线性系统理论的基础。一个函数与单位冲激的卷积，相当于在单位冲激的位置处复制该函数，这一特性在大量重要的推导中扮演核心的角色。我们将在第 4 章关于傅里叶变换和卷积定理的内容中再次探讨卷积。然而，与式（3-22）不同，我们将要处理的卷积是相同尺寸的。虽然公式的形式是一样的，但求和限有所不同。

使用相关或卷积进行空间滤波是实践中常用的方法。事实上，由于式（3-21）和式（3-22）都可以简单地通过旋转滤波器来执行其功能，因此在给定的滤波任务中，重要的是根据期望的操作方式来指定滤波器模板。本章中的所有线性空间滤波结果都是基于式（3-21）的。

最后，我们需要注意的是，在图像处理领域的相关文献中，我们可能会遇到"卷积滤波器""卷积模板"或"卷积核"等术语。这些术语通常用于表示一种空间滤波器，而并不意味着滤波器一定用于真正的卷积操作。类似地，"模板与图像的卷积"通常用于描述我们之前讨论的滑动乘积求和处理，而不必严格区分相关与卷积之间的区别。这种不太精确的术语使用有时可能导致混淆。

3.4.3　线性滤波的向量表示

当我们的兴趣在于相关或卷积的模板的响应特性 R 时，有时写成乘积的求和形式更加方便：

$$R = w_1 z_1 + w_2 z_2 + \cdots + w_{mn} z_{mn} = \sum_{k=1}^{mn} w_k z_k = w^T z \tag{3-23}$$

式中，w 项是一个大小为 $m \times n$ 的滤波器的系数，z 为由滤波器覆盖的相应图像的灰

度值。如果我们使用式（3-23）来做相关，可以使用给定的模板。为了使用相同的公式进行卷积操作，如 3.4.2 小节所述，我们可以简单地把模板旋转 180°。它意味着式（3-23）对特定的坐标对（x, y）是成立的。在 3.4.4 小节中，我们将详细探讨为什么这一表示法对于描述给定的线性滤波器的特性是方便的。

作为一个例子，图 3-17（2）显示了一个带有标号的普通 3×3 模板。在这种情况下，式（3-23）变为：

$$R = w_1 z_1 + w_2 z_2 + \cdots + w_9 z_9 = \sum_{k=1}^{9} w_k z_k = w^{\mathrm{T}} z \tag{3-24}$$

式中，w 由模板的系数形成的 9 维向量，z 是由模板包含的图像灰度形成的 9 维向量。

3.5　平滑空间滤波器

平滑滤波器常用于实现图像的模糊处理和噪声降低。模糊处理在预处理任务中发挥着重要作用，例如在提取大型目标之前，它能够帮助去除图像中的一些琐碎细节，并桥接直线或曲线的缝隙。通过使用线性滤波和非线性滤波，我们可以有效地实现图像的模糊处理，并降低噪声。

3.5.1　平滑线性滤波器

平滑线性空间滤波器的输出是滤波器模板邻域内像素的平均值，因此也被称为均值滤波器，属于低通滤波器范畴。其原理在于用邻域内像素的平均灰度值替代图像中每个像素的值，降低灰度的剧烈变化，从而降低噪声。然而，这种处理也可能导致边缘模糊。此外，均值滤波器还可用于减少因灰度级数量不足而产生的伪轮廓效应，并去除与滤波器模板尺寸相比较小的、不相关的图像细节。

图 3-17 显示了两个 3×3 平滑滤波器。图 3-17（1）第一个滤波器产生模板下方的标准像素平均值。把模板系数代入式（3-24）即可清楚地看出这一点：

$$R = \frac{1}{9} \sum_{i=1}^{9} z_i$$

R 是由模板定义的 3×3 邻域内像素灰度的平均值。注意，代替上式中的 1/9，滤波器的系数全为 "1"。这里系数取 1 值时计算更有效。在滤波处理之后，整个图像除以 9。一个 $m \times n$ 模板应有等于 $1/mn$ 的归一化常数。所有系数都相等的空间均值滤波器有时称为盒状滤波器。

图 3-17 中的第二个模板显得尤为重要。该模板产生所谓的加权平均，其中使用不同的系数乘以像素，即一些像素的重要性（权重）比另一些像素的重要性更大。在图 3-17（2）的模板中，中心位置的像素乘以的系数最大，因此在计算均值时具有更高的重要性。其他像素的权重则根据其与中心像素的距离成反比地分配。由于对角线上的像素距

离中心比正交方向上的相邻像素更远，它们的权重比直接相邻的像素更小。这种加权策略的目的是在平滑处理时减少模糊效果。当然，也可以选择其他权重来达到同样的目的。

值得注意的是，图 3-17（2）中的模板系数之和为 16，这是一个对计算机计算非常有利的特性，因为它是 2 的整数次幂。然而，在实际应用中，由于这些模板在图像中覆盖的区域相对较小，使用图 3-17 中的各种模板或类似方法进行平滑处理后的图像之间的差异通常难以察觉。

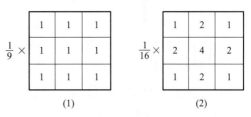

图 3-17　两个 3×3 平滑（均值）滤波器模板（每个模板前面的乘数等于 1 除以所有系数之和，这是计算平均值所要求的）

参见式（3-21），一幅 $M×N$ 的图像经过一个大小为 $m×n$（m 和 n 是奇数）的加权均值滤波器滤波的过程可由下式给出：

$$g(x,y) = \frac{\sum_{s=-a}^{a} \sum_{t=-b}^{b} w(s,t)f(x+s,y+t)}{\sum_{s=-a}^{a} \sum_{t=-b}^{b} w(s,t)} \tag{3-25}$$

式（3-25）中的参数见式（3-21）中的定义。正如前面说过的那样，它可以这样理解，即一幅完全滤波的图像是通过对 $x=0, 1, 2, \cdots, M–1$ 和 $y = 0, 1, 2, \cdots, N–1$ 执行式（3-25）得到的。式（3-25）中的分母部分简单地表示为模板的各系数之和，它是一个仅需计算一次的常数。

例 3.6　使用各种尺寸模板的图像平滑

与滤波器模板尺寸有关的图像平滑效果如图 3-18 所示，图中显示了一幅原图像以及分别用尺寸为 $m=3, 5, 9, 15$ 和 35 像素的方形均值滤波器得到的相应平滑结果。这些结果的主要特点如下：当 $m=3$ 时，可以观察到在整幅图像中有轻微的模糊，但正如所希望的那样，当图像细节与滤波器模板近似相同时，图像中一些细节受到的影响比较大。例如，图像中的 3×3 与 5×5 黑方块、较小的字母 "a" 和细颗粒噪声，与图像的其他部分相比，要更模糊一些。注意，噪声显著地降低了，字母的锯齿状边缘也令人满意地被平滑了。

$m=5$ 时的结果基本类似，但模糊程度稍微有所增加。在 $m=9$ 时，可以明显地看出图像更加模糊，而且有 20% 的黑色圆圈几乎不能像在前三幅图像中那样与背景明显地区分开来，这表明当目标的灰度与其相邻像素的灰度接近时，会导致模糊目标的混合效应。$m=15$ 和 35 时，就图像中目标物的尺寸来说，已属极端情况。这种极端类型的模糊处理通常用于去除图像中的一些小物体。例如，在图 3-18（6）中，三个小方框、两个小圆圈以及大部分噪声矩形区域已融入到背景中。注意，在这幅图中还有明显的黑的边界。这是我们用 0（黑色）填充原图像的边界，经过滤波后再去除填充区域的结果。某些黑色混入了所有滤波后的图像，对于使用较大滤波器平滑的图像，这就成为问题了。

正如之前所提及的，空间均值处理的一个重要应用是模糊图像，从而对感兴趣的物体获得一个粗略的描述。这样做的目的是使较小的物体与背景灰度混合，而较大的物体则变得像"斑点"一样，从而更容易被检测出来。选择模板的大小取决于那些需要融入背景的物体尺寸。

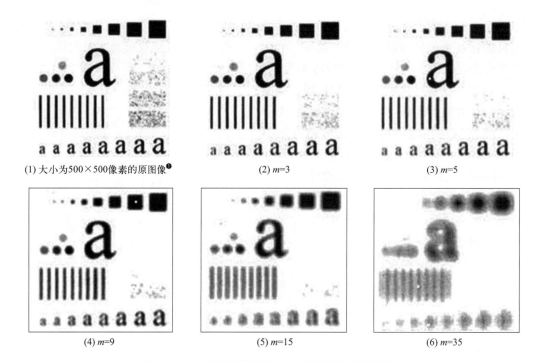

(1) 大小为500×500像素的原图像❶   (2) $m=3$ (3) $m=5$

(4) $m=9$ (5) $m=15$ (6) $m=35$

图 3-18   与滤波器模块尺寸有关的图像平滑效果

3.5.2 统计排序（非线性）滤波器

统计排序滤波器是一种非线性空间滤波器，这种滤波器的响应以滤波器包围的图像区域中所包含的像素的排序（排队）为基础。然后，它使用这些统计排序的结果来决定替代中心像素的值。在这一类滤波器中，最为人熟知的是中值滤波器。顾名思义，中值滤波器使用像素邻域内灰度的中值（在计算中值时，原始像素值也包括在内）来替换该像素的值。中值滤波器的应用非常广泛，因为它对于特定类型的随机噪声具有出色的去噪能力，并且在模糊程度上明显优于相同尺寸的线性平滑滤波器。特别值得一提的是，中值滤波器在处理脉冲噪声时非常有效，这种噪声也被称为椒盐噪声，因为它以黑白点的形式叠加在图像上。

一个数值集合的中值 ξ 是这样的数值，即数值集合中有一半小于或等于 ξ，还有一半大于或等于 ξ。在处理过程中，邻域内的像素值被排列，确定中值后，该中值将替换原图像中相应像素的值。例如，在 3×3 的邻域中，中值对应的是排序后的第 5 个值，而在 5×5 的邻域中，中值则是排序后的第 13 个值。若邻域内存在相同的像素值，这些值均可作为中值使用。假如，在一个 3×3 邻域内有一系列像素值（10, 20, 20, 20, 15, 20, 25, 100），对这些值排序后为（10, 15, 20, 20, 20, 20, 20, 25, 100），那么其中值就是 20。这样，中值滤波器的主要功能是使拥有不同灰度的点看起来更接近于它的相邻点。事实上，我们

---

❶ 顶部的黑色方块大小分别为 3,5,9,15,25,35,45 和 55 个像素，它们的边界相隔 25 个像素。底部字母的大小在 10 点到 24 点之间，增量为 2 个点；顶部的最大字母为 60 点。垂直线段条宽为 5 个像素，高为 100 个像素，线条间距为 20 个像素。圆的直径为 25 个像素，它们的边界相隔 15 个像素，灰度级为 0 到 100% 的黑色范围内，以 20% 增加。图像背景是黑色的 10%。噪声矩形区域大小为 50×120 像素。

使用 $m \times m$ 中值滤波器来去除那些相对于其邻域像素更亮或更暗并且其区域小于 $m^2/2$（滤波器区域的一半）的孤立像素族。在这种情况下，"去除"的意思是强制为邻域的中值灰度。较大的族所受到的影响明显较小。

在图像处理中，中值滤波器虽然是应用广泛的统计排序滤波器，但并非唯一选择。中值代表的是像素值排序后的 50% 个值，然而，根据统计学原理，排序同样适用于其他情况。例如，我们可以选择第 100% 个值，这被称为最大值滤波器，它在寻找图像中最亮点时非常有效。一个 3×3 的最大值滤波器的响应可以通过公式 $R = \max\{z_k | k=1,2,\cdots,9\}$ 来表示。相反地，选择 0% 个值的滤波器就是最小值滤波器，它用于实现相反的目的。中值、最大值、最小值以及其他非线性滤波器将在后续详细讨论。

例 3.7　利用中值滤波降噪

图 3-19（1）显示了一幅被椒盐噪声污染的电路板的 X 射线图像。为了说明这种情况下的中值滤波器处理效果比均值滤波器更好。我们在图 3-19（2）中显示了用 3×3 邻域均值模板处理噪声图像的结果，而在图 3-19（3）中显示了用 3×3 中值滤波器处理噪声图像的结果。均值滤波模糊了图像，并且噪声去除性能也很差。在这种情况下，中值滤波处理要远远优于均值滤波。通常，中值滤波比均值滤波更适合去除椒盐噪声。

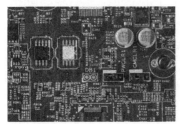 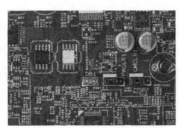 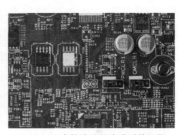

(1) 被椒盐噪声污染的电路板图像　　　(2) 用3×3均值模板降噪后的图像　　　(3) 用3×3中值滤波器降噪后的图像

图 3-19　利用中值滤波降噪

3.6　锐化空间滤波器

锐化处理的核心目的是凸显图像中的灰度过渡部分，这对于各种应用场景都至关重要，如电子印刷、医学成像、工业检测乃至军事系统中。在之前的讨论中，我们了解到，图像模糊通常是通过在像素的邻域内求平均来实现的。由于这种平均处理与积分操作在性质上相似，因此，我们可以通过空间微分来实现图像的锐化处理。本节我们讨论使用数字微分技术来定义和实现各种锐化算子的方法。基本上，微分算子的响应强度与图像在特定点上的灰度变化速率成正比。因此，图像微分能够增强边缘和其他快速变化的部分（如噪声），同时减弱灰度变化缓慢的区域。

3.6.1　基础知识

在接下来的两节中，我们将分别深入探讨基于一阶微分和二阶微分的锐化滤波器。在探讨具体的滤波器设计之前，首先回顾一下数字微分的某些基本性质。为了简化讨论，我们将主要关注一阶微分的特性。我们聚焦于恒定灰度区域中，突变的开始点与结束点（台阶和斜坡突变）及沿着灰度斜坡处的微分性质。这些突变类型在建模图像中的噪声点、线条和边缘时具有关键作用。

数字函数的微分可以通过多种术语进行定义，并且存在多种方法来描述这些差异。然而，对于一阶微分的任何定义，都必须满足以下关键点：①在恒定灰度区域内的微分值必须为零；②在灰度台阶或斜坡处的微分值必须非零；③沿着灰度斜坡的微分值也必须非零。类似地，对于二阶微分的定义，也必须确保以下几点：①在恒定区域的微分值为零；②在灰度台阶或斜坡的起始点处微分值非零；③沿着斜坡的微分值非零。由于我们处理的是离散的数字值，这些值的范围是有限的，因此最大灰度级的变化也是有限的。此外，这些变化发生的最短距离是在两个相邻像素之间。

对于一维函数 $f(x)$，其一阶微分的基本定义是差值：

$$\frac{\partial f}{\partial x} = f(x+1) - f(x) \tag{3-26}$$

其中，为了与二维图像函数 $f(x, y)$ 的微分保持一致，我们使用了偏导数符号。对于二维函数，我们将沿着两个空间轴处理偏微分。当前讨论的空间微分的应用并不影响我们试图采用的任何方法的本质。很清楚，当函数中只有一个变量时，$\partial f / \partial x = \mathrm{d}f / \mathrm{d}x$，这同样也成立。

> 在 7.2.1 小节中，我们将会回到式（3-26），并给出由泰勒级数推导出它的方法。现在，我们只须把它当做一个定义来接受即可。

我们将二阶微分定义为如下差分：

$$\frac{\partial^2 f}{\partial x^2} = f(x+1) + f(x-1) - 2f(x) \tag{3-27}$$

很容易验证，这两个定义满足前面所说的条件。为理解这一点，并考察数字函数一阶和二阶微分间的异同点，我们考虑图 3-20 中的例子。

图 3-20（2）（图的中间）显示了一段扫描线。小方块中的数值是扫描线中的灰度值，它们作为黑点画在图 3-20（1）中。用虚线连接这些点是为了帮助我们看得更清楚。正如图中所示，扫描线包含一个灰度斜坡、三个恒定灰度段和一个灰度台阶。圆圈指出了灰度变化的起点和终点。用前面式（3-26）和式（3-27）两个定义计算出的图 3-20（2）中扫描线的一阶微分和二阶微分画在图 3-20（3）中。当在点 x 处计算一阶微分时，我们用下一个点的函数值减去该点的函数值。因此，这是一个"预测未来"的操作。类似地，为了在 x 点计算二阶微分，在计算中我们使用前一个点和下一个点。为了避免前一个点和下一个点处于扫描线之外的情况，我们在图 3-20 中显示了从序列中第二个点到倒数第二个点的微分计算。

让我们从左到右横贯剖面图，考虑一阶微分和二阶微分的性质。首先，我们遇到的是如图 3-20（2）和（3）所示的恒定灰度区域。在这个区域内，一阶微分和二阶微分的值均为零，因此它们均符合条件①的要求。接着，我们遇到的是一个紧随台阶的灰度斜坡。我们注意到，在斜坡起点和台阶处，一阶微分的值不为零。类似地，在斜坡和台阶的起点和终点处，二阶微分的值也不为零。因此，这两个微分特性均满足了条件②。最后，我们观察到这两个微分特性也都满足了条件③，因为在斜坡处，一阶微分的值不为零，而二阶微分的值为零。请注意，斜坡或台阶的起点和终点处，二阶微分的符号会发生变化。实际上，在图 3-20（3）中，我们可以看到一个台阶过渡的情况，其中连接这两个值的线段在两个端点的中间与水平轴相交，这种零交叉对于边缘定位是非常有用的。

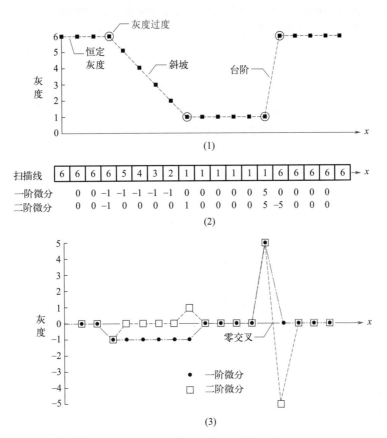

图 3-20　表示一幅图像中一段水平灰度剖面的一维数字函数的一阶微分和二阶微分的说明
［在图（1）和图（3）中，为便于观看，已用虚线将数据点连接起来］

在数字图像中，边缘通常表现为灰度上的斜坡过渡，这导致图像的一阶微分产生较宽的边缘效果，因为沿斜坡的微分值不为零。然而，二阶微分则能生成一个像素宽度的双边缘，这两个边缘由零值分隔开。基于这一观察，我们可以得出结论，二阶微分在增强图像细节方面比一阶微分更为出色，这是锐化图像的一个理想特性。值得注意的是，尽管二阶微分的计算比一阶微分更为复杂，但它的效果却更为优越。因此，在后续的讨论中，我们将重点关注二阶微分的应用。

3.6.2　使用二阶微分进行图像锐化——拉普拉斯算子

在这一小节中，我们将探讨二维函数二阶微分的实现及其在图像锐化处理中的应用。

这种方法的实现主要是通过定义一个二阶微分的离散公式，然后基于这个公式构造一个滤波器模板。特别地，我们将重点关注一种各向同性的滤波器。这种滤波器的特点是其响应与滤波器所作用的图像突变的方向无关。换句话说，各向同性滤波器具有旋转不变性，即无论是对原始图像进行旋转后再进行滤波处理，还是先对图像进行滤波处理再进行旋转，得到的结果都是相同的。

可以证明［Rosenfeld，Kak（1982）］，最简单的各向同性微分算子是拉普拉斯算子，一个二维图像函数 $f(x, y)$ 拉普拉斯算子定义为：

$$\nabla^2 f = \frac{\partial^2 f}{\partial x^2} + \frac{\partial^2 f}{\partial y^2} \tag{3-28}$$

因为任意阶微分都是线性操作，所以拉普拉斯变换也是一个线性算子。为了以离散形式描述这一公式，我们使用式（3-27）的定义，记住，我们必须支持第二个变量。在 x 方向上，我们有：

$$\frac{\partial^2 f}{\partial x^2} = f(x+1, y) + f(x-1, y) - 2f(x, y) \tag{3-29}$$

类似地，在 y 方向上我们有：

$$\frac{\partial^2 f}{\partial y^2} = f(x, y+1) + f(x, y-1) - 2f(x, y) \tag{3-30}$$

所以，遵循这三个公式，两个变量的离散拉普拉斯算子是：

$$\nabla^2 f(x, y) = f(x+1, y) + f(x-1, y) + f(x, y+1) + f(x, y-1) - 4f(x, y) \tag{3-31}$$

式（3-31）可以用图 3-21（1）的滤波模板来实现，该图给出了以 90°为增量进行旋转的一个各向同性结果。实现机理与 3.5.1 小节中给出的线性平滑滤波器一样，我们在这里只是简单地使用了不同的系数。

对角线方向也可以这样组成：在数字拉普拉斯变换的定义中，在式（3-30）中添入两项，即两个对角线方向各加一个。每个新添加项的形式与式（3-29）或式（3-30）类似，只是其坐标轴的方向沿着对角线方向。由于每个对角线方向上的项还包含一个 $-2f(x, y)$，所以现在从不同方向的项中总共应减去 $-8f(x, y)$。图 3-21（2）显示了执行这一新定义的模板。这种模板对 45°增幅的结果是各向同性的。实践中可能常常见到图 3-21（3）和（4）所示的拉普拉斯模板。它们是由我们在式（3-29）和式（3-30）中用过的二阶微分的定义得到的，只是其中的 1 是负的。正因为如此，它们产生了等效的结果，但是，当将拉普拉斯滤波后的图像与其他图像合并（相加或相减）时，必须考虑符号上的差别。

由于拉普拉斯是一种微分算子，因此其应用强调的是图像中灰度的突变，并不强调灰度级缓慢变化的区域。这将产生把浅灰色边线和突变点叠加到暗色背景中的图像。将原图像和拉普拉斯图像叠加在一起的简单方法，可以复原背景特性并保持拉普拉斯锐化处理的效果。记住所使用的拉普拉斯定义是很重要的。如果所使用的定义具有负的中心系数，那么必须将原图像减去经拉普拉斯变换后的图像而不是加上它，从而得到锐化结果。所以，我们使用拉普拉斯对图像增强的基本方法可表示为下式：

$$g(x,y) = f(x,y) + c\left[\nabla^2 f(x,y)\right] \tag{3-32}$$

式中，$f(x,y)$ 和 $g(x,y)$ 分别是输入图像和锐化后的图像。如果使用图 3-21（1）或图 3-21（2）中的拉普拉斯滤波器，则常数 $c=-1$，如果使用另外两个滤波器，则常数 $c=1$。

(1) 实现式(3-31)所用
的滤波器模板

(2) 用于实现带有对角项
的该公式的扩展的模板

(3) 实践中常用的
拉普拉斯实现1

-1	-1	-1
-1	8	-1
-1	-1	-1

(4) 实践中常用的
拉普拉斯实现2

图 3-21　滤波模板

3.6.3　使用一阶微分进行（非线性）图像锐化——梯度

图像处理中的一阶微分是用梯度幅值来实现的。对于函数 $f(x,y)$，f 在坐标 (x,y) 处的梯度定义为二维列向量：

$$\nabla f \equiv \mathbf{grad}(f) \equiv \begin{bmatrix} g_x \\ g_y \end{bmatrix} = \begin{bmatrix} \dfrac{\partial f}{\partial x} \\ \dfrac{\partial f}{\partial y} \end{bmatrix} \tag{3-33}$$

该向量具有重要的几何特性，即它指出了在位置（x,y）处 f 的最大变化率的方向。

向量 ∇f 的幅度值（长度）表示为 $M(x,y)$，即

$$M(x,y) = \mathrm{mag}(\nabla f) = \sqrt{g_x^2 + g_y^2} \tag{3-34}$$

它是梯度向量方向变化率在 (x,y) 处的值。注意，$M(x,y)$ 是与原图像大小相同的图像，它是当 x 和 y 允许在 f 中的所有像素位置变化时产生的。在实践中，该图像通常被称为梯度图像（或含义很清楚时，可简称为梯度）。

因为梯度向量的分量是微分，所以它们是线性算子。然而，该向量的幅度不是线性算子，因为求幅度是做平方和平方根操作。另一方面，式（3-33）中的偏微分不是旋转不变的（各向同性），而梯度向量的幅度是旋转不变的。在某些实现中，用绝对值来近似平方和平方根操作更适合计算：

$$M(x,y) \approx |g_x| + |g_y| \tag{3-35}$$

该表达式仍保留了灰度的相对变化，但是通常各向同性特性丢失了。同样地，在后面章节定义的离散梯度的各向同性仅在有限旋转增量的情况下被保留，它依赖于所用的近似微分

的滤波器模板。正如结果那样，用于近似梯度的最常用模板在90°的倍数时是各向同性的。这些结果与我们使用式（3-34）还是使用式（3-35）无关，因此，如果我们选择这样做，使用后一公式对结果并无影响。

我们现在对上述公式定义一个离散近似，并由此形成合适的滤波模板。为简化下面的讨论，我们将使用图3-22（1）中的符号来表示一个 3×3 区域内图像点的灰度。例如，使用图3-14中引入的符号，令中心点 z_5 表示任意位置 (x, y) 处的 $f(x, y)$；z_1 表示为 $f(x-1, y-1)$；等等。正如3.6.1小节指出的那样，满足声明条件的对一阶微分的最简近似是 $g_x = (z_8 - z_5)$ 和 $g_y = (z_6 - z_5)$。在早期数字图像处理的研究中，Roberts（1965）提出了另外两个使用交叉差分的定义：

$$g_x = (z_9 - z_5) \text{和} g_y = (z_8 - z_6) \tag{3-36}$$

如果我们使用式（3-34）和式（3-36），计算梯度图像为：

$$M(x, y) = \left[(z_9 - z_5)^2 + (z_8 - z_6)^2 \right]^{1/2} \tag{3-37}$$

如果我们用式（3-35）和式（3-36），则：

$$M(x, y) \approx |z_9 - z_5| + |z_8 - z_6| \tag{3-38}$$

按之前的描述方式，很容易理解 x 和 y 会随图像的维数变化。式（3-36）中所需的偏微分项可以用图3-22（2）中的两个线性滤波器模板来实现。这些模板称为罗伯特交叉梯度算子。

偶数尺寸的模板很难实现，因为它们没有对称中心。我们感兴趣的最小模板是 3×3 模板。使用以 z_5 为中心的一个 3×3 邻域对 g_x 和 g_x 的近似如下式所示：

$$g_x = \frac{\delta f}{\delta x} = (z_7 + 2z_8 + z_9) - (z_1 + 2z_2 + z_3) \tag{3-39}$$

$$g_y = \frac{\delta f}{\delta y} = (z_3 + 2z_6 + z_9) - (z_1 + 2z_4 + z_7) \tag{3-40}$$

这两个公式可以使用图3-22（4）和图3-22（5）中的模板来实现。使用图3-22（4）中的模板实现的 3×3 图像187区域的第三行和第一行的差近似 x 方向的偏微分，另一个模板中的第三列和第一列的差近似了 y 方向的微分。用这些模板计算偏微分之后，我们就得到了之前所说的梯度幅值。例如，将 g_x 和 g_x 代入式（3-35）得到

$$M(x, y) \approx |(z_7 + 2z_8 + z_9) - (z_1 + 2z_4 + z_3)| + |(z_3 + 2z_6 + z_9) - (z_1 + 2z_4 + z_7)| \tag{3-41}$$

图3-22（4）和图3-22（5）中的模板称为 Sobel 算子。中心系数使用权重2的思想是通过突出中心点的作用而达到平滑的目的。注意，图3-22所示的所有模板中的系数总和为0，这正如微分算子的期望值那样，表明灰度恒定区域的响应为0。

g_x 和 g_x 的计算是线性操作，因为它们涉及微分操作，因此可以使用图3-22中的空间模板如乘积求和实现。使用梯度进行非线性锐化是包括平方和平方根的 $M(x, y)$ 的计算，

或者使用绝对值计算代替，所有这些计算都是非线性操作。该操作是在得到 g_x 和 g_x 线性操作后执行的操作。

(1) 一幅图像的3×3区域　(2) 罗伯特交叉梯度算子1　(3) 罗伯特交叉梯度算子2　(4) Sobel算子1　(5) Sobel算子2
　　(z是灰度值)

图 3-22　图像与滤波模板

例 3.8　使用梯度进行边缘增强

梯度处理常用于工业检测，既可以辅助人工检测产品缺陷，也可以作为自动检测的预处理步骤。我们用一个简单的例子来展示梯度法如何用于增强缺陷并消除慢变化背景的特性的。在这个例子中，增强用作自动检测的预处理步骤，而不是用于人为分析。

图 3-23（1）显示了一幅隐形眼镜的光学图像，它由设计用于突出缺陷的发光装置来照明，例如 4 点钟方向和 5 点钟方向眼镜边界中的两个边缘缺陷。图 3-23（2）显示了使用式（3-35）及图 3-22（4）与图 3-22（5）中的两个 Sobel 模板得到的梯度图像。在该图像中，边缘缺陷清晰可见，并且还有一个附加的优点，即灰度不变或变化缓慢的图案阴影被去除了，从而简化了自动检测所要求的计算任务。梯度处理还可以用于突出灰度图像中看不见的 小斑点（这样的小斑点可能是外来物、保护液中的气泡或眼镜中的小缺陷）。在灰度平坦区域中增强小突变的能力是梯度处理的另一个重要特性。

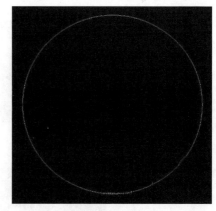

(1) 隐形眼镜的光学图像(注意4点钟和5点钟方向边界上的缺陷)　　　　　(2) Sobel梯度

图 3-23　使用梯度进行边缘增强示例

【典型案例】

基于图像降噪的零部件轮廓提取

图像降噪是指对图像中存在的噪声进行抑制或去除的过程，以改善图像质量、增强图像信息和准确分析图像内容。通过特定的算法和技术，机器视觉系统能够提取出图像中的轮廓信息，在提取图像中图形的轮廓前一般需要对获取的图像进行预处理。例如，在工业自动化系统中，通过消除图像中的噪声，可以更容易地识别、定位和分析工业产品、材料或生产过程中的缺陷，这有助于实现更加精准的自动化检测、质量控制和生产优化。图像降噪还广泛应用于无线电通信、数字广播、天文图像分析和安全监控等领域。

本案例采用工业机器视觉系统获取零部件的轮廓，在相机下获取多张噪声干扰的图像，以一个简单的板件为例，如图 3-24 所示。通过滤波算法处理噪声污染的图像，旨在能够更好、更准确地提取轮廓信息。

图 3-24　降噪前原始图像

策略分析：在图像处理中，轮廓提取是一个关键的步骤，尤其是在需要进行物体识别、分析和追踪等应用中。然而，由于图像采集过程中可能受到各种噪声的干扰，导致轮廓提取的效果不佳。因此，图像降噪技术在轮廓提取中扮演着重要的角色。

在轮廓提取之前应用降噪技术，可以帮助改善边缘检测的结果。一些常用的图像降噪方法，如低通滤波、中值滤波、高斯滤波等，都可以有效地减少图像中的噪声，这三种滤波算法在 OpenCV 中可以分别通过调用 cv2.boxFilter()、cv2.medianBlur()、cv2.GaussianBlur() 予以实现。这些降噪方法可以在一定程度上平滑图像，减少噪声对边缘检测算法的影响，但以上三种滤波算法在一定程度上都会对图像中图形的轮廓产生破坏，降噪处理结果如图 3-25 所示，在肉眼看来以上三种滤波之间的差异不明显，但是实际应用的场景不同差异较易比较，因此在实际使用中要注意比较选择。

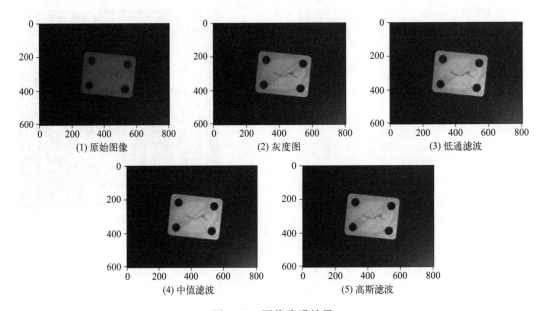

图 3-25　图像降噪结果

此外，一些高级的降噪技术，如非局部均值滤波、双边滤波等，也可以用于轮廓提取前的降噪处理，这些技术可以更好地保留图像的边缘信息，进一步提高轮廓提取的准确性，如图 3-26 所示。

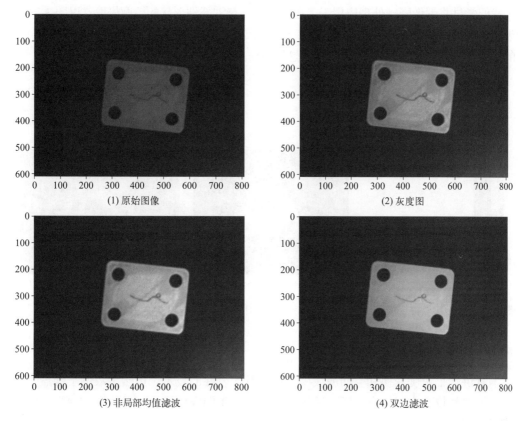

(1) 原始图像　　　　　　　　　　　　(2) 灰度图

(3) 非局部均值滤波　　　　　　　　　　(4) 双边滤波

图 3-26　高级图像降噪结果

总之，通过减少或消除图像中的噪声，可以提高边缘检测算法的准确性和鲁棒性，从而得到更准确、更清晰的轮廓提取结果，最终经过滤波预处理得到的零部件轮廓提取结果如图 3-27 所示。

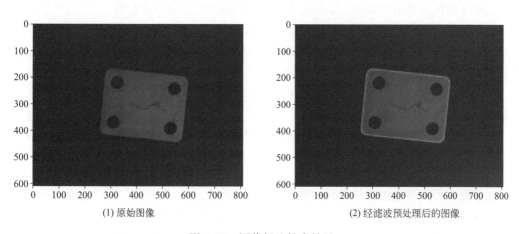

(1) 原始图像　　　　　　　　　　　　(2) 经滤波预处理后的图像

图 3-27　图像提取轮廓结果

【场景延伸】

基于以上对简单零部件的轮廓提取案例的讲解，我们加深了对图像降噪应用的理解，接下来我们尝试将图像降噪处理应用于工业生产中复杂零部件形状的轮廓提取。以图 3-28 所示的齿轮轮廓提取场景为例，通过图像降噪和轮廓提取等算法，准确提取原图像图 3-29（1）齿轮的轮廓，得到提取结果见图 3-29（2）。这里不作具体分析，感兴趣的读者可自行尝试。

图 3-28　齿轮轮廓提取场景

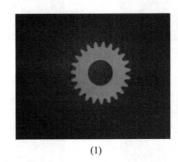

(1)　　　　　　　　　　　　(2)

图 3-29　齿轮提取轮廓结果

【本章小结】

本章讲解了灰度变换和空间滤波中当前最具代表性的技术，虽然多数例子聚焦于图像增强，但这些技术应用具有广泛的适用性，不仅限于图像增强，在后续章节的学习中，我们会更深刻地体会这一点。

【知识测评】

一、填空题

1. 灰度变换主要用于改变图像的对比度，常用的灰度变换方法包括 _____ 和 _____。

2. 在灰度变换中，_____ 变换可以拉伸图像的灰度级范围，从而增强图像的对比度。

3. 空间滤波是一种在图像的空间域进行处理的方法，常见的空间滤波器有 _____ 滤波器和 _____ 滤波器。

4. 空间滤波器的设计取决于滤波器的 _____ 和 _____，它们决定了滤波器的性能和应用场景。

5. _____ 滤波是一种常用的空间滤波方法，它可以有效地减少图像中的噪声。

二、选择题

1. 下列哪种灰度变换方法可以增强图像的局部对比度？（　　　）

    A. 线性变换　　　　　　　　　　　　B. 直方图均衡化

    C. 对数变换　　　　　　　　　　　　D. 幂律（伽马）变换

2. 在灰度变换中，直方图均衡化的主要目的是什么？（　　　）

    A. 增加图像的亮度　　　　　　　　　　　　B. 拉伸图像的灰度级范围

    C. 减少图像的噪声　　　　　　　　　　　　D. 改变图像的色彩

3. 空间滤波主要用于实现图像的哪些处理？（　　　）

    A. 色彩增强　　　　　　　　　　　　　　　B. 边缘检测

    C. 纹理分析　　　　　　　　　　　　　　　D. 频域分析

4. 下列哪种滤波器通常用于平滑图像，减少噪声？（　　　）

    A. 高通滤波器　　　　　　　　　　　　　　B. 低通滤波器

    C. 带通滤波器　　　　　　　　　　　　　　D. 同态滤波器

5. 均值滤波器和中值滤波器的主要区别是什么？（　　　）

    A. 均值滤波器对噪声更敏感　　　　　　　　B. 中值滤波器更适用于去除椒盐噪声

    C. 均值滤波器计算复杂度更高　　　　　　　D. 中值滤波器会改变图像的亮度

6. 在进行空间滤波时，滤波器的大小（或称为核的大小）对处理结果有何影响？

（　　　）

    A. 滤波器越大，图像越模糊　　　　　　　　B. 滤波器越大，图像细节越丰富

    C. 滤波器大小对处理结果无影响　　　　　　D. 滤波器大小只影响处理速度

7. 下列哪种灰度变换方法可以用来增强图像的暗部细节？（　　　）

    A. 对数变换　　　　　　　　　　　　　　　B. 幂律（伽马）变换

    C. 分段线性变换　　　　　　　　　　　　　D. 阈值处理

三、判断题

1. 空间滤波只能在图像的整个区域内进行，不能针对图像的特定区域进行处理。
（　　　）

2. 高通滤波器主要用于平滑图像，消除图像中的高频噪声。（　　　）

3. 灰度变换可以改变图像的灰度级分布，从而改善图像的视觉效果。（　　　）

4. 分段线性变换通常用于图像的全局对比度增强。（　　　）

5. 空间滤波是一种基于邻域像素的操作，主要用于图像的平滑和锐化。（　　　）

6. 均值滤波器对于去除高斯噪声非常有效。（　　　）

7. 中值滤波器是一种非线性滤波器，它可以有效地去除椒盐噪声。（　　　）

第 4 章

图像复原

图像复原技术和图像增强的主要目标一样，都是改善图像质量，尽管两者在某些方面存在重叠，但它们的方法和重点截然不同。图像增强主要依赖于人类视觉系统的特点和主观判断，而图像复原则更加注重客观分析，利用已知的退化现象知识来恢复原始图像。复原技术通常针对特定的退化模型，采取一定的处理步骤，力求还原出原图像。在实施图像复原时，通常会设定一个最佳准则，用于生成最接近真实情况的图像估计。与此不同，图像增强更像是一个探索性的过程，它基于人类视觉系统的特点来设计改善图像的方法。例如，对比度拉伸是一种图像增强技术，因为它主要目的是提供更受欢迎的视觉体验；而去模糊函数则被视为图像复原技术，因为它旨在纠正图像中的模糊现象。

本章着重从一幅退化数字图像的特点出发来探讨复原问题，以介绍性为主，不对传感器、数字化转换器和显示退化等话题深入讨论。尽管这些概念在图像复原的整个处理过程中占有重要地位，但它们超出了本章的讨论范围。

【学习目标】

① 掌握图像复原的定义、目的及其在数字图像处理领域的重要性。

② 学会评估和分析图像复原的效果，包括主观评价和客观评价指标的使用。

③ 掌握图像复原与重建算法的实现细节，包括算法的数学原理。

④ 学习并掌握各种常见的图像复原技术，如逆滤波、维纳滤波、约束最小二乘法、最大后验概率估计等。

【学习导图】

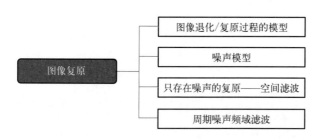

【知识讲解】

4.1 图像退化 / 复原过程的模型

如图 4-1 所示，在本章中，退化过程被建模为一个退化函数和一个加性噪声项，对一幅输入图像 $f(x,y)$ 进行处理，产生一幅退化后的图像 $g(x,y)$。给定 $g(x,y)$ 和关于退化函数 H 的一些信息以及关于加性噪声项 $\eta(x,y)$ 的一些信息后，图像复原的目的就是获得原始图像的一个估计 $\hat{f}(x,y)$。通常，我们希望这一估计尽可能地接近原始输入图像，并且 H 和 η 的信息知道得越多，所得到的 $\hat{f}(x,y)$ 就会越接近 $f(x,y)$。在本章中使用的大部分复原方法都是以不同类型的图像复原滤波器为基础的。

如果 H 是一个线性的、位置不变的过程，那么空间域中的退化图像可由下式给出：

$$g(x,y) = h(x,y) \bigstar f(x,y) + \eta(x,y) \tag{4-1}$$

式中，$h(x,y)$ 是退化函数的空间表示，符号"$\bigstar$"表示空间卷积。可以把式（4-1）中的模型写成等价的频率域表示：

$$G(u,v) = H(u,v)F(u,v) + N(u,v) \tag{4-2}$$

式中，大写字母项是式（4-1）中相应项的傅里叶变换。这两个公式是本章中大部分复原内容的基础。

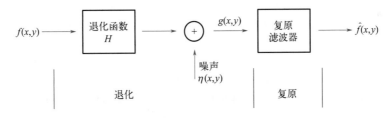

图 4-1　图像退化 / 复原过程的模型

在本章中，我们假设 H 是一个同一性算子，并且只处理由噪声引起的退化。从 4.2 节开始，我们考虑若干重要的图像退化函数，并考虑几个 H 和 η 同时存在的图像复原方法。

4.2 噪声模型

在数字图像中，噪声主要源自图像的获取或传输过程。成像传感器的性能受多种因素影响，包括图像获取时的环境条件以及传感器元件本身的质量。以 CCD 摄像机为例，光照水平和传感器温度是决定图像中噪声数量的主要因素。而在图像传输过程中，由于传输信道中的干扰，图像可能会受到污染。例如，使用无线网络传输的图像可能会受到光照或其他大气因素的干扰。

4.2.1　噪声的空间和频率特性

首先我们需要定义噪声的空间特性参数，以及噪声与图像内容之间的关联性。频率特性描述了噪声在傅里叶域中的频率分布，即相对于电磁波谱的频率。例如，当噪声的傅里叶谱保持恒定时，该噪声通常被称为白噪声，这个名称来源于白光的物理特性，它以相等的比例包含可见光谱中几乎所有的频率。

除了空间周期性噪声（详见 4.2.3 小节），我们在本章中假定噪声在空间坐标上是独立的，并且噪声与图像内容本身没有关联（即像素值与噪声分量的值之间没有相关性）。虽然这些假设在某些特定应用中（如 X 射线和核医学成像的有限量子成像）可能不成立，但处理空间相关性和相关性噪声的复杂性超出了我们当前讨论的范围。

4.2.2　噪声概率密度函数

基于 4.2.1 小节的假设，我们关心的空间噪声描述子就是图 4-1 中模型的噪声分量中灰度值的统计特性。可以认为它们是由概率密度函数（PDF）表征的随机变量。下面是在图像处理应用中最常见的 PDF。

（1）高斯噪声

在空间域和频率域中，由于高斯噪声（也称为正态噪声）在数学上的易处理性，故实践中常用这种噪声模型。高斯模型常常应用于在一定程度上能够产生最佳结果的场合。高斯随机变量 z 的 PDF 由下式给出：

$$p(z) = \frac{1}{\sqrt{2\pi}\sigma} e^{-(z-\bar{z})^2/2\sigma^2} \tag{4-3}$$

式中，z 表示灰度值，$\bar{z}$ 表示 z 的均（平均）值，σ 表示 z 的标准差。标准差的平方 σ^2 称为 z 的方差。高斯函数的曲线如图 4-2（1）所示。当 z 服从式（4-3）的分布时，其值有大约 70% 落在范围 $[(\bar{z}-\sigma),(\bar{z}+\sigma)]$ 内，有大约 95% 落在范围 $[(\bar{z}-2\sigma),(\bar{z}+2\sigma)]$ 内。

（2）瑞利噪声

瑞利噪声的 PDF 由下式给出：

$$p(z) = \begin{cases} \dfrac{2}{b}(z-a)e^{-(z-a)^2/b}, & z \geqslant a \\ 0, & z < a \end{cases} \tag{4-4}$$

概率密度的均值和方差由式（4-5）和式（4-6）给出：

$$\bar{z} = a + \sqrt{\pi b / 4} \tag{4-5}$$

$$\sigma^2 = \frac{b(4-\pi)}{4} \tag{4-6}$$

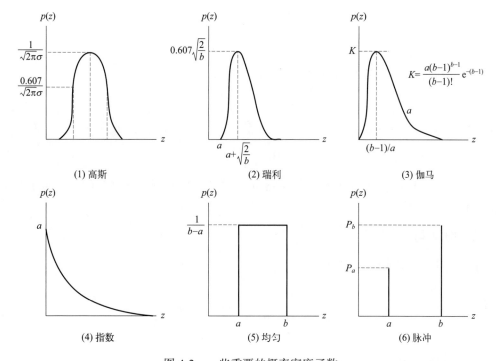

图 4-2　一些重要的概率密度函数

图 4-2（2）显示了瑞利密度的曲线。注意，距原点的位移和密度的基本形状向右变形了这一事实。瑞利密度对于近似歪斜的直方图十分适用。

（3）爱尔兰（伽马）噪声

爱尔兰噪声的 PDF 由下式给出：

$$p(z) = \begin{cases} \dfrac{a^b z^{b-1}}{(b-1)!} e^{-az}, & z \geqslant a \\ 0, & z < a \end{cases} \tag{4-7}$$

式中，参数 $a > 0$，b 为正整数，并且"!"表示阶乘。其概率密度的均值和方差由式（4-8）和式（4-9）给出。

$$\overline{z} = \frac{b}{a} \tag{4-8}$$

$$\sigma^2 = \frac{b}{a^2} \tag{4-9}$$

图 4-2（3）显示了伽马分布密度的曲线，尽管式（4-7）经常被称为伽马密度，但严格地说，这只有在分母为伽马函数 $\Gamma(2)$ 时才是正确的。当分母如表达式所示时，该密度称为爱尔兰密度更合适。

（4）指数噪声

指数噪声的 PDF 由下式给出：

$$p(z) = \begin{cases} a\mathrm{e}^{-az}, & z \geqslant 0 \\ 0, & z < 0 \end{cases} \tag{4-10}$$

式中，$a > 0$。该概率密度函数的均值和方差是：

$$\overline{z} = \frac{1}{a} \tag{4-11}$$

$$\sigma^2 = \frac{1}{a^2} \tag{4-12}$$

注意，这个 PDF 是当 $b=1$ 时爱尔兰噪声 PDF 的特殊情况。图 4-2（4）显示了该密度函数的曲线。

（5）均匀噪声

均匀噪声的 PDF 由下式给出：

$$p(z) = \begin{cases} \dfrac{1}{b-a}, & a \leqslant z \leqslant b \\ 0, & \text{其他} \end{cases} \tag{4-13}$$

该密度函数的均值由下式给出：

$$\overline{z} = \frac{a+b}{2} \tag{4-14}$$

它的方差由下式给出：

$$\sigma^2 = \frac{(b-a)^2}{12} \tag{4-15}$$

图 4-2（5）显示了均匀密度的曲线。

（6）脉冲（椒盐）噪声

脉冲噪声的 PDF 由下式给出：

$$p(z) \begin{cases} P_a, & z = a \\ P_b, & z = b \\ 1 - P_a - P_b, & \text{其他} \end{cases} \tag{4-16}$$

如果 $b > a$，则灰度级 b 在图像中将显示为一个亮点；反之，灰度级 a 在图像中将显示为一个暗点。若 P_a 或 P_b 为零，则脉冲噪声称为单极脉冲。如果 P_a 和 P_b 两者均不可能为零（称为双极噪声），尤其是它们近似相等时，则脉冲噪声值将类似于在图像上随机分布的胡椒和盐粉微粒。由于这个原因，双极脉冲噪声也称为椒盐噪声。这种类型的噪声也可以使用散粒噪声和尖峰噪声来称呼。在下面的讨论中，我们将交替使用脉冲噪声和椒盐噪声这两个术语。

脉冲噪声既可以是正值也可以是负值。标定通常是图像数字化处理中不可或缺的一部分。由于脉冲污染通常与图像信号的强度相比要大，因此在一幅图像中，脉冲噪声通常会被数字化为最大值，表现为纯黑或纯白。在这种情况下，a 和 b 常常被假定为饱和值，它们在数字化图像中，大致相当于所允许的最大值和最小值。因此，负脉冲会以黑点（胡椒点）的形式出现在图像中，而正脉冲则会以白点（盐粒点）的形式出现。对于一幅 8 比特的图像，这通常意味着 $a=0$（黑色）和 $b=255$（白色）。图 4-2（6）展示了脉冲噪声的概率密度函数（PDF）。

前述 PDF 在实践中为建立宽带噪声污染状态的模型提供了有用的工具。例如，一幅图像中的高斯噪声可能源自电子电路噪声以及由低照明度或高温引起的传感器噪声。瑞利密度则有助于在深度成像中表征噪声现象。另外，指数密度和伽马密度在激光成像中特别有用。正如之前所提到的，脉冲噪声通常会在快速过渡的情况下产生，例如在成像过程中发生的错误开关操作。均匀密度可能是实践中描述得最少的，然而，均匀密度作为仿真中使用的许多随机数生成器的基础是非常有用的。

例 4.1　噪声图像及其直方图

图 4-3 显示了一幅非常适合作为阐述我们所讨论的噪声模型的测试图案。它是由简单的、恒定的区域所组成的，且其从黑到近似于白仅仅有 3 个灰度级增长跨度。这方便了附加在图像上的各种噪声分量特性的视觉分析。

图 4-4 显示的是叠加了本小节所讨论的 6 种噪声的测试图案。每幅图像下面所示的是从图像直接计算得到的直方图。每种情况下选择的参数，对应于测试图案中 3 种灰度级的直方图会开始合并。这使得噪声十分显著，而不会遮蔽底层图像的基本结构。

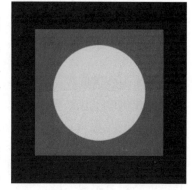

如图 4-3 中的椒盐噪声在密度标度的白端有一个额外的尖峰，因为噪声分量为纯黑或纯白，并且在测试图案中最亮的分量（圆）是亮灰度。除了少许亮度不同外，在图 4-4 中很难区别出前 5 幅图像有什么显著不同，即使它们的直方图有明显的区别。由脉冲噪声污染的图像的椒盐噪声的外观是唯一——种引起退化的、视觉上可区分的噪声类型。

图 4-3　用于说明显示在图 4-2 中的噪声 PDF 特性的测试图案

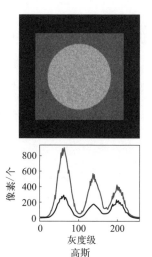

灰度级
高斯

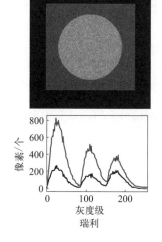

灰度级
瑞利

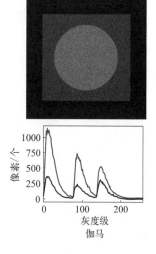

灰度级
伽马

图 4-4

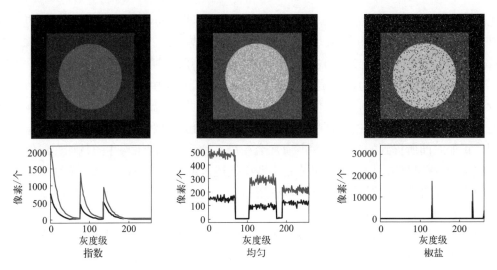

图 4-4　对图 4-3 中的图像添加高斯、瑞利、伽马、指数、均匀和椒盐噪声后的图像与直方图

4.2.3　周期噪声

图像中的周期噪声通常是在图像获取过程中由电力或机电干扰产生的，这是本章中讨论的唯一一种空间相关噪声。如 4.4 节所述，周期噪声可以通过频率域滤波显著减少。以图 4-5 中的图像为例，这幅图像受到了不同频率的（空间）正弦噪声的严重干扰。纯正弦波的傅里叶变换是在其共轭频率处出现的一对共轭脉冲。因此，如果空间域中正弦波的振幅足够强，我们会在该图像的频谱中看到每个正弦波对应的脉冲对。

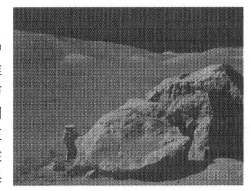

图 4-5　被正弦噪声污染的图像

4.3　只存在噪声的复原——空间滤波

当一幅图像中唯一存在的退化是噪声时，式（4-1）和式（4-2）变成：

$$g(x,y) = f(x,y) + \eta(x,y) \tag{4-17}$$

$$G(u,v) = F(u,v) + N(u,v) \tag{4-18}$$

噪声项是未知的，故从 $g(x, y)$ 或 $G(u, v)$ 中减去它们不是一个现实的选择。在周期噪声的情况下，由 $G(u, v)$ 的谱来估计 $N(u, v)$ 通常是可能的。在这种情况下，从 $G(u, v)$ 中减去 $N(u, v)$ 可得到原图像的一个估计。然而，这种类型的知识通常只是例外而不是规律。在本节中，我们简要地讨论空间滤波器的降噪能力，并探讨一些其他的滤波器。

4.3.1　均值滤波器

（1）算术均值滤波器

这是最简单的均值滤波器。令 S_{xy} 表示中心在点（x,y）处、大小为 $m \times n$ 的矩形子图像窗口（邻域）的一组坐标。算术均值滤波器在 S_{xy} 定义的区域中计算被污染图像 $g(x,y)$ 的平均值。在点（x,y）处复原图像 f 的值，就是简单地使用 S_{xy} 定义的区域中的像素计算出的算术均值，即：

> 假设 m 和 n 是奇整数。

$$\hat{f}(x,y) = \frac{1}{mn} \sum_{(s,t) \in S_{xy}} g(s,t) \tag{4-19}$$

这个操作可以使用大小为 $m \times n$ 的一个空间滤波器来实现，其所有的系数均为其值的 $1/mn$。均值滤波平滑一幅图像中的局部变化，虽然模糊了结果，但降低了噪声。

（2）几何均值滤波器

使用几何均值滤波器复原的一幅图像由如下表达式给出：

$$\hat{f}(x,y) = \left[\prod_{(s,t) \in S_{xy}} g(s,t) \right]^{\frac{1}{mn}} \tag{4-20}$$

式中，每个复原的像素由子图像窗口中像素的乘积的 $1/mn$ 次幂给出。如例 4.2 所示，几何均值滤波器实现的平滑可与算术均值滤波器相当，但这种处理中丢失的图像细节更少。

（3）谐波均值滤波器

谐波均值滤波操作由如下表达式给出：

$$\hat{f}(x,y) = \frac{mn}{\displaystyle\sum_{(s,t) \in S_{xy}} \frac{1}{g(s,t)}} \tag{4-21}$$

谐波均值滤波器对于盐粒噪声效果较好，但不适用于胡椒噪声。它善于处理像高斯噪声那样的其他噪声。

（4）逆谐波均值滤波器

逆谐波均值滤波器基于如下表达式产生一幅复原的图像：

$$\hat{f}(x,y) = \frac{\displaystyle\sum_{(s,t) \in S_{xy}} g(s,t)^{Q+1}}{\displaystyle\sum_{(s,t) \in S_{xy}} g(s,t)^{Q}} \tag{4-22}$$

式中，Q 称为滤波器的阶数。这种滤波器适合减少或在实际中消除椒盐噪声的影响。当 Q 值为正时，该滤波器消除胡椒噪声；当 Q 值为负时，该滤波器消除盐粒噪声。但它不能同时消除这两种噪声。注意，当 $Q=0$ 时，逆谐波均值滤波器简化为算术均值滤波器；而当 $Q=-1$ 时，则为谐波均值滤波器。

例 4.2 均值滤波器的说明

图 4-6（1）显示了一块电路板的 8 比特 X 射线图像，图 4-6（2）显示了相同的图像，但图像已被均值为零、方差为 400 的加性高斯噪声污染了。对于这种类型的图像，这是非常严重的噪声。图 4-6（3）和图 4-6（4）分别显示了使用大小为 3×3 的算术均值滤波器和同样大小的几何均值滤波器滤除噪声后的结果。尽管这两种噪声滤波器对噪声的衰减都起到了作用，但几何均值滤波器并未像算术均值滤波器那样使图像变得模糊。例如，图像顶部的连接片在图 4-6（4）中比在图 4-6（3）中更为清晰。图像的其他部分同样如此。

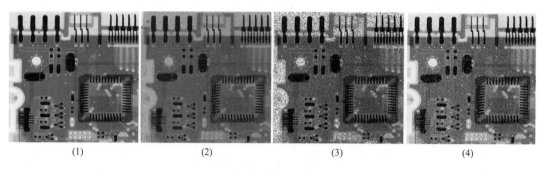

（1）　　　　　　　（2）　　　　　　　（3）　　　　　　　（4）

图 4-6　均值滤波器示例 1

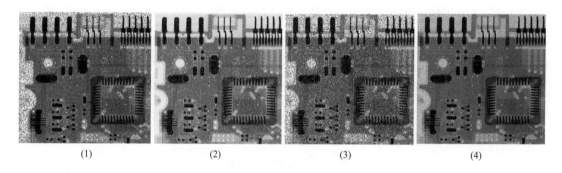

（1）　　　　　　　（2）　　　　　　　（3）　　　　　　　（4）

图 4-7　均值滤波器示例 2

图 4-7（1）显示了图 4-6（1）电路板图像被概率为 0.1 的胡椒噪声污染了的图像。类似地，图 4-7（2）显示了已被具有相同概率的盐粒噪声污染了的图像。图 4-7（3）显示了使用 $Q=1.5$ 的逆谐波均值滤波器对图 4-7（1）滤波的结果。图 4-7（4）显示了使用 $Q=-1.5$ 的逆谐波均值滤波器对图 4-7（2）滤波后的结果。两种滤波器都有很好的去除噪声的效果。这种正阶滤波器除了使得暗区稍微有些淡化和模糊之外，都使背景变得更为清晰。负阶滤波器的作用正好相反。

4.3.2　统计排序滤波器

统计排序滤波器是空间域滤波器，空间滤波器的响应基于由该滤波器包围的图像区域中的像素值的顺序（排序）。排序结果决定滤波器的响应。

（1）中值滤波器

最著名的统计排序滤波器是中值滤波器，顾名思义，它使用一个像素邻域中的灰度级的中值来替代该像素的值，即：

$$\hat{f}(x,y) = \underset{(s,t)\in S_{xy}}{\text{median}}\{g(s,t)\} \tag{4-23}$$

在 (x,y) 处的像素值是计算的中值。中值滤波器的应用非常普遍，因为对于某些类型的随机噪声，它们可提供良好的去噪能力，且比相同尺寸的线性平滑滤波器引起的模糊更少。在存在单极或双极脉冲噪声的情况下，中值滤波器尤其有效。事实上，正如下文的例 4.3 所示，中值滤波器对于脉冲噪声污染的图像具有非常好的处理效果。

（2）最大值和最小值滤波器

尽管中值滤波器是目前为止图像处理中最常用的一种统计排序滤波器，但它绝不是唯一的一种。中值是顺序排列的数组中间的数值，但基本统计学告诉我们，排列本身还有很多其他的可能性。例如，可以使用序列中的最后一个数值，这称为最大值滤波器，其定义如下：

$$\hat{f}(x,y) = \underset{(s,t)\in S_{xy}}{\max}\{g(s,t)\} \tag{4-24}$$

这种滤波器对于发现图像中的最亮点非常有用。同样，因为胡椒噪声的值非常低，这种最大值选择过程可以降低它在子图像区域 S 中的影响。选择起始值的滤波器称为最小值滤波器，定义如下：

$$\hat{f}(x,y) = \underset{(s,t)\in S_{xy}}{\min}\{g(s,t)\} \tag{4-25}$$

这种滤波器对于发现图像中的最暗点非常有用。同样，作为最小值操作的结果，它可以降低盐粒噪声。

（3）中点滤波器

中点滤波器简单地计算滤波器包围区域中最大值和最小值之间的中点，即：

$$\hat{f}(x,y) = \frac{1}{2}\left[\underset{(s,t)\in S_{xy}}{\max}\{g(s,t)\} + \underset{(s,t)\in S_{xy}}{\min}\{g(s,t)\}\right] \tag{4-26}$$

（4）修正的阿尔法均值滤波器

假设在邻域 S_{xy} 内去掉 $g(s,t)$ 最低灰度值的 $d/2$ 和最高灰度值的 $d/2$。令 $g_r(s,t)$ 代表剩下的 $mn-d$ 个像素。由这些剩余像素的平均值形成的滤波器称为修正的阿尔法均值滤波器：

$$\hat{f}(x,y) = \frac{1}{mn-d}\sum_{(s,t)\in S_{xy}} g_r(s,t) \tag{4-27}$$

式中，d 的取值范围可为 0 到 $mn-1$。当 $d=0$ 时，修正的阿尔法均值滤波器退化为 4.3.1 小节讨论的算术均值滤波器。如果选择 $d=mn-1$，则修正的阿尔法均值滤波器将退化为中值滤波器。当 d 取其他值时，修正的阿尔法均值滤波器在包括多种噪声的情况下很有用，例如高斯噪声和椒盐噪声混合的情况下。

例 4.3 统计排序滤波器的说明

图 4-8（1）显示了被概率为 $P_a=P_b=0.1$ 的椒盐噪声污染的电路板图像。图 4-8（2）显示了用大小为 3×3 的中值滤波器滤波的结果。对图 4-8（2）的改进是显而易见的，但一些噪声点仍然可见。使用中值滤波器［对图 4-8（2）中的图像］进行第二次滤波处理后，去掉了大部分这样的噪声点，仅剩下非常少的可见噪声点。这些噪声点在经过第三次中值滤波处理后全部消除了。这些结果是说明中值滤波器处理脉冲型加性噪声能力的很好的例子。注意，使用中值滤波器对图像重复地进行处理会使图像变模糊，所以要保持尽可能低的处理次数。

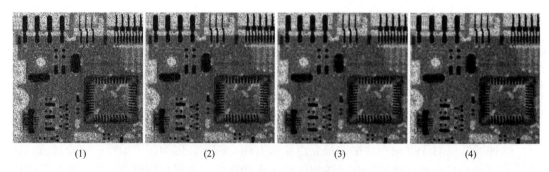

       （1）   （2）   （3）   （4）

图 4-8　（1）为被概率为 $P_a=P_b=0.1$ 的椒盐噪声污染的图像；（2）为使用大小为 3×3 的中值
滤波器对图像滤波一次后的结果；（3）为使用该滤波器对（2）滤波后的结果；
（4）为使用相同的滤波器处理（3）后的结果

图 4-9（1）显示了把最大值滤波器用于图 4-7（1）所示"胡椒"噪声图像的结果。这种滤波器对除去图像中的"胡椒"噪声的确很合适，但我们注意到它同时也从黑色物体的边缘去除了一些黑色像素（即将这些像素设置为亮灰度级）。图 4-9（2）显示了把最小值

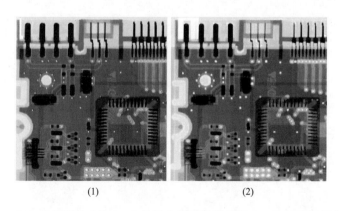

         （1）   （2）

图 4-9　（1）为使用大小为 3×3 的最大值滤波器对图 4-7（1）滤波后的结果；
（2）为使用相同大小的最小值滤波器对图 4-7（2）滤波后的结果

滤波器用于图 4-7（2）的结果。在这种情况下，在噪声消除方面，最小值滤波器的确比最大值滤波器更好，但它同时也从明亮物体的边缘去除了一些白色像素。这样就使亮物体变小，而同时使暗物体变大（就像图像顶部的连接片那样），因为围绕这些物体的白点被设置成了暗灰度级。

4.3.3　自适应滤波器

至今为止，我们所探讨的图像处理滤波器并未关注图像中某点对其他点特征变化的影响。在本节中，我们将研究两种简单的自适应滤波器，这些滤波器的特性是基于 $m \times n$ 矩形窗口 S_{xy} 定义的滤波器区域内图像的统计特性进行变化的。正如后续的讨论将展示的那样，自适应滤波器的表现优于我们之前讨论过的所有滤波器。然而，这种性能的提升是以滤波器复杂度的增加为代价的。注意，我们考虑的退化是退化图像等于原始图像加噪声，还没有考虑其他类型的退化。

（1）自适应局部降低噪声滤波器

随机变量最简单的统计度量是其均值和方差。作为自适应滤波器的基础它们是合理的参数，与图像表观紧密相关。均值给出了在其上计算均值的区域中的平均灰度的度量，而方差则给出了该区域的对比度的度量。

滤波器作用于局部区域 S_{xy}。滤波器在该区域中心任意一点（x，y）上的响应基于以下 4 个量：① $g(x, y)$，带噪图像在点（x，y）上的值；② σ_η^2，污染 $f(x, y)$ 以形成 $g(x, y)$ 的噪声的方差；③ m_L，S_{xy} 中像素的局部均值；④ σ_L^2，S_{xy} 中像素的局部方差。我们希望滤波器的性能如下：

① 如果 σ_η^2 为零，则滤波器应该简单地返回 $g(x, y)$ 的值。在零噪声情况下 $g(x, y)$ 等于 $f(x, y)$。

② 如果局部方差与边缘是高度相关的，则滤波器返回 $g(x, y)$ 的一个近似值。典型地，高局部方差与边缘相关，并且应该保护这些边缘。

③ 如果两个方差相等，我们则希望滤波器返回 S_{xy} 中像素的算术均值。这种情况发生在局部区域与整个图像有相同特性的条件下，并且局部噪声将通过简单地求平均来降低。

基于这些假设得到的 $f(x, y)$ 的自适应表达式可以写成：

$$\hat{f}(x, y) = g(x, y) - \frac{\sigma_\eta^2}{\sigma_L^2}[g(x, y) - m_L] \tag{4-28}$$

唯一需要知道或估计的量是全部噪声的方差 σ_η^2。其他参数则从每个（x，y）处的 S_{xy} 中的像素来计算，（x，y）是滤波器窗口的中心。式（4-28）中隐含的假设为 $\sigma_\eta^2 \leqslant \sigma_L^2$。模型中的噪声是加性的和位置独立的，因此这是一个合理的假设，因为 S_{xy} 是 $g(x, y)$ 的子集。然而，我们很少有 σ_η^2 的确切信息，因此在实际中很可能违反这个条件。由于这个原因，式（4-28）的实现应建立一个测试，以便当条件 $\sigma_\eta^2 > \sigma_L^2$ 发生时，把比率设置为 1。这就造成该滤波器的非线性。然而，它可以防止由于缺乏图像噪声方差的信息而产生的无意义结果（即负灰度级，取决于 m_L 的值）。另一种方法是允许出现负值，并在最后重新标定灰度值。因而，结果将是损失图像的动态范围。

例 4.4　自适应局部降低噪声滤波的说明

图 4-10（1）显示了被均值为零、方差为 1000 的加性高斯噪声污染的电路板图像。这是噪声污染水平严重的图像，但是，它却成为了一个比较相应滤波器性能的理想的测试对象。图 4-10（2）是使用大小为 7×7 的算术均值滤波器处理噪声图像后的结果。噪声被平滑掉了，但代价是图像被严重模糊了。类似的解释也可用于图 4-10（3），它显示了使用大小还是 7×7 的几何均值滤波器处理噪声图像后的结果。这两幅滤波后的图像间的区别与我们在例 4.2 中讨论过的类似，仅仅是模糊程度的不同。

在上述结果中，对 σ_η^2 取值，该值与噪声方差准确匹配。若该值未知，且使用了太低的估计值，则算法会因为校正量比应有的小而返回与原图像非常接近的图像。估计值太高则会造成方差的比率在 1.0 处被削平，并且算法会比正常情形下更频繁地从图像中减去平均值。如果允许为负值，且图像在最后被重新标定，则如前所述，结果将损失动态范围。

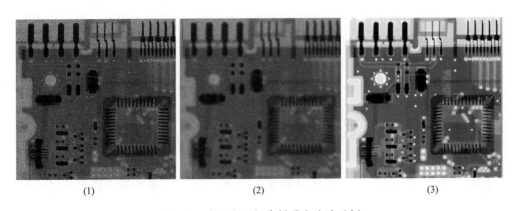

图 4-10　自适应局部降低噪声滤波示例

（2）自适应中值滤波器

对于 4.3.2 小节所讨论的中值滤波器，只要脉冲噪声的空间密度不大，性能就会很好（根据经验，P_a 和 P_b 小于 0.2）。此外将证明，自适应中值滤波可以处理具有更大概率的脉冲噪声。自适应中值滤波器的另一个优点是平滑非脉冲噪声时试图保留细节，这是传统中值滤波器所做不到的。正如在前面几节中讨论的所有滤波器一样，自适应中值滤波器也工作于矩形窗口区域 S_{xy} 内。然而，与这些滤波器不同的是自适应中值滤波器在进行滤波处理时会根据本小节列举的某些条件而改变（或增大）S_{xy} 的尺寸。注意，滤波器的输出是一个单值，该值用于代替点 (x, y) 处的像素值，点 (x, y) 是给定时刻窗口 S_{xy} 的中心。

考虑如下符号：

$$z_{\min} = S_{xy}\text{中的最小灰度值}$$

$$z_{\max} = S_{xy}\text{中的最大灰度值}$$

$$z_{\text{med}} = S_{xy}\text{中的灰度值的中值}$$

$$z_{xy} = 坐标(x, y)处的灰度值$$

$$S_{\max} = S_{xy}允许的最大尺寸$$

自适应中值滤波算法以两个进程工作，表示为进程 A 和进程 B，如下所示：

进程 A：

$$A_1 = z_{\text{med}} - z_{\min}$$

$$A_2 = z_{\text{med}} - z_{\max}$$

如果 $A_1 > 0$ 且 $A_2 < 0$，则转到进程 B；否则增大窗口尺寸。

如果窗口尺寸 $\leqslant S_{\max}$，则重复进程 A；否则输出 z_{med}。

进程 B：

$$B_1 = z_{xy} - z_{\min}$$

$$B_2 = z_{xy} - z_{\max}$$

如果 $B_1 > 0$ 且 $B_2 < 0$，则输出进程 z_{xy}；否则输出 z_{med}。

理解该算法机理的关键在于，要记住它有 3 个主要目的：①去除椒盐（脉冲）噪声，②平滑其他非脉冲噪声，③并减少诸如物体边界细化或粗化等失真。值 $z_{\min}$ 和 $z_{\max}$ 在算法统计上认为是类脉冲噪声分量，即使它们在图像中并不是最低和最高的可能像素值。

利用这些观察结果，我们看到，进程 A 的目的是确定中值滤波器的输出 z_{med} 是否是一个脉冲（黑或白）。如果条件 $z_{\min} < z_{\text{med}} < z_{\max}$ 有效，则 z_{med} 不可能是脉冲。在这种情况下，我们转到进程 B 进行测试，看窗口 z_{xy} 的中心点本身是否是一个脉冲（z_{xy} 是正被处理的点）。若条件 $B_1 > 0$ "与"（AND）$B_2 < 0$ 为真，则 $z_{\min} < z_{xy} < z_{\max}$，$z_{xy}$ 就不是脉冲，原因与 z_{med} 不是脉冲相同。在这种情况下，算法输出一个不变的像素值 z_{xy}。通过不改变这些"中间灰度级"的点，减少图像中的失真。如果条件 $B_1 > 0$ "与"（AND）$B_2 < 0$ 为假，则 $z_{xy} = z_{\min}$ 或 $z_x = z_{\max}$。在任何一种情况下，像素值都是一个极端值，且算法输出中值 z_{med}，从进程 A 可知 z_{med} 不是噪声脉冲。最后一步是执行标准的中值滤波。问题是，标准中值滤波器使用图像中相应邻域的中值代替该图像中的每一点，这会引起不必要的细节损失。

假设进程 A 确实找到了一个脉冲（若失败则测试会将它转到进程 B）。然后，算法会增大窗口尺寸并重复进程 A。该循环会一直继续，直到算法找到一个非脉冲的中值（并跳转到进程 B），或者达到了窗口的最大尺寸。如果达到了窗口的最大尺寸，则算法返回 z_{med} 值。注意，不能保证该值不是一个脉冲。噪声的概率 P_a 和（或）P_b 越小，或者 $S_{\max}$ 在允许的范围内越大，过早退出条件发生的可能性就会越小。这是合理的。随着脉冲密度的增大，我们会需要更大的窗口来消除尖峰噪声。

算法每输出一个值，窗口 S_{xy} 就被移到图像中的下一个位置。然后，算法重新初始化并应用到新位置的像素。

4.4　周期噪声频域滤波

利用频率域技术，我们能够高效地分析并滤除周期性的噪声。这一方法的基本原理在于傅里叶变换，其中周期噪声在与其干扰频率相对应的特定位置，以集中的能量脉冲形式呈现。在接下来的4.4.1小节至4.4.3小节中，我们将采用三种不同的选择性滤波器来消除基础的周期性噪声。而在4.4.4小节中，我们将进一步探讨一种最佳陷波方法，以实现对噪声的更精确滤除。

4.4.1 带阻滤波器

图4-11显示了滤波器的透视图，例4.5说明了使用一个带阻滤波器降低周期噪声的效果。

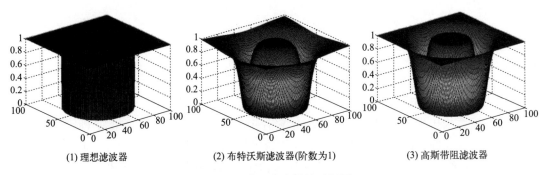

(1) 理想滤波器　　　　(2) 布特沃斯滤波器(阶数为1)　　　　(3) 高斯带阻滤波器

图 4-11　带阻滤波器的透视图

例 4.5　使用带阻滤波器消除周期性噪声

带阻滤波器的主要应用之一是在频率域噪声分量的一般位置近似已知的应用中消除噪声。一个典型的例子就是一幅被加性周期噪声污染的图像，该噪声可被近似为二维正弦函数。不难看出，一个正弦波的傅里叶变换由两个脉冲组成，它们是关于变换域坐标原点互为镜像的图像。两个脉冲实际上都是虚的（正弦曲线的傅里叶变换的实部为零），而且彼此为复共轭。我们在4.4.3小节和4.4.4小节中还将详述该主题。目前，我们先说明带阻滤波器。

图4-12（1）与图4-5相同，显示了一幅被不同频率的正弦噪声严重污染的图像。噪声分量很容易地被看成是图4-12（2）中显示的傅里叶频谱中对称的亮点对。本例中，噪声分量位于关于变换原点的近似圆上，因此使用圆对称带阻滤波器是一个正确的选择。图4-14（3）显示了一个4阶布特沃斯带阻滤波器，它设置了适当的半径和宽度，完全包围了噪声脉冲。由于通常希望从变换中尽可能小地消除细节，因此在带阻滤波中通常要求尖锐的窄滤波器。使用该滤波器对图4-12（1）滤波的效果显示在图4-12（4）中。其改进是非常明显的。即使细小的细节和纹理也被这一简单的滤波方式有效地修复了。还应注意到，使用小卷积模板的直接空间域滤波方法不可能取得相同的结果。

4.4.2 带通滤波器

带通滤波器执行与带阻滤波器相反的操作。通过式（4-29）使用传递函数为 $H_{BR}(u, v)$ 的带阻滤波器得到带通滤波器的传递函数 $H_{BP}(u, v)$：

$$H_{\mathrm{BP}}(u,v) = 1 - H_{\mathrm{BR}}(u,v) \tag{4-29}$$

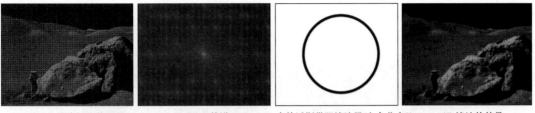

(1) 被正弦噪声污染的图像　　(2) 图(1)的谱　　(3) 布特沃斯带阻滤波器(白色代表1)　　(4) 滤波的结果

图 4-12　使用带阻滤波器消除周期性噪声

4.4.3　陷波滤波器

陷波滤波器阻止（或通过）事先定义的中心频率的邻域内的频率。图 4-13 分别显示了理想、布特沃斯和高斯陷波（带阻）滤波器的三维图。由于傅里叶变换的对称性，要获得有效的结果，陷波滤波器必须以关于原点对称的形式出现。这个原则的特例是，如果陷波滤波器位于原点处，在这种情况下，陷波滤波器是其本身。虽然为便于说明的目的，我们只列举了一对陷波滤波器，但可实现的陷波滤波器的对数是任意的。陷波区域的形状也可以是任意的（例如矩形）。

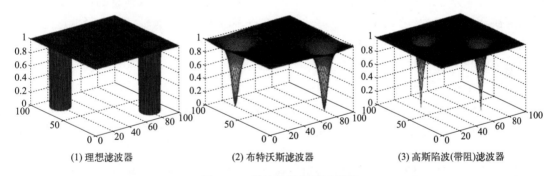

(1) 理想滤波器　　　　　　(2) 布特沃斯滤波器　　　　　　(3) 高斯陷波(带阻)滤波器

图 4-13　陷波滤波器的透视图

我们可以得到通过而不是抑制陷波区域中所包含频率的陷波滤波器。因为这些滤波器执行与陷阻滤波器完全相反的功能，故它们的传递函数由下式给出：

$$H_{\mathrm{NP}}(u,v) = 1 - H_{\mathrm{NR}}(u,v) \tag{4-30}$$

式中，$H_{\mathrm{NP}}(u, v)$ 是陷波（带通）滤波器的传递函数，这个陷波（带通）滤波器与传递函数为 $H_{\mathrm{NR}}(u, v)$ 的陷波（带阻）滤波器相对应。

4.4.4　最佳陷波滤波

作为周期性图像退化的另一个例子，图 4-14（1）显示了"水手 6 号"飞船拍摄的一幅关于火星地形的数字图像。其干扰模式与图 4-11（1）中显示的有些相似，但前者的模式更为精细，因而在频率平面上更难检测。图 4-14（2）显示了该问题图像的傅里叶谱。类似星形的分量是由干扰引起的，而且存在几对分量，表示该模式包含不止一个正弦分量。

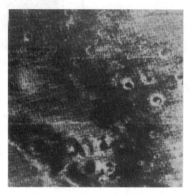 

(1)"水手6号"飞船拍摄的火星地形图像　　　(2)显示有周期干扰的傅里叶谱

图 4-14　图像退化示例

当存在几种干扰分量时，前面讨论的方法有时就不能采用了，因为它们在滤波过程中可能会消除太多的图像信息（当图像很特别或者很难获取时，我们很不希望有这种现象）。另外，干扰成分通常不是单频脉冲。相反，它们通常有携带干扰模式信息的宽边缘。从正常的变换背景中有时不容易检测到这些边缘。在许多应用中，选择滤波方法降低这些退化影响时将非常有用。这里讨论的方法是最佳的，因为在一定意义上，它最小化了复原的估计值 $\hat{f}(x,y)$ 的局部方差。

该过程由两步组成，第一步屏蔽干扰的主要成分，然后从被污染的图像中减去该模式的一个可变的加权部分。虽然我们是在一个特定的应用中来研究这一过程，但这个基本方法仍然十分通用，而且能应用到其他复原工作中，在这些复原工作中，多周期性干扰是主要问题。

第二步是提取干扰模式的主频率分量。像之前那样，这可通过在每个尖峰处放置一个陷波带通滤波器 $H_{NP}(u,v)$ 来完成。如果滤波器构建为只可通过与干扰模式相关的分量，那么干扰噪声模式的傅里叶变换由下式给出：

$$N(u,v) = H_{NP}(u,v)G(u,v) \tag{4-31}$$

式中，$G(u,v)$ 仍为被污染图像的傅里叶变换。

确定 $H_{NP}(u,v)$ 的形式需要多方面判断哪些是尖峰噪声干扰。为此，通常要通过观察显示的 $G(u,v)$ 的频谱来交互地创建陷波带通滤波器。选择一个特殊滤波器之后，空间域中的相应模式可由下式获得：

$$\eta(x,y) = \mathfrak{I}^{-1}\left\{H_{NP}(u,v)G(u,v)\right\} \tag{4-32}$$

因为被污染图像假设是由未污染图像 $f(x,y)$ 与干扰相加形成的，若 $\eta(x,y)$ 完全已知，

则从 $g(x, y)$ 减去该干扰模式得到 $f(x, y)$ 将是非常简单的事情。当然，问题是这个滤波过程通常只会得到真实干扰模式的近似值。在 $\eta(x, y)$ 的估计中不存在的那些分量的影响可以被最小化，方法是从 $g(x, y)$ 中减去 $\eta(x, y)$ 的一个加权部分来得到 $f(x, y)$ 的估计值，如下所示：

$$\hat{f}(x, y) = g(x, y) - w(x, y)\eta(x, y) \tag{4-33}$$

式中，如先前那样，$\hat{f}(x, y)$ 是 $f(x, y)$ 的估计值，而 $w(x, y)$ 需要确定。函数 $w(x, y)$ 称为加权函数或调制函数，此过程的目的就是选取该函数，以便以某种有意义的方法来优化结果。一种方法是选取 $w(x, y)$，使估计值 $\hat{f}(x, y)$ 在每一点 (x, y) 的指定邻域上的方差最小。

考虑关于点 (x, y) 的大小为 $(2a+1)(2b+1)$ 的邻域。在坐标 (x, y) 处，$\hat{f}(x, y)$ 的局部方差可根据样本估计，如下所示：

$$\sigma^2(x, y) = \frac{1}{(2a+1)(2b+1)} \sum_{s=-a}^{a} \sum_{t=-b}^{b} \left[\hat{f}(x+s, y+t) - \overline{\hat{f}}(x, y) \right]^2 \tag{4-34}$$

式中，$\overline{\hat{f}}(x, y)$ 是该邻域内 $\hat{f}$ 的平均值，即：

$$\overline{\hat{f}}(x, y) = \frac{1}{(2a+1)(2b+1)} \sum_{s=-a}^{a} \sum_{t=-b}^{b} \hat{f}(x+s, y+t) \tag{4-35}$$

在图像边缘上或接近图像边缘的点，可以用局部邻域或用 0 填充的方法处理。

把式（4-33）代入式（4-34），得到：

$$\sigma^2(x, y) = \frac{1}{(2a+1)(2b+1)} \sum_{s=-a}^{a} \sum_{t=-b}^{b} \{ [g(x+s, y+t) - \\ w(x+s, y+t)\eta(x+s, y+t) - [\overline{g}(x, y) - \overline{w(x, y)\eta(x, y)}]]^2 \tag{4-36}$$

假设 $w(x, y)$ 在整个邻域内基本保持不变，则当 $-a \leqslant s \leqslant a$ 和 $-b \leqslant t \leqslant b$ 时，可给出近似式：

$$w(x+s, y+t) = w(x, y) \tag{4-37}$$

这一假设在该邻域内也可得出如下表达式：

$$\overline{w(x, y)\eta(x, y)} = w(x, y)\overline{\eta}(x, y) \tag{4-38}$$

由这些近似，式（4-36）变为：

$$\sigma^2(x, y) = \frac{1}{(2a+1)(2b+1)} \sum_{s=-a}^{a} \sum_{t=-b}^{b} \{ [g(x+s, y+t) - \\ w(x, y)\eta(x+s, y+t) - [\overline{g}(x, y) - w(x, y)\overline{\eta}(x, y)]]^2 \tag{4-39}$$

为最小化 $\sigma^2(x, y)$，解下式得到 $w(x, y)$：

$$\frac{\delta\sigma^2(x,y)}{\delta w(x,y)} = 0 \tag{4-40}$$

结果为：

$$w(x,y) = \frac{\overline{w(x,y)\eta(x,y)} - \overline{g}(x,y)\overline{\eta}(x,y)}{\overline{\eta^2}(x,y) - \overline{\eta}^2(x,y)} \tag{4-41}$$

要获得复原图像 $\hat{f}(x,y)$，可根据式（4-41）计算 $w(x,y)$，然后使用式（4-33）。如果 $w(x,y)$ 在某一邻域内假设为常量，则不必对图像中的每个 x 和 y 值计算该函数，而是在每个非重叠邻域的一点（一般为中心点）计算 $w(x,y)$，然后将它用于处理该邻域内包含的所有图像点。

【典型案例】

基于图像复原的零部件形状识别

图像复原是一种改善图像质量的处理技术，是图像处理研究领域中的热点问题，在科学研究和工程领域中被广泛应用。在获取图像过程中，由于光学系统的像差、光学成像的衍射、成像系统的非线性畸变、记录介质的非线性、成像过程的相对运动、大气的湍流效应、环境随机噪声等原因的影响，会使观测图像和真实图像之间不可避免地存在偏差和失真。这种图像质量下降的情况在很多实际应用中都会遇到，如宇航卫星、航空测绘、遥感、天文学中所得的图片。因此，为了消除或减轻这种退化造成的影响，尽可能使图像恢复本来面貌，就需要使用图像复原技术。

图 4-15　退化图像

本案例中采用工业机器视觉系统获取退化的零部件图像（图 4-15），通过选择合适的数学模型和滤波器的处理技术，将图像的质量还原至退化前并将图像中的图形形状识别出来。此技术主要用于提高生产效率、质量控制水平和设备运行稳定性，从而带来更高的生产效益和质量保证。

策略分析：针对图 4-15，要想通过图像复原的方法获取图像中图形的形状，需要考虑退化图像的成像模型、图像复原算法和复原图像的评价标准三个方面的内容。不同的成像模型、优化规则和方法会导致不同的复原算法，适用于不同的应用领域，建立图像复原的反向过程的数学模型是图像复原的主要任务。本案例将对比逆滤波复原、维纳滤波复原、约束最小二乘法复原三种复原方法对退化的图像的复原效果，如图 4-16 所示。

根据需要，可以应用一些图像增强技术来改善图像的质量和可视化效果。例如，可以使用 cv.equalizeHist() 对图像进行直方图均衡化，或通过像素操作来增强对比度，见图 4-17。当在一幅图像中唯一存在的退化是噪声时，可采用滤除噪声的方法复原图像，此方法容易丢失图像的细节信息，给原有图像带来模糊和失真，在本章前述示例中已详细讲解图像的滤波处理，这里不再赘述。

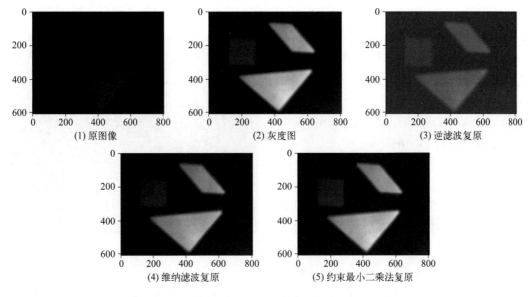

图 4-16　图像复原

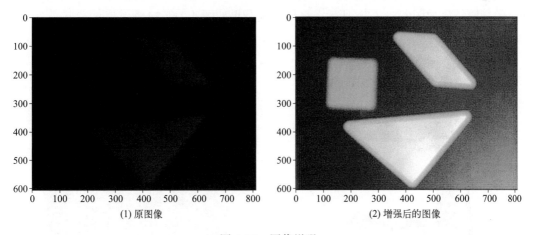

图 4-17　图像增强

图像修复模型的好坏需要对结果品质进行评价，衡量图像修复的指标主要有以下三种：

① MSE 均方差，即两点之间数值差异。值越小，说明预测模型描述的实验数据具有更好的精确度。

② PSNR 峰值信噪比，即峰值信号的能量与噪声的平均能量之比。值越大，表示图像的质量越好。一般来说，高于 40dB，说明图像质量极好（即非常接近原始图像）；30 ～ 40dB，通常表示图像质量是好的（即失真可以察觉但可以接受）；20 ～ 30dB，说明图像质量差；低于 20dB，说明图像质量不可接受。

③ SSIM 结构相似度指数，即评估两幅图像视觉相似度的指标。上述基于像素的差剖面的计算不符合人类视觉系统的评价结果，因此需要对评价方式进行重新考量。SSIM 主要考量图片的亮度（Luminance）、对比度（Contrast）、结构（Structure）三个关键特征。

对修复的图像分别用三种图像修复的评价指标进行评价，以评价结果数据来判断图像复原的质量好坏，并进行复原模型调整。如果评价结果符合要求则可以便捷、准确地获取图像中图形的形状信息，通过使用findContours() 函数来查找轮廓，通过cv.drawContours() 函数绘制出查找到的轮廓，形状识别结果如图 4-18 所示。

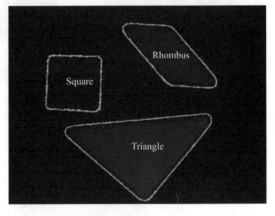

图 4-18　形状识别结果

【场景延伸】

以上典型案例讲解了基于图像复原的形状识别在简单形状中的应用，实际上，形状识别在工业生产中广为应用，例如可以应用于快速分配的生产流水线上。以图 4-19 所示的形状识别场景为例，模拟在工业生产中快速分配的流水线上偶然获得的一张轮廓较不清晰的图片，如图 4-20 所示，通过选择合适的图像复原方法，识别出图像中的零部件，多种图像复原结果如图 4-21（1）所示，最终识别结果如图 4-21（2）所示。

图 4-19　工业零件识别场景

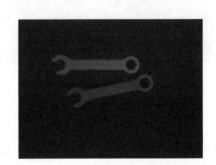

图 4-20　零部件图像获取

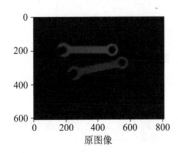

原图像

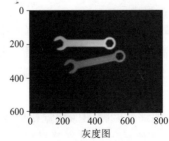

灰度图

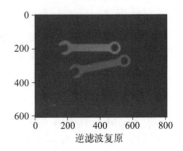

逆滤波复原

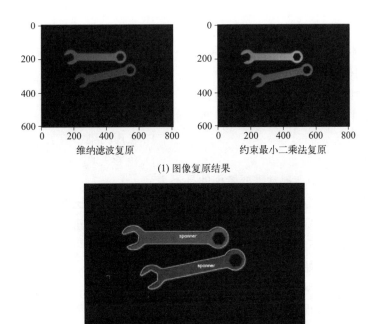

(1) 图像复原结果

(2) 图像识别结果

图 4-21　图像处理及识别结果

【本章小结】

本章中的图像复原结果建立在一个假设之上，即图像退化可以建模为一个线性的、位置不变的过程，同时伴随着与图像值无关的加性噪声。即使这些假设并不完全准确，但我们提出的方法往往也能产生有用的结果。

本章推导的一些复原技术依赖于各种最优准则。"最优"这个词的使用涉及严格的数学概念，而并不是基于人类视觉系统的最佳响应。实际上，这限制了图像复原问题的通用表达，因为复原过程需要考虑到观察者的偏好和能力。尽管有这些限制，本章所介绍的概念的优势在于它们推导出了基本方法，这些方法具有合理的预测能力。

【知识测评】

一、填空题

1. 图像复原通常用于消除或减弱图像中的 ＿＿＿＿＿＿＿，以恢复图像的原始质量。

2. 在图像复原过程中，常用的先验知识包括 ＿＿＿＿＿＿ 和 ＿＿＿＿＿＿。

3. 重建图像通常是通过 ＿＿＿＿＿＿ 方法从图像数据中恢复出原始图像。

4. 图像复原与重建中常用的数学工具包括 ＿＿＿＿＿＿ 和 ＿＿＿＿＿＿。

5. 在图像复原中，点扩散函数（PSF）通常用于描述 ＿＿＿＿＿＿ 对图像的影响。

6. 图像重建中，常用的插值方法包括最近邻插值、＿＿＿＿＿＿ 和双线性插值等。

二、选择题

1. 下列哪项不是图像复原的主要目的？（　　　）

　　A. 消除图像噪声　　　　　　　　　　B. 增强图像对比度

　　C. 恢复图像细节　　　　　　　　　　D. 校正图像畸变

2. 图像复原中的维纳滤波主要用于处理哪种类型的图像退化？（　　　）

　　A. 运动模糊　　　　　　　　　　　　B. 噪声污染

　　C. 几何畸变　　　　　　　　　　　　D. 色彩失真

3. 在图像重建过程中，通常需要考虑的是？（　　　）

　　A. 图像的灰度级分布　　　　　　　　B. 图像的对比度

　　C. 图像的采样和量化过程　　　　　　D. 图像的分辨率

4. 关于图像重建，下列说法正确的是？（　　　）

　　A. 重建图像与原始图像完全一致

　　B. 重建图像的质量通常优于原始图像

　　C. 重建图像的过程是不可逆的

　　D. 重建图像可能受到采样和量化误差的影响

5. 图像重建过程中，当采样率低于某个临界值时，会发生什么现象？（　　　）

　　A. 图像失真　　　　　　　　　　　　B. 图像增强

　　C. 图像模糊　　　　　　　　　　　　D. 混叠效应

6. 在图像复原中，维纳滤波主要用于解决什么问题？（　　　）

　　A. 图像对比度调整　　　　　　　　　B. 图像噪声抑制

　　C. 图像锐化　　　　　　　　　　　　D. 图像分割

三、判断题

1. 图像复原只能用于消除图像中的噪声，不能用于校正图像的几何畸变。（　　　）

2. 图像复原过程中，通常需要利用图像的退化模型和先验知识来恢复图像的原始状态。（　　　）

3. 数字图像处理只能对数字图像进行处理，不能处理模拟图像。（　　　）

4. 图像的灰度直方图反映了图像中不同灰度级出现的频数或概率。（　　　）

5. 在进行图像滤波时，滤波器的选择对处理结果没有影响。（　　　）

6. 边缘检测是图像分割的一种常用方法，它可以将图像划分为不同的区域。（　　　）

7. 数字图像压缩一定会导致图像质量的损失。（　　　）

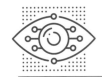

第 5 章

彩色图像处理

彩色图像处理主要分为两大领域：全彩色处理和伪彩色处理。全彩色处理要求通过彩色传感器获取图像，如彩色电视摄像机或扫描仪。而伪彩色处理则侧重于为特定的单色灰度或灰度范围赋予颜色。目前，大多数数字彩色图像处理工作集中在伪彩色层面。不过，随着彩色传感器和彩色图像处理硬件的价格逐渐降低全彩色图像处理技术正得到越来越广泛的应用，涵盖出版、可视化和互联网等多个领域。

在本章中，我们将发现前面介绍的一些灰度图像处理方法同样适用于彩色图像，而其他方法则需要根据本章所推导的彩色空间性质进行相应的调整。注意，本书所讨论的彩色图像处理技术远非全部，仅涵盖了其中的一部分方法。

【学习目标】

① 能够深入理解并掌握常见的彩色空间（如 RGB、HSV、CMYK 等）及其转换关系。

② 能够运用相关算法和工具对彩色图像进行处理，解决实际问题。

③ 能够结合实际需求，运用所学知识进行创新性研究和应用。

【学习导图】

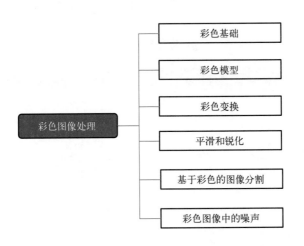

【知识讲解】

5.1 彩色基础

虽然人类对于大脑如何感知和理解颜色的生理和心理过程尚未完全明了，但我们可以通过实验和理论来揭示颜色的基本物理性质。

1666 年，艾萨克·牛顿发现，当太阳光穿过玻璃棱镜时，呈现出的并非纯白色光束，而是一个连续的色谱，从紫色渐变到红色。如图 5-1 所示，这个色谱可以分为六个宽泛的区域：紫色、蓝色、绿色、黄色、橙色和红色。而当我们观察全彩色光谱时（如图 5-2），色谱的末端颜色并不是突然改变的，而是各种颜色平滑地过渡到另一种颜色。

基本上，人类和一些其他动物感知物体的颜色，是基于物体反射光的性质。如图 5-2 所示，可见光是由电磁波谱中相对较窄的频段组成。如果一个物体反射的光在所有可见光波长范围内保持平衡，那么对观察者来说，这个物体就显示为白色。然而，如果一个物体只反射有限的可见光谱，那么这个物体就会呈现出某种特定的颜色。例如，绿色物体主要反射波长在 500 ～ 570nm 范围内的光，而吸收其他波长的多数能量。

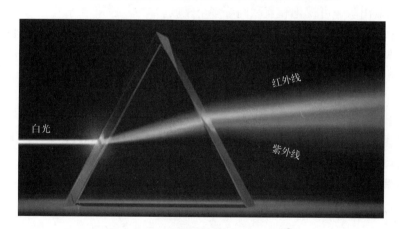

图 5-1　白光通过棱镜看到的色谱❶

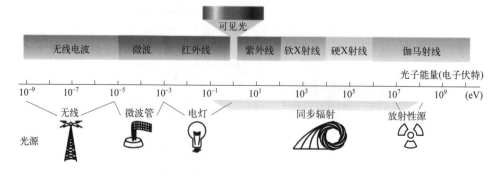

图 5-2　可见范围电磁波谱的波长组成

❶本章部分彩图可扫描目录页二维码获取。

　　光的特性是彩色科学的核心所在。当光缺乏颜色，即无色时，其属性仅限于亮度或数值。无色光正是我们在黑白电视机上所见之光，它也是迄今为止我们图像处理讨论中的隐含要素。正如第 2 章所定义并多次使用的，灰度级术语仅提供了一个从黑色到灰色再到白色的亮度标量度量。

　　彩色光覆盖了电磁波谱中 400 ～ 700nm 的范围。描述彩色光源质量的三个基本量是辐射、光强和亮度。辐射是指从光源流出的能量总量，通常以瓦特（W）为单位进行度量。光强则以流明为单位度量，它表示观察者从光源感知到的能量总和。例如，来自远红外波谱范围的光源可能具有巨大的能量（辐射），但观察者却很难察觉到它；其光强几乎为零。最后，亮度是一个主观描绘子，实际上是无法度量的。它体现了无色的强度概念，并且是描述色彩感觉的关键因素。

　　正如 2.1.1 小节所述，人眼中的锥状细胞是负责彩色视觉的关键传感器。实验结果已经证实，人眼中的 600 万～ 700 万个锥状细胞主要分为三个感知类别，它们分别对应于红色、绿色和蓝色的光线。大约 65% 的锥状细胞对红光敏感，33% 对绿光敏感，而只有 2% 对蓝光敏感，尽管蓝色锥状细胞对蓝光的敏感度更高。图 5-3 展示了人眼中红色、绿色和蓝色锥状细胞吸收光线的平均实验曲线。基于人眼的这些吸收特性，我们所能看到的彩色实际上是原色红（R）、绿（G）、蓝（B）的不同组合。

　　为了标准化，国际照明委员会（CIE）在 1931 年规定了以下特定波长值作为三原

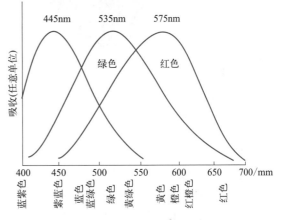

图 5-3　以波长为函数，人眼中的红色、绿色和蓝色锥状细胞对光的吸收曲线

色：蓝 =435.8nm，绿色 =546.1nm，红色 =700nm。这一标准在 1965 年被采纳，尽管它只是近似对应于实验数据。如图 5-2 和图 5-3 所示，并没有单一的颜色可以纯粹地被称为红色、绿色或蓝色。此外，为了标准化的三个特定原色波长并不意味着这三个固定的 RGB 分量单独作用就能产生所有谱色。原色相加可以产生二次色，如深红色（红色加蓝色）、青色（绿色加蓝色）和黄色（红色加绿色）。将三原色或与其二次色相对应的原色以正确的亮度混合，即可产生白光。这一结果如图 5-4（1）所示，同时说明了三原色及其混合产生的二次色。

　　光的原色与颜料或着色剂的原色之间的区别至关重要。颜料的原色被定义为减去或吸收光的一种原色，并反射或传输另外两种原色。因此，颜料的原色是深红色、青色和黄色，而二次色是红色、绿色和蓝色。这些颜色如图 5-4（2）所示。将三种颜料原色或与二次色对应的原色的适当混合，即可产生黑色。

　　彩色电视接收机展示了光的彩色相加性质的实践应用。众多彩色电视荧光屏（CRT，阴极射线管）的内部布局采用了电敏荧光粉构成的三角形点阵模式。当被激发时，每个三色组中的荧光点会发出三原色之一的光。发红光的荧光点的亮度由显像管内的电子枪调控，这些电子枪产生的脉冲与电视摄像机捕捉到的"红色能量"相匹配。同样地，每个三

色组中的绿色和蓝色荧光点也会以相同的方式进行调制。在彩色电视接收机上，观众所看到的效果是每个三色组中的三原色光被"相加"并混合在一起，进而被人眼中的颜色敏感的锥状细胞所接收，从而呈现出全彩色图像。当这三种颜色每秒连续变化30幅图像时，荧光屏上就能展示连续的彩色画面。这一过程不仅展示了光学原理在显示技术中的应用，也突显了人类对颜色感知机制的奇妙之处。

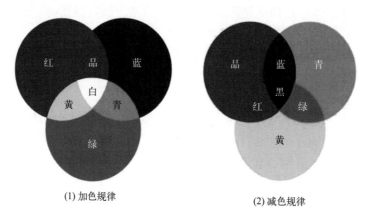

(1) 加色规律　　　　　　　(2) 减色规律

图 5-4　光和颜料的原色及二次色

尽管 CRT 显示器正在逐步被平板数字技术如液晶显示器（LCD）和等离子设备所取代，但这些新技术在某种程度上却共享着一个相同的原理。无论是 CRT 还是这些平板技术，它们都依赖于三个子像素（红色、绿色和蓝色）的组合来生成单个彩色像素。LCD 使用极化光的特性来阻止光或使光通过 LCD 屏幕，在有源矩阵显示技术的情况下，使用薄膜晶体管（TFT）提供适当的信号对屏幕上的每一个像素寻址。此外，光滤波器被用于在每个像素的三色组位置上产生光的三原色。相比之下，等离子装置中的像素是由涂有荧光粉的微小气体单元组成，这些单元负责产生三原色之一的光线。这些小单元以类似于 LCD 的方式进行寻址。这种三像素组的同等寻址能力构成了数字显示技术的基础，使得我们能够以高精度和清晰度显示丰富多彩的图像。

通常用来区分不同颜色特性的有三个要素：亮度、色调和饱和度。如前所述，亮度是表达无色强度概念的关键指标。而色调则是与光波混合中的主波长紧密相关的属性，它直接反映了观察者所感知的主要颜色。因此，当我们描述一个物体为红色、橙色或黄色时，我们实际上是在描述其色调。

饱和度则代表着颜色的纯净度，或者说是某种颜色与白光混合的数量。纯谱色是完全饱和的，意味着它们没有与白光混合。相比之下，像深红色（红色与白色混合）和淡紫色（紫色与白色混合）这样的颜色，因为混合了一定量的白光，所以它们的饱和度较低。饱和度与所加白光的数量成反比，即白光越多，饱和度越低。

色调与饱和度一起称为色度，因此，颜色可用其亮度和色度来表征。形成任何特殊彩色的红、绿、蓝的数量称为三色值，并分别表示为 X, Y 和 Z。这样，一种颜色就可由其三色值系数定义为：

$$x = \frac{X}{X+Y+Z} \tag{5-1}$$

$$y = \frac{Y}{X+Y+Z} \tag{5-2}$$

$$z = \frac{Z}{X+Y+Z} \tag{5-3}$$

从以上公式可得：

$$x + y + z = 1 \tag{5-4}$$

对可见光谱内光的任何波长，用于产生对应于该波长的颜色所需的三色值可直接从基于大量实验结果编制的曲线或表中得到，也可参阅 Walsh（1958）和 Kiver（1965）的早期文献。

确定颜色的另一种方法是使用 CIE 色度图（见图 5-5），该图以 x（红）和 y（绿）的函数表示颜色的组成。对于 x 和 y 的任何值，相应的 z 值（蓝色）可由式（5-4）得到，注意 $z=1-(x+y)$。例如，图 5-5 中标记为绿色的点大约有 62% 的绿色和 25% 的红色成分。从式（5-4）可得到蓝色的成分约为 13%。

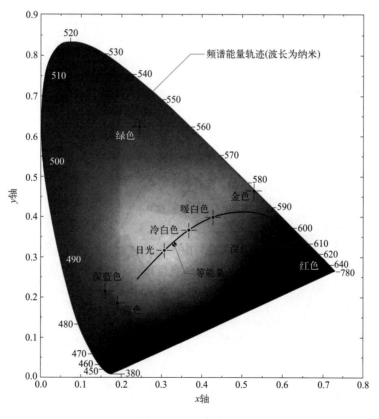

图 5-5　CIE 色度图

舌形色度图展示了从 380nm 的紫色到 780nm 的红色的各种谱色的位置，这些纯色均标注在图 5-2 的谱图中。色度图内部的点则表示这些谱色的混合色。图 5-5 中的等能量点与三原色的百分比相对应，代表了白光的 CIE 标准。只有位于色度图边界上的点才是全饱和的，而一旦点离开边界并向等能量点靠近，就意味着颜色中加入了更多的白光，从而变为欠饱和色。等能量点的饱和度为零。

色度图在色彩混合中扮演着关键角色，因为它通过连接任意两点的直线段定义了所有可能的不同颜色变化，这些颜色可以通过两种颜色的加性组合来实现。例如，考虑图 5-5 中所示的从红点到绿点画的一条直线，如果红光多于绿光，则确切地表示新颜色的点将处在该线段上，但与绿点相比它更接近于红点。类似地，从等能量点到色度图边界上任意一点的线段，将定义那个特定谱色的所有色调变化。

将这一过程扩展到三种颜色是很简单的。为了确定由色度图中任意给定的三种颜色混合产生的颜色范围，我们只需在三个色点之间画出连接线，这将形成一个三角形。三角形边界上或三角形内的任何颜色都可以由这三种初始颜色的不同组合来产生。然而，以任意固定颜色为顶点的三角形无法完全包围图 5-5 中的整个颜色区域，这一观察结果验证了之前的探讨，即使用 3 个固定的单一原色是无法得到所有颜色的。

图 5-6 中的三角形显示了由 RGB 监视器产生的典型的颜色范围（称为彩色全域）。三角形内的不规则区域是今天高质量彩色打印设备的彩色域代表。彩色打印彩色域的边界是

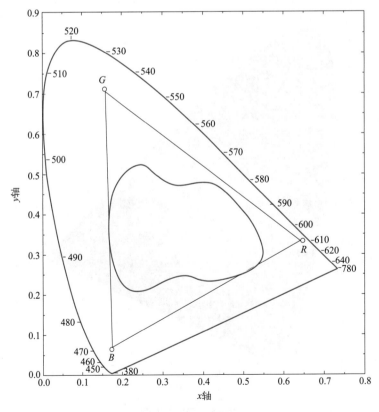

图 5-6　彩色监视器的典型彩色域（三角形区域）和彩色打印设备的典型彩色域（不规则区域）

不规则的，因为彩色打印是相加色彩和相减色彩混合的组合，与在监视器上显示颜色（基于三种高度可控的原色光的相加）相比，这是一个更加难以控制的过程，监视器是以三个高度可控的原色光的相加为基础的。

5.2　彩色模型

彩色模型，也被称为彩色空间或彩色系统，其目标是在一定标准下，以通常可接受的方式对颜色进行描述。本质上，彩色模型是一个坐标系统和子空间的表述，在这个系统中，每一种颜色都由一个特定的点来表示。

彩色科学是一个涵盖多种应用的广泛领域，因此存在多种不同的彩色模型。当前大多数彩色模型要么专注于特定硬件（如彩色显示器和打印机），要么服务于特定应用，在这些应用中，色彩处理成为核心目标（例如动画中的色彩图形创作）。在数字图像处理领域，RGB（红、绿、蓝）模型是应用最广泛的硬件导向模型，广泛用于彩色显示器和彩色摄像机。而 CMY（青、洋红、黄）和 CMYK（青、洋红、黄、黑）模型则是针对彩色打印机的。另外，HSI（色调、饱和度、亮度）模型与人类描述和解释颜色的方式更为吻合。HSI 模型还有一个优势，即能够将图像中的颜色和灰度信息分离，使其特别适合本书中介绍的多种灰度处理技术。虽然现有的彩色模型多种多样，但本章将重点研究其中几个模型，因为它们在实践中更具意义和实用性。考虑到本书的任务和目标，我们将主要讨论与图像处理密切相关的模型。掌握了本章的内容，将能够轻松理解当前使用的其他彩色模型。

5.2.1　RGB 彩色模型

在 RGB 模型中，每种颜色都由红、绿、蓝三种原色光谱分量组成。该模型建立在笛卡儿坐标系之上，所涉及的彩色子空间如图 5-7 所示的立方体。在这个立方体中，RGB 三种原色分别位于三个角上，而青色、深红色和黄色作为二次色则位于另外三个角上，黑色则处于原点，白色则位于离原点最远的角上。在 RGB 模型中，灰度（即 RGB 值相等的点）沿着连接黑色和白色的直线延伸。这个模型中的颜色都位于立方体的表面或内部，并由从原点延伸出的向量来定义。为了方便起见，我们假定所有的颜色值都已归一化，因此图 5-7 所示的立方体是一个单位立方体，其中 R、G、B 的所有值都在 [0, 1] 的范围内。

RGB 彩色模型中的图像由三个分量图像组成，每个原色对应一个分量图像。当这些图像被送入 RGB 显示器时，它们在屏幕上混合生成一幅合成的彩色图像，正如在 5.1 节中所描述的那样。在 RGB 空间中，用于表示每个像素的比特数被称为像素深度。例如，如果一幅 RGB 图像中的红、绿、蓝三个分量图像都是 8 比特图像，那么我们可以说每个 RGB 彩色像素［即（R, G, B）值的三元组］具有 24 比特的深度（三个图像平面乘以每个平面的比特数）。通常，术语"全彩色图像"用来表示一幅 24 比特的 RGB 彩色图像。在这样的 24 比特 RGB 图像中，可能的颜色总数是（2^8）^{3} = 16777216 种。图 5-8 展示了与图 5-7 相对应的 24 比特彩色立方体。

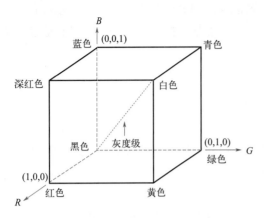

图 5-7 RGB 彩色立方体示意图

图 5-8 RGB 24 比特彩色立方体

例 5.1 生成 RGB 彩色立方体的隐藏面和剖面

图 5-8 所示的立方体是实心的，它由 $(2^8)^3$=16777216 种颜色组成。观察这些颜色的一种简便方法是生成一个彩色平面（立方体的表面或剖面）。这是通过固定三种颜色中的一个并允许其他两种颜色变化来完成的。例如，在图 5-8 中，通过立方体中心并与 GB 平面平行的剖面是平面 $(127, G, B)$，其中 G, B=0, 1, 2, ..., 255。这里，我们使用了实际像素值，而不是为数学上的方便而在 [0, 1] 范围内的归一化值，因为前者是在计算机中实际用来产生颜色的值。图 5-9（1）说明，通过简单地把三幅独立的分量图像送入彩色监视器来观察一幅横截面图像。在分量图像中，0 代表黑色，255 代表白色（注意这些是灰度级图像）。最后，图 5-9（2）显示了以同样的方式生成的图 5-8 中立方体的 3 个隐藏面。

值得注意的是，获取一幅彩色图像基本上是图 5-9 所示的相反的过程。使用分别对红、绿、蓝敏感的 3 个滤色片可获取一幅彩色图像。当我们用配备有这些滤色片之一的单色摄像机观察彩色场景时，结果是一幅单色图像，其亮度与滤色片的响应成正比。用每个滤色片重复这一过程，可产生三幅单色图像，这些图像就是彩色场景的 RGB 分量图像（实际上，RGB 彩色图像传感器通常将这一过程集成在一个装置中）。很清楚，以图 5-9（1）所示的形式显示这 3 幅 RGB 分量图像，就会产生原始彩色场景的 RGB 彩色复现。

虽然高端显示卡和监视器能够提供 24 比特 RGB 图像的优质彩色再现，但现今许多系统仍然仅限于显示 256 种颜色。在许多应用场景中，使用几百种颜色并没有实际意义，有时仅使用几种颜色便足够。例如，5.3 节所讨论的伪彩色图像处理技术就展示了这种情况。在当前应用的各种系统中，有一种值得考虑的彩色子系统，即其合理且与观察者无关的硬件性能。这种色彩子集被称为稳定 RGB 色集合，或者称为全系统稳定色集合。在互联网应用中，这种色彩子集被称为稳定 Web 色或稳定浏览器色。

假设 256 种颜色是最小的颜色数，这些颜色可以由能够显示所需彩色的任何系统真实再现，那么使用可接受的标准符号来表示这些颜色将非常有用。已知 256 种颜色中的 40 种颜色可能会受到各种操作系统的不同处理，这仅留下 216 种颜色是多数系统通用的。这 216 种颜色已成为事实上的稳定色（特别是在互联网应用中），即无论何时应用，都期望大多数人观察到的颜色是一致的。

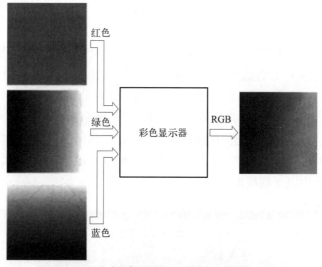

(1) 生成彩色剖面(127,*G*,*B*)的RGB图像

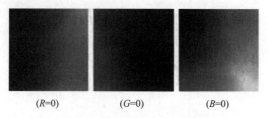

(*R*=0)　　　　(*G*=0)　　　　(*B*=0)

(2) 图5-8所示彩色立方体的3个隐藏面

图 5-9　生成彩色立方体的剖面和隐藏面

216 种稳定色中的每一种都可以由 3 个 RGB 值形成，但每个值只能是 0, 51, 102, 153, 204 或 255。这样，这些 RGB 三元组数值就可提供 $(6)^3$=216 种可能的值（注意所有值都可被 3 整除）。通常这些值可用十六进制数来表示，如表 5-1 所示。十六进制数 0,1,2,…,9,A,B,C,D,E,F 对应十进制数 0,1,2,…,9,10,11,12,13,14,15。还可以表示为 $(0)_{16}$=$(0000)_2$ 和 $(F)_{16}$=$(1111)_2$，例如，$(FF)_{16}$=$(255)_0$=$(11111111)_2$，并且我们可以看到，两个十六进制数构成了一个 8 比特字节。

因为要取 3 个数来形成 RGB 彩色，每种稳定色由表 5-1 中的 3 个两位十六进制数形成。例如，最纯净的红色是 FF0000。值 000000 和 FFFFFF 分别表示黑色和白色。注意，我们使用更为熟悉的十进制表示可得到相同的结果。例如，以十进制表示的最亮红色为 R=255(FF) 和 G=B=0。

表 5-1　稳定色中每个 RGB 分量的有效值

数 制	等效颜色					
十六进制	00	33	66	99	CC	FF
十进制	0	51	102	153	204	255

图 5-10（1）展示了按 RGB 降序值排列的 216 种稳定色。在第一行中，左上角的方块

值为 FFFFFF（白色），其右侧的方块值为 FFFFCC，第三个方块的值为 FFFF99，依此类推。同样，第二行的值从 FFCCFF 开始，然后是 FFCCCC、FFCC99 等。这个阵列中的最后一个方块值是 FF0000（可能是最鲜艳的红色）。类似地，阵列右侧的第二个阵列的值从 CCFFFF 开始，并以相同的方式继续，其他四个阵列也如此。最后一个阵列的最后一个方块（右下角）的值为 000000（黑色）。需要注意的是，并非所有可能的 8 比特灰色都包含在这 216 种稳定色中，这一点非常重要。图 5-10（2）展示了 256 色 RGB 系统中所有可能灰色的十六进制代码。虽然这些值中的一部分不在稳定色集中，但大多数显示系统可以根据它们的相对亮度来适当地表示它们。来自稳定色组的灰度（KKKKKK$_{16}$, K=0, 3, 6, 9, C, F），在图 5-10（2）中以下划线形式表示。

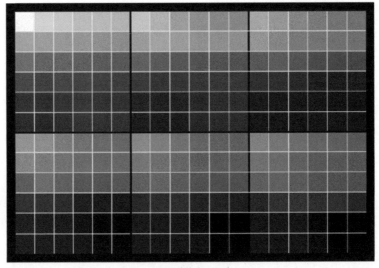

(1) 216种稳定RGB色

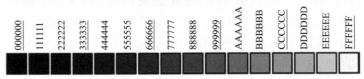

(2) 256色RGB系统中的所有灰度(部分稳定色组的灰度以下划线的形式显示)

图 5-10　稳定色的表示

图 5-11 显示了 RGB 稳定色立方体。与图 5-8 所示的实心全彩色立方体不同，图 5-11 中的立方体仅在表面有有效的颜色。正如图 5-10（1）所示，每个平面都有 36 种颜色，所以稳定色立方体的整个表面被 216 种不同的颜色所覆盖，这正如所期望的那样。

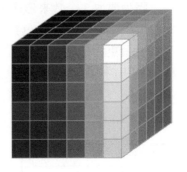

图 5-11　RGB 稳定色立方体

5.2.2　CMY 和 CMYK 彩色模型

正如 5.1 节所述，青色、深红色和黄色被视为光的二次色，而在颜料中，它们则被视为原色。举例来说，当白色光照射在涂有青色颜料的表面上时，该表面不会反射红光。这意味着青色是通过从反射的白光中减去红光来形成的。值得注意的是，白光本身是由等量的红光、绿光和蓝光组成的。

大多数在纸上沉积彩色颜料的设备，如彩色打印机和复印机，要求输入 CMY 数据或在内部进行 RGB 到 CMY 的转换。这一转换是使用下面这个简单的操作执行的：

$$\begin{bmatrix} C \\ M \\ Y \end{bmatrix} = \begin{bmatrix} 1 \\ 1 \\ 1 \end{bmatrix} - \begin{bmatrix} R \\ G \\ B \end{bmatrix} \tag{5-5}$$

我们再次假定所有彩色值都已归一化至 [0, 1] 范围内。根据式（5-5），涂有青色颜料的表面不会反射红色光，这可以由公式 $C=1-R$ 表示。类似地，纯深红色不会反射绿色光，而纯黄色则不会反射蓝色光。此外，式（5-5）揭示了 RGB 值可以通过从 CMY 值中减去 1 来轻松获得。然而，如之前所述，在图像处理中，这种彩色模型主要被用于生成硬拷贝输出，因此，从 CMY 到 RGB 的反向操作在实际应用中通常不具备实际意义。

5.2.3　HSI 彩色模型

正如我们所观察到的，在 RGB 模型和 CMY 模型中创建颜色并实现两种模型之间的转换是一个相对简单的过程，这些彩色系统非常适合硬件实现。此外，RGB 系统与人眼对红、绿、蓝三原色的强烈感知高度匹配。然而，遗憾的是，RGB 模型、CMY 模型以及其他类似的彩色模型在实际上并不能很好地适应人类对颜色的解释。例如，仅仅通过给出组成其颜色的每一原色的百分比，我们无法准确地描述一辆汽车的颜色。同样，我们也不认为彩色图像是由三幅原色图像混合而成的单一图像。

当人们观察彩色物体时，通常用色调、饱和度和亮度来描述它。回顾 5.1 节的讨论，色调代表纯色的属性，如纯黄色、纯橙色或纯红色；饱和度则衡量纯色被白光稀释的程度；而亮度是一个主观的描述子，它体现了无色的强度概念，是描述彩色感觉的关键因素之一。我们明白强度（灰度级）是单色图像的关键描述子，可度量且易于解释。接下来，我们将引入 HSI（色调、饱和度和强度）彩色模型，该模型能从彩色图像中消除强度分量的影响，仅保留携带的彩色信息（色调和饱和度）。HSI 模型是开发基于自然且直观的彩色描述的图像处理算法的理想工具，因为这样的描述更符合人类的感知和认知。总结来说，RGB 模型在生成图像颜色方面很理想，如彩色摄像机的图像获取或在监视器屏幕上显示图像。但在颜色描述方面，RGB 模型存在许多限制，而 HSI 模型则提供了一种有效的解决方案。

正如例 5.1 所述，RGB 图像可视作三幅单色亮度图像（红、绿、蓝），因此从中提取强度并不意外。利用图 5-7 的彩色立方体，当白色顶点 (1, 1, 1) 直接位于黑色顶点 (0, 0, 0) 上方时，这一点更为清晰。强度（灰度级）沿此连线分布，形成垂直的灰度轴。要确定彩色点的强度分量，只需作垂直于强度轴且包含该点的平面，其与强度轴的交点即为 [0, 1] 范围内的强度值。颜色的饱和度随其与强度轴的距离增加而增大，强度轴上的点饱和度为零，即全为灰度。

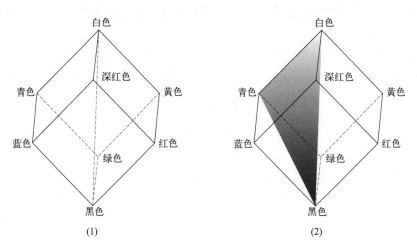

(1)　　　　　　　　　　　　(2)

图 5-12　RGB 模型和 HSI 模型间的概念关系

为了确定给定 RGB 点的色调，我们考虑图 5-12（2）中由黑、白和青色三点定义的平面。由于黑点和白点都位于该平面内，这意味着强度轴也包含在这个平面中。进一步观察，我们发现位于由强度轴和立方体边界定义的平面段内的所有点都具有相同的色调（在此情况下为青色）。回顾 5.1 节的讨论，我们可以得出相同的结论，即所有颜色都是由位于这些颜色定义的三角形中的三种颜色产生的。如果这些点中的两点是黑点和白点，第三点是一个彩色点，那么三角形上的所有点都具有相同的色调，因为黑分量和白分量不会改变色调（当然，这个三角形中的点的强度和饱和度是不同的）。通过围绕垂直强度轴旋转这个平面，我们可以得到不同的色调。基于这些概念，我们可以得出结论：形成 HSI 空间所需的色调、饱和度和强度值可以从 RGB 彩色立方体中获取。换句话说，通过计算前面讨论中描述和推导的几何公式，我们可以将任何 RGB 点转换为相应的 HSI 彩色模型中的点。

关于图 5-12 中的立方体结构及其对应的 HSI 彩色空间，关键的一点是，HSI 空间由垂直强度轴和位于与该强度轴垂直平面内的彩色点的轨迹构成。当平面沿强度轴上下移动时，每个平面与立方体表面构成的横截面边界要么是三角形，要么是六边形，如图 5-13（1）所示。从灰度轴方向俯瞰，这一点尤为明显。在这个平面中，原色被 120° 分隔开，而二次色与原色之间相隔 60°，意味着二次色之间也相隔 120°。图 5-13（2）展示了相同的六边形和一个彩色点（以点的形式表示）。该点的色调由从某参考点出发的一个角度决定。通常（但并非总是如此），与红轴成 0° 角的位置被定义为 0 色调，色调从此处开始逆时针增加。饱和度（即原点到该点的向量长度）是从原点到该点的距离。这里，原点是由彩色平面的横截面与垂直强度轴的交点定义的。HSI 彩色空间的重要组成部分包括垂直强度轴、到彩色点的向量长度以及该向量与红轴之间的夹角。因此，如图 5-13（3）和图 5-13（4）所示，HSI 平面通常以六边形、三角形甚至圆形的形式出现。实际上，选择哪种形状并不重要，因为这些形状中的任何一个都可以通过几何变换转化为其他形状。图 5-14 展示了基于彩色三角形和圆形的 HSI 模型。

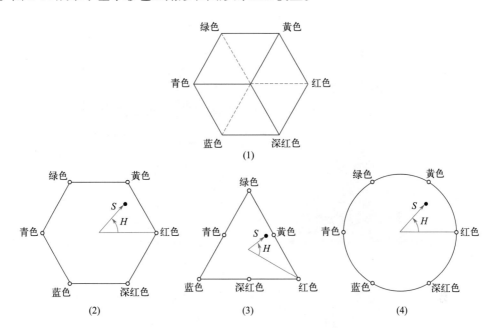

图 5-13　HSI 彩色模型中的色调和饱和度（黑点是一个任意彩色点。与红轴的夹角给出了色调，向量的长度是饱和度，这些平面中的所有彩色的强度由垂直强度轴上的平面的位置给出）

从 RGB 到 HSI 的彩色转换　给定一幅 RGB 彩色格式的图像，每个 RGB 像素的 H 分量可用下式得到：

> 由 RGB 到 HSI 或从 HSI 到 RGB 的计算是逐个像素执行的。为表述清晰，我们省略了转换公式对 (x, y) 依赖性。

$$H = \begin{cases} \theta, & B \leqslant G \\ 360 - \theta, & B > G \end{cases} \qquad (5\text{-}6)$$

其中，

$$\theta = \arccos\left\{ \frac{\frac{1}{2}\left[(R-G)+(R-B)\right]}{\left[(R-G)^2 + (R-B)(G-B)\right]^{1/2}} \right\}$$

饱和度分量由下式给出：

$$S = 1 - \frac{3}{R+G+B}\left[\min(R,G,B)\right] \qquad (5\text{-}7)$$

最后，强度分量由下式给出：

$$I = \frac{1}{3}(R+G+B) \qquad (5\text{-}8)$$

如图 5-13 中指出的那样，假定 RGB 值已归一化到区间 [0, 1] 内，且角度 θ 根据 HSI 空间的红轴来度量。色调可以用式（5-6）得到的所有值除以 360° 归一化为 [0, 1] 范围内。

如果给定的 RGB 值在区间 [0, 1] 内，则其他两个 HSI 分量已经在区间 [0, 1] 内了。

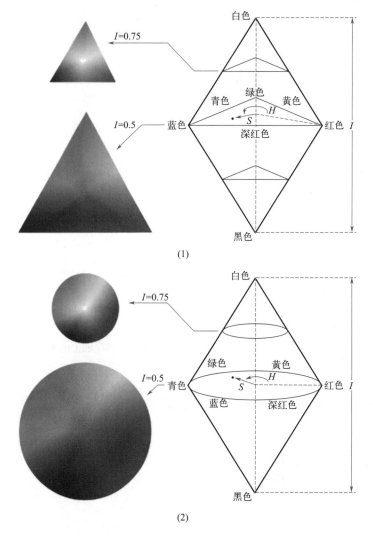

图 5-14　基于（1）三角形和（2）圆形彩色平面的 HSI 彩色模型（三角形和圆形平面垂直于垂强度轴）

　　式（5-6）到式（5-8）中的结果可由图 5-12 和图 5-13 所示的几何关系推得。这一推导很烦琐，而且对现在的讨论没有太大意义。对这些公式的证明及对下面的 HSI 至 RGB 转换结果感兴趣的读者，可以参考本书的参考文献。

　　从 HSI 到 RGB 的彩色转换　在 [0,1] 内给出 HSI 值，现在我们想要在相同的值域找到对应的 RGB 值。可用的公式取决于 H 的值。在原色分隔中有 3 个相隔 120°的扇区（见图 5-13）。我们从 H 乘以 360°开始，这时的色调值回到原来的范围 [0°，360°]。

　　RG 扇区（0°≤ H < 120°）：当 H 的值在该扇区中时，RGB 分量由以下公式给出：

$$B = I[1 - S] \tag{5-9}$$

$$R = I\left[1 + \frac{S\cos H}{\cos(60° - H)}\right] \tag{5-10}$$

$$G = 3I - (R + B) \tag{5-11}$$

GB 扇区（$120° \leqslant H < 240°$）：如果给定的 H 值在该扇区中，则首先从 H 中减去 $120°$，即：

$$H = H - 120° \tag{5-12}$$

则 RGB 分量为：

$$R = I(1 - S) \tag{5-13}$$

$$G = I\left[1 + \frac{S\cos H}{\cos(60° - H)}\right] \tag{5-14}$$

$$B = 3I - (R + G) \tag{5-15}$$

BR 扇区（$240° \leqslant H < 360°$）：最后，如果 H 的值在该扇区中，则从 H 中减去 $240°$，即：

$$H = H - 240° \tag{5-16}$$

则 RGB 分量为：

$$G = I(1 - S) \tag{5-17}$$

$$B = I\left[1 + \frac{S\cos H}{\cos(60° - H)}\right] \tag{5-18}$$

$$R = 3I - (B + G) \tag{5-19}$$

这些公式在图像处理中的用法将在下面加以讨论。

例 5.2　对应于 RGB 彩色立方体图像的 HSI 值

图 5-15 显示了图 5-8 中所示 RGB 值的色调、饱和度和强度图像。图 5-15（1）是色调图像，其最大的特点是立方体前（红）平面沿 45°线的值是不连续的。为理解不连续的原因，可参见图 5-8，从立方体的红色顶点到白色顶点画一条线，并在这条线的中间选择一点。从该点开始，向右环绕立方体一周直到回到开始点画一条轨迹。在该路径中出现的主要颜色是黄色、绿色、青色、蓝色、深红色、黑色直至红色。根据图 5-13，沿该路径的色调值应该从 0°到 360°增加（即从色调的最低可能值到最高可能值）。这正好如图 5-15（1）所示的那样，因为在灰度级中最低值代表黑色，最高值代表白色。事实上，这幅色调图像原本已被归一化到 [0, 1] 范围内，然后被缩放到 8 比特，即在显示时转换到了 [0, 255] 范围内。

图 5-15（2）中，饱和度图像显示出，从暗值逐渐向 RGB 立方体的白顶点过渡，颜色越来越少，饱和度越来越低。最后，图 5-15（3）所示强度图像中的每个像素值是图 5-8 中相应像素处 RGB 值的平均。

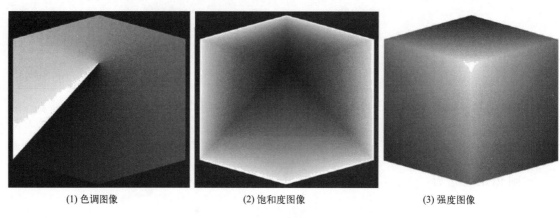

| (1) 色调图像 | (2) 饱和度图像 | (3) 强度图像 |

图 5-15　图 5-8 中图像的 HSI 分量

处理 HSI 分量图像　下面我们将探讨几种处理 HSI 分量图像的简单技术，旨在熟悉这些分量并加深对 HSI 彩色模型的理解。图 5-16（1）展示了一幅由 RGB 原色和二次色构成的图像。而图 5-16（2）至图 5-16（4）则展示了使用式（5-6）至式（5-8）生成的这幅图像的 H、S 和 I 分量图像。图 5-16（2）中的灰度值对应于角度，例如，由于红色对应于 0°，因此图 5-16（1）中的红色区域在色调图像中被映射为一个黑色区域。类似地，图 5-16（3）中的灰度级表示饱和度（为了显示目的，它们被放大到 [0,255] 范围），而图 5-16（4）中的灰度级则代表平均强度。

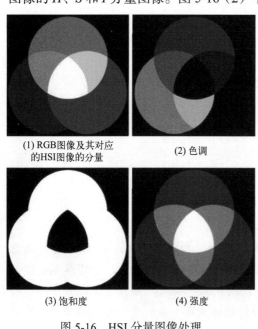

| (1) RGB图像及其对应的HSI图像的分量 | (2) 色调 |
| (3) 饱和度 | (4) 强度 |

图 5-16　HSI 分量图像处理

要在 RGB 图像中更改任何区域的特定颜色，我们只需调整图 5-16（2）中所示色调图像中相应区域的值。随后，采用式（5-9）至式（5-19）中描述的步骤，结合新的 H 图像、未更改的 S 图像以及 I 图像，将其转换回 RGB 图像。若要更改任何区域中颜色的饱和度（纯度），除了直接在 HSI 空间中调整饱和度值外，也可采用相同的步骤。类似地，要修改任何区域的平均强度，也可以采取这种方法。这些调整可以同时进行。例如，图 5-17（1）中的图像是通过将对应于图 5-16（2）中蓝色和绿色区域的像素色调值设置为 0 得到的。在图 5-17（2）中，我们将图 5-16（3）中的青色区域饱和度值减半，以降低其纯度。在图 5-17（3）中，我们则把图 5-16（4）所示强度图像中心的白色区域强度降低一半，使其变为灰色。将修改后的 HSI 图像转换回 RGB 彩色空间后，得到的结果如图 5-17（4）所示。正如预期的那样，这些图像中，所有圆形外部区域现在呈现红色，青色区域的纯度降低，而中心区域则变为灰色而非原来的白色。这些简单的示例清晰地展示了 HSI 模型在独立控制色调、饱和度和强度方面的能力，使得我们在描述颜色时能够更加熟悉和掌控这些关键要素。

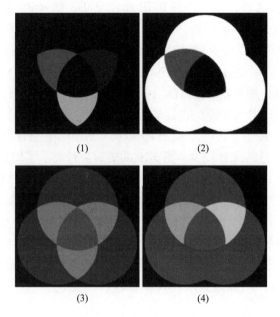

图 5-17　（1）～（3）为修改后的 HSI 分量图像，（4）为最终的 RGB 图像
（原始的 HSI 图像见图 5-15）

5.3　彩色变换

本节讨论的技术总称为彩色变换，主要涉及在单一彩色模型内处理彩色图像的分量，而不是这些分量在不同模型间的转换（如 5.2.3 小节的 RGB 到 HSI 和 HSI 到 RGB 的转换）。

5.3.1　公式

如第 3 章的灰度变换技术那样，我们用下式表达的彩色变换作为模型：

$$g(x,y) = T[f(x,y)] \qquad (5\text{-}20)$$

式中，$f(x,y)$ 是彩色输入图像，$g(x,y)$ 是变换后或处理过的彩色输出图像，T 是在 (x,y) 的空间邻域上对 f 的一个算子。这里，像素值是从彩色空间选择的用来表示图像的彩色空间的 3 元组或 4 元组（即 3 个值或 4 个值的组合）。

类似于介绍基本灰度变换的方法，本节仅关注形如式（5-21）的彩色变换：

$$s_i = T_i(r_1, r_2, \cdots, r_i), \quad i = 1, 2, \cdots, n \qquad (5\text{-}21)$$

其中，为标记简单起见，r_i 和 s_i 是 $f(x,y)$ 和 $g(x,y)$ 在任何点处彩色分量的变量，n 是彩色分量数，$\{T_1, T_2, \cdots, T_n\}$ 是对 r_i 操作产生 s_i 的一组变换或彩色映射函数。注意，n

个变换 T_i 合并可执行式（5-20）中的单一变换函数 T。所选择的用于描述 f 和 g 的像素的彩色空间决定 n 的值。例如，如果选择 RGB 彩色空间，则 $n=3$，且 r_1，r_2 和 r_3 分别表示输入图像的红、绿、蓝分量。如果选择 CMYK 或 HSI 彩色空间，则 $n=4$ 或 $n=3$。

图 5-18 展示了一碗草莓和一杯咖啡的高分辨率彩色图像，这是通过对大幅面（4英寸 ×5 英寸）的彩色底片进行数字化得到的。图中的第二行展示了原始的 CMYK 扫描分量图像。在 CMYK 彩色模型中，黑色用 0 表示，白色用 1 表示。因此，我们观察到草莓主要由深红色和黄色构成，因为这两种 CMYK 分量的图像最为明亮。黑色则较少，通常仅出现在咖啡和草莓碗的阴影部分。当 CMYK 图像转换为 RGB 图像时，如图中第三行所示，可以明显看到草莓富含红色，而绿色和蓝色的成分较少。图 5-18 的最后一行展示了使用式（5-6）到式（5-19）计算出的 HSI 分量图像。正如预期的那样，强度分量提供了全彩色原始图像的单色再现。此外，草莓的颜色相对较为纯净，具有最高的饱和度，或者说其色调被白光稀释的程度最小。在解释这幅色度分量图像时，我们需要注意一些挑战。其中包括：①在 HSI 模型中，0° 和 360° 之间存在一个不连续点；②色调对于 0 饱和度（即白色、黑色和纯灰色）是未定义的。这种模型的不连续性在草莓周围尤为明显，这些区域用接近白色（1）和黑色（0）的灰度值来描述，结果是用不希望的高对比灰度级来表示单一颜色——红色。

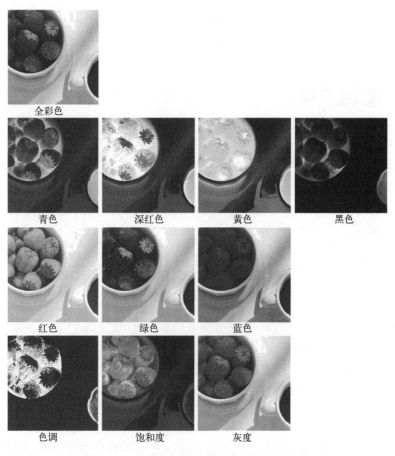

图 5-18　全彩色图像及其各种彩色空间分量

　　尽管图 5-18 中的任何彩色空间分量都可以与式（5-21）结合使用，理论上任何变换都可以在任何彩色模型中执行。然而，在实际操作中，某些操作对特定的模型可能更为适用。对于给定的变换，需要在相关彩色空间之间进行转换，然后在该空间上执行转换。例如，假设我们想要使用以下公式来改进图 5-18 中的全彩色图像的强度：

$$g(x, y) = kf(x, y) \tag{5-22}$$

式中，$0 < k < 1$。在 HSI 彩色空间中，使用如下的简单变换来完成：

$$s_3 = kr_3 \tag{5-23}$$

$s_1 = r_1$ 和 $s_2 = r_2$，仅有 HSI 强度分量 r_3 被改变。在 RGB 彩色空间中，3 个分量都必须变换：

$$s_i = kr_i, \quad i = 1, 2, 3 \tag{5-24}$$

CMY 空间要求一组类似的线性变换集：

$$s_i = kr_i + (1 - k), \quad i = 1, 2, 3 \tag{5-25}$$

　　虽然 HSI 变换包含的操作最少，但把 RGB 图像或 CMYK 图像转换至 HSI 空间所要求的计算量大大抵消了简单变换的优点，即转换的计算量比强度变换本身的计算量大。然而，若不考虑所选择的彩色空间，则其输出是相同的。图 5-19（2）显示了采用式（5-23）到式（5-25）对图 5-18 的全彩色图像用 $k=0.7$ 进行变换后的结果。映射函数示于图 5-19（3）到图 5-19（6）中。

图 5-19　用彩色变换调整一幅图像的亮度：（1）为原图像，（2）为亮度降低 30% 后的结果（即 $k=0.7$），（3）～（6）为所需的 RGB、CMY 和 HSI 变换函数

注意，式（5-23）到式（5-25）所定义的每一个变换仅依赖于其彩色空间的一个分量，这一点很重要。例如，红输出分量 S_1 在式（5-24）中独立于绿（r_2）输入和蓝（r_3）输入，它只依赖于红（r_1）输入。正如前面所提到的那样，这类变换是最简单的和最常用的彩色处理工具，并可以在每个彩色分量上执行。接下来，我们研究几种类似的变换并讨论这样一种情况，在这种情况下，分量变换函数依赖于输入图像的所有彩色分量，因此不能以单独彩色分量为基础进行变换。

5.3.2 补色

在图 5-20 所示的彩色环上，与色调直接相对的另一端被称为补色。正如在灰度情况下那样，补色对于增强嵌在彩色图像暗区的细节很有用——特别是区域在大小上占优势时。

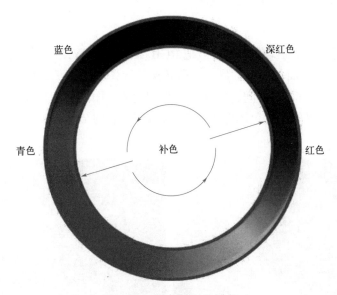

图 5-20　彩色环上的补色

例 5.3　计算彩色图像的补色

图 5-21（1）和图 5-21（3）显示了来自图 5-18 的全彩色图像及其补色图像。用于计算补色的 RGB 变换如图 5-21（2）所示。注意，计算的补色使人想到通常照片的彩色底片。原图像的红色被补色中的青色替代。当原图像是黑色时，补色是白色，依此类推。补色图像中每种色调都用图 5-20 的彩色环由原图像预测，且涉及补色计算的每个 RGB 分量变换仅是对应的输入彩色分量的一个函数。

与图 5-19 的亮度变换不同，在这个例子中使用的 RGB 补色变换函数没有直接的 HSI 空间的等效量。这里不给出具体步骤，读者可自行尝试，并说明补色的饱和度分量为什么不能单独从输入图像的饱和度分量计算出来。图 5-21（4）提供了一种使用图 5-21（2）给出的色调、饱和度和亮度变换的补色的近似。注意，输入图像的饱和度分量是不可改变的；它造成了图 5-21（3）和图 5-21（4）之间的视觉差别。

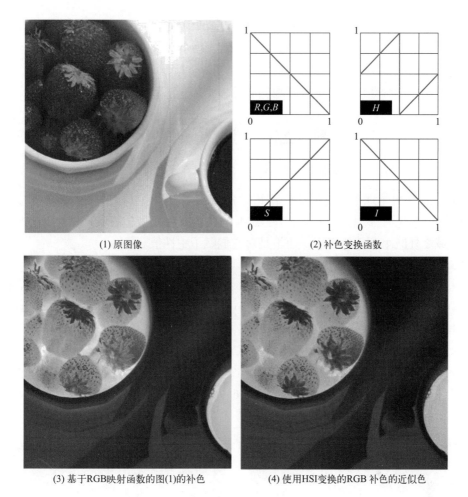

(1) 原图像　　　　　　　　　　　　　　　　(2) 补色变换函数

(3) 基于RGB映射函数的图(1)的补色　　　　(4) 使用HSI变换的RGB 补色的近似色

图 5-21　补色变换

5.3.3　彩色分层

强调图像中某个特定的彩色区域对于从背景中分离目标物体是非常有用的。这通常涉及两种基本思路：要么是通过显示感兴趣的颜色来使其在背景中脱颖而出，要么则是使用由彩色定义的区域作为模板，以便进行后续处理。事实上，这些所需的变换远比迄今为止所探讨的彩色分量变换要复杂。原因在于，所有的彩色分层方法都要求变换后的每个像素的彩色分量成为原始 n 个像素的彩色分量的函数。

对一幅彩色图像分层的最简方法之一是，把某些感兴趣区域之外的彩色映射为不突出的无确定性质的颜色。如果感兴趣的颜色由宽为 W、中心在原型（即平均）颜色点并具有分量（$a_1, a_2, \cdots, a_n$）的立方体（或超立方体，此时 $n > 3$）所包围，则必要的一组变换为：

$$s_i = \begin{cases} 0.5, & \left[\left| r_j - a_j \right| > \dfrac{W}{2} \right]_{1 \leqslant j \leqslant n} \quad i = 1, 2, \cdots, n \\ r_i, & \text{其他} \end{cases} \qquad (5\text{-}26)$$

这些变换通过强迫所有其他颜色为参考彩色空间的中点（一个任意选取的中性点），来突出原型周围的颜色。例如，对于RGB彩色空间，一个合适的中性点是灰度或彩色的中点$(0.5, 0.5, 0.5)$。

如果使用一个圆球体来指定感兴趣的颜色，则式（5-26）变为：

$$s_i = \begin{cases} 0.5, & \sum_{j=1}^{n}(r_j - a_j)^2 > R_0^2 \quad i=1,2,\cdots,n \\ r_i, & \text{其他} \end{cases} \tag{5-27}$$

式中，R_0是封闭球形（或超球形，此时$n>3$）的半径，$(a_1, a_2, \cdots, a_n)$是其中心的分量（即原型颜色）。式（5-26）和式（5-27）的其他有用变量包括实现多个彩色原型和在感兴趣区域之外减小颜色的亮度，而不是对它们赋予中性值。

例5.4 彩色分层的说明

式（5-26）和式（5-27）可用于图5-19（1）中，以便把可食用的草莓部分从背景杯、碗、咖啡和桌子中分离出来。图5-22（1）和图5-22（2）显示了使用两种变换后的结果。在每种情况下，从最突出的草莓中选择具有RGB彩色坐标（0.6863，0.1608，0.1922）的原型红色；选择W和R_0，以便使重要区域不会扩展到不希望的图像区域。实际值$W=0.2549$和$R_0=0.1765$是交互确定的。注意，式（5-27）中基于球形的变换在包含更多草莓的红色区域方面要稍好一些。半径为0.1765的球形不会完全包围宽度为0.2549的立方体，但它本身也不被立方体完全包围。

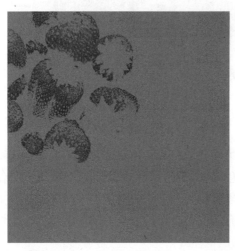

(1) 检测宽度为$W=0.2549$、中心在(0.6863,0.1608,0.1922)的RGB立方体内的红色的彩色分层变换

(2) 检测半径为0.1765、中心在相同点RGB球形中的红色的彩色分层变换[处在立方体和球形之外的像素由颜色(0.5,0.5,0.5)代替]

图5-22 变换结果

5.3.4 直方图处理

与第4章中介绍的交互式增强方法不同，3.3节的灰度直方图处理变换可自动地应用

于彩色图像。回忆一下，直方图均衡自动地确定一种变换，该变换试图产生具有均匀灰度值的直方图的图像。在单色图像情况下，这已被证明在处理低、高和中主调图像时是合理而且成功的。然而，由于彩色图像是由多个分量组成的，所以必须考虑适应多个分量和／或直方图的灰度级技术。正如所预料的那样，单独对彩色图像的分量进行直方图均衡通常是不明智的，这将产生不正确的彩色。一种更合乎逻辑的方法是均匀地展开这种彩色灰度，而保持彩色本身（即色调）不变。下面的例子表明 HSI 彩色空间是适合这类方法的理想空间。

例 5.5　HSI 彩色空间中的直方图均衡

图 5-23（1）显示了包含调味瓶和摇杯的调味瓶架台的一幅彩色图像，其亮度分量（归一化后）的值域为 [0, 1]。正如所看到的处理前的 [见图 5-23（2）] 亮度分量直方图那样，图像包含有大量的暗彩色，使得中间灰度减少到 0.36。不改变色调和饱和度，亮度分量直方图均衡的结果图像示于图 5-23（3）中。注意，整个图像都有效地加亮了，并且一些调味瓶和放调味瓶的木桌的纹理现在都能看见。图 5-23（2）显示了新图像的亮度直方图，以及用于均衡亮度分量的变换。

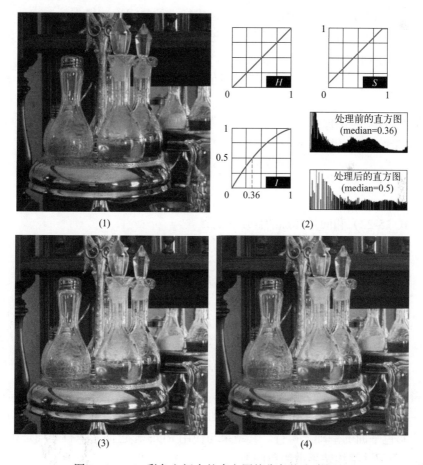

(1)　　　　　　　　　　　　(2)

(3)　　　　　　　　　　　　(4)

图 5-23　HSI 彩色空间中的直方图均衡与饱和度调整

虽然亮度均衡处理没有改变图像的色调和饱和度的值，但它的确影响了图像的整体颜色感观。特别要注意在不振动时瓶中的油和醋。图 5-23（4）显示了采用增加图像饱和度分量部分校正该问题的结果。然后使用图 5-23（2）中的变换进行直方图均衡。在处理 HSI 空间中的强度分量时，这种类型的调整很常见，因为灰度改变通常会影响图像中颜色的相对表观。

5.4 平滑和锐化

在不涉及相邻像素的情况下（如 5.3 节那样），对彩色图像的每个像素变换后的下一步是以周围像素特性为基础改进其值。在这一节中，我们通过彩色图像的平滑和锐化处理的内容来说明这类邻域处理的基础。

5.4.1 彩色图像平滑

参考图 5-29（1），灰度级图像平滑可以看成是一种空间滤波操作，在这种操作中，滤波模板的系数具有相同的值。当模板滑过将被平滑的图像时，每一个像素被由该模板定义的邻域中的像素的平均值代替了。正如在图 5-29（2）中所看到的那样，这一概念可很容易地扩展到全彩色图像处理。主要差别是我们必须处理由式（5-22）给出的分量向量来替代灰度标量值。

在一幅 RGB 彩色图像中，令 S_{XY} 表示中心位于 (x, y) 的邻域定义的一组坐标。在该邻域中 RGB 分量的向量平均值为：

$$\overline{c}(x, y) = \frac{1}{K} \sum_{(s,t) \in S_{XY}} c(s,t) \tag{5-28}$$

它遵循式（5-22）和向量相加的性质，有

$$\overline{c}(x, y) = \begin{bmatrix} \dfrac{1}{K} \displaystyle\sum_{(s,t) \in S_{XY}} R(s,t) \\[2mm] \dfrac{1}{K} \displaystyle\sum_{(s,t) \in S_{XY}} G(s,t) \\[2mm] \dfrac{1}{K} \displaystyle\sum_{(s,t) \in S_{XY}} B(s,t) \end{bmatrix} \tag{5-29}$$

我们将该向量的分量视为几幅标量图像，这些标量图像可通过传统的灰度级邻域处理来单独地平滑原 RGB 图像的每个平面来得到。这样，我们可以得出结论：邻域平均平滑可以在每个彩色平面的基础上执行。其结果与使用 RGB 彩色向量执行平均是相同的。

例 5.6 用邻域平均法平滑彩色图像

考虑图 5-24（1）中的彩色图像，该图像的红、绿、蓝分量图像显示在图 5-24（2）到图 5-24（4）中。图 5-25（1）到图 5-25（3）显示了该图像的 HSI 分量。基于上述讨论，我们用大小为 5×5 的空间平均模板独立地平滑图 5-24 中的 RGB 图像的每一个分量图像。然

后，我们混合这些独立平滑后的图像以形成平滑后的全彩色结果，结果示于图 5-26（1）中。

(1) RGB图像   (2) 红分量图像   (3) 绿分量图像   (4) 蓝分量图像

图 5-24   用 5×5 的平均模板平滑图像

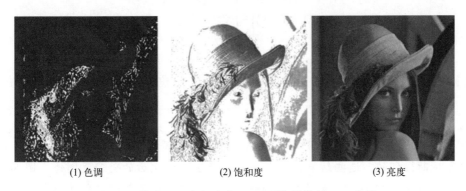

(1) 色调   (2) 饱和度   (3) 亮度

图 5-25   图 5-24（1）中的 RGB 彩色图像的 HSI 分量

在 5.2 节中，我们曾说明 HSI 彩色模型的一个重要优点是解除了强度和彩色信息的关系，这就使得它适合于许多灰度处理技术，并且可能仅对图 5-25 中 HSI 描述的亮度分量平滑更有效。为了说明这一方法的优点或重要性，下面我们仅平滑亮度分量（保持色调和饱和度分量不变），并为便于显示把处理结果转换为 RGB 图像。平滑后的彩色图像示于图 5-26（2）中。注意，该图像类似于图 5-26（1），但正如从图 5-26（3）所示的差值图像中看到的那样，两幅平滑过的图像是不同的。这是因为在图 5-26（1）中，每一个像素的

(1) 处理每一个RGB分量图像的结果   (2) 处理HSI图像的亮度分量   (3) 两种结果的差别
                                                  并转换为RGB图像后的结果

图 5-26   仅平滑亮度分量并对比

颜色是邻域中的像素的平均颜色。另一方面,通过仅平滑图 5-26(2)中的亮度分量图像,每个像素的色调和饱和度不受影响,因此像素的颜色没有变化。由这一观察可知,两种平滑方法间的差别会随着滤波器尺寸的增加而变得更为显著。

5.4.2 彩色图像锐化

我们考虑采用拉普拉斯方法的图像(尖)锐化处理。从向量分析可知,一个向量的拉普拉斯被定义为一个向量,其分量等于输入向量的各个标量分量的拉普拉斯。在 RGB 彩色系统中,式(5-22)中的向量 c 的拉普拉斯变换为:

$$\nabla^2\big[c(x,y)\big]=\begin{bmatrix}\nabla^2 R(x,y)\\\nabla^2 G(x,y)\\\nabla^2 B(x,y)\end{bmatrix} \tag{5-30}$$

即我们可以通过分别计算每一幅分量图像的拉普拉斯来计算全彩色图像的拉普拉斯。

例 5.7 使用拉普拉斯的锐化

图 5-27(1)是使用式(3-39)和图 3-21(3)中的模板计算图 5-24 中的 RGB 分量图像的拉普拉斯得到的。这些结果合并在一起就产生了锐化后的全彩色图像。图 5-27(2)显示了基于图 5-25 中 HSI 分量的类似的锐化图像。这一结果是通过合并亮度分量的拉普拉斯和未变化的色调与饱和度分量生成的。RGB 和 HSI 锐化图像间的差别示于图 5-27(3)。两幅图像之间存在这种差别的原因见例 5.6。

(1) 处理每个RGB通道的结果　　　(2) 处理HSI亮度分量并　　　(3) 两种结果的差别
　　　　　　　　　　　　　　转换为RGB图像后的结果

图 5-27　使用拉普拉斯进行图像锐化

5.5　基于彩色的图像分割

分割是把一幅图像分成多个区域的处理。这里先简单地介绍一下彩色分割,第 7 章会对图像分割进行详细探讨。

5.5.1　HSI 彩色空间的分割

如果我们希望以彩色为基础分割一幅图像，并且想在各个平面上执行这一处理，会很自然地首先想到 HSI 空间，因为在色调图像中描绘彩色很方便。典型地，为了在色调图像中分离出感兴趣的孤立区域，将饱和度用作一幅模板图像。在彩色图像分割中不常使用亮度图像，因为它不携带彩色信息。下面是在 HSI 彩色空间中执行分割的典型例子。

例 5.8　HSI 空间中的分割

假定我们的兴趣是分割图 5-28（1）中左下角的图像中的微红色区。虽然它是用伪彩色方法产生的，但是可以像全彩色图像那样处理（分割）而不失一般性。图 5-28（2）到图 5-28（4）是它的 HSI 分量图像。注意，比较图 5-28（1）和图 5-28（2），我们感兴趣的区域有相对高的色调值，表明这些颜色位于红色的蓝 - 深红侧（见图 5-13）。图 5-28（5）显示了一个用阈值处理饱和度图像产生的二值模板，该阈值等于图像的最大饱和度的10%。大于该阈值的任何像素值被置为 1（白色），所有其他值被置为 0（黑色）。

图 5-28（6）是色调图像与该模板的乘积，图 5-28（7）是乘积图像的直方图（注意，灰度级在范围 [0, 1] 内）。在直方图中可以看到，高值（感兴趣的值）被分组到灰度的最高端，接近 1.0。用阈值 0.9 对乘积图像进行阈值处理后得到的二值图像示于图 5-28（8）。在该图像中，白色点的空间位置看作原图像中点，它具有感兴趣的微红色调。这与完美的分割相差甚远，因为在原图像中还应该有一些具有微红色调的点，但没有被该分割方法识别出来。然而，实验表明，在识别原图像的微红色分量时，图 5-28（8）所示的白色区域是这种方法所能做到的最好结果。5.5.2 小节讨论的分割方法可产生相当好的结果。

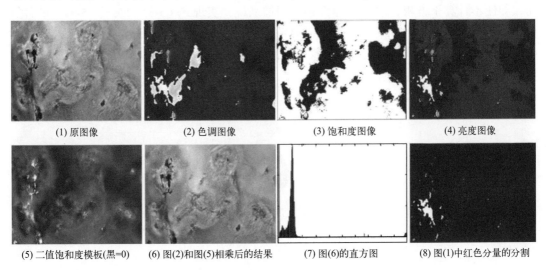

|(1) 原图像|(2) 色调图像|(3) 饱和度图像|(4) 亮度图像|

|(5) 二值饱和度模板(黑=0)|(6) 图(2)和图(5)相乘后的结果|(7) 图(6)的直方图|(8) 图(1)中红色分量的分割|

图 5-28　HSI 空间中的图像分割

5.5.2　RGB 向量空间中的分割

虽然在 HSI 空间的工作更直观，但在分割领域，通常用 RGB 彩色向量得到的结果更好。该方法很直接，假如我们的目的是在一幅 RGB 图像中分割某个指定的颜色区域的物体，给定一个感兴趣的有代表性彩色的彩色样点集，可得到我们希望分割的颜色的"平均"估计。令这个平均彩色用 RGB 向量 a 来表示。分割的目的是将给定图像中的每个 RGB 像素分类，即确定在指定的区域内是否有一种颜色。为了执行这一比较，有一个相似性度量是必要的，最简单的度量之一是欧氏距离。令 z 表示 RGB 空间中的任意一点。如果它们之间的距离小于特定的阈值 D_0 则称 z 与 a 是相似的。z 和 a 间的欧氏距离由下式给出：

$$D(z,a) = \|z-a\| = \left[(z-a)^{\mathrm{T}}(z-a)\right]^{\frac{1}{2}} = \left[(z_R-a_R)^2 + (z_G-a_G)^2 + (z_B-a_B^2)\right]^{\frac{1}{2}} \quad (5\text{-}31)$$

式中，下标 R, G, B 表示向量 a 和 z 的 RGB 分量。满足 $D(z, a) \leqslant D_0$ 的点的轨道是半径为 D_0 的实心球体，如图 5-29（1）所示。包含在球体内部和表面上的点满足指定的彩色准则；球体之外的点则不满足指定的颜色准则。在图像中对这两组点编码，比如说黑或白，就产生了一幅二值分割图像。

式（5-31）的一种有用推广是形如下式的距离度量：

$$D(z,a) = \left[(z-a)^{\mathrm{T}} C^{-1}(z-a)\right]^{\frac{1}{2}} \quad (5\text{-}32)$$

式中，C 是表示我们希望分割的有代表性颜色的样本的协方差矩阵。满足 $D(z, a) \leqslant D_0$ 的点的轨道描述了一个实心的三维椭球体［见图 5-29（2）］，该椭球体的最大特点是主轴面向最大数据扩展方向。当 $C=I$ 时，则为 3×3 的单位矩阵，式（5-32）简化为式（5-31）。这时的分割与前一段中描述的分割相同。

因为距离是正的和单调的，所以可用距离的平方运算来代替，从而避免开方运算。然而，即使不计算平方根，对于实际大小的图像来说，实现式（5-31）或式（5-32）的计算代价也很高。一种折中方案是使用一个边界盒，如图 5-29（3）所示。在该方法中，盒的中心在 a 处，沿每一个颜色轴选择的维数与沿每个轴的样本的标准差成比例。标准差的计算只使用一次样本颜色数据。

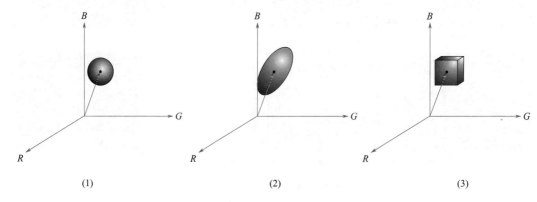

(1) (2) (3)

图 5-29　为 RGB 向量分割圈定数据区域的 3 种方法

给定一个任意的彩色点，如同采用距离公式那样，通过确定它是否在盒子表面或内部来进行分割。然而，判定一个彩色点是在盒子内部还是在盒子外部，在计算上要比求球体或椭球的界限简单得多。注意，前面的讨论是 5.3.3 小节中介绍的与彩色分层有关方法的推广。

例 5.9　RGB 空间中的彩色图像分割

图 5-30（1）所示的方形区域包含微红色样本，这是我们希望从彩色图像分割出来的样本。这与我们在例 5.8 中使用色调的问题相同，但这里我们使用 RGB 彩色向量来处理该问题。接下来的方法是使用图 5-30（1）所示矩形内包含的彩色点来计算平均向量 a，然后计算这些样本的红、绿、蓝值的标准差。盒子的中心位于 a 处，其沿每个 RGB 轴的维数按沿相应轴的数据的标准差的 1.25 倍选取。例如，令 σ_R 表示样本点的红分量的标准差，则盒子沿 R 轴的维数从（$a_R-1.25\sigma_R$）扩展到（$a_R+1.25\sigma_R$），其中 a_R 表示平均向量 a 的红分量。对整个彩色图像中的每一点的编码结果如下：如果该点位于盒子的表面或内部，则编码为白色；否则编码为黑色。编码后的结果示于图 5-30（2）。注意，分割后的区域是由矩形封闭的彩色样本推广的。事实上，比较图 5-30（2）和图 5-28（8），可看到在 RGB 向量空间分割会产生准确得多的结果。在一定意义上，在原彩色图像中它们更接近于我们定义的"微红色"。

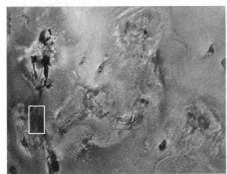

(1) 用一个封闭的矩形表示的感兴趣的彩色原像　　(2) RGB向量空间中的分割结果

图 5-30　RGB 空间中的分割

5.5.3　彩色边缘检测

边缘检测对图像分割来说是一个重要的工具。在本小节中，我们的兴趣在于以单一图像为基础计算边缘和直接在彩色向量空间中计算边缘的问题。

梯度算子边缘检测已在 3.6.3 小节中有关图像锐化的内容中介绍过。遗憾的是，3.6.3 小节中讨论的梯度对向量没有定义。这样，我们立刻会想到，计算单幅图像的梯度然后用得到的结果形成一幅彩色图像将会导致错误的结果。一个简单的例子可帮助我们说明其原因。

考虑图 5-31（4）和图 5-31（8）中展示的两幅 $M \times M$ 的彩色图像（M 为奇数），它们分别由图 5-31（1）至图 5-31（3）和图 5-31（5）至图 5-31（7）中的三个分量图像组成。以计算每个分量图像的梯度为例，如果将结果相加以形成两幅对应的 RGB 梯度图像，那么点 $[(M+1)/2,\ (M+1)/2]$ 处的梯度值在两种情况下将会相同。然而，从直观上看，我们期望图 5-31（4）中该点的梯度值更强，因为 R、G、B 图像的边缘在该图像中的方向是一致的，而相对于图 5-31（8）的图像，只有两个边缘的方向是相同的。这个简单的例子表明，单独处理三个平面然后合成梯度图像可能会导致错误的结果。当仅检测边缘时，分别处理每个分量的方法通常可以产生可接受的结果。然而，如果精确度是关注的重点，那么显然我们需要一个针对向量梯度的全新定义。接下来，我们将讨论 Di Zenzo 于 1986 年为此提出的一种方法。

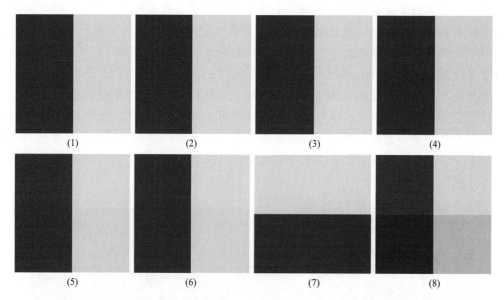

图 5-31　（1）～（3）为一组 R, G, B 分量图像，（4）为（1）～（3）产生的 RGB 彩色图像，（5）～（7）为另一组 R, G, B 分量图像，（8）为（5）～（7）产生的 RGB 彩色图像

现有的问题是定义 $\boldsymbol{c}(x,y) = \begin{bmatrix} c_R(x,y) \\ c_G(x,y) \\ c_B(x,y) \end{bmatrix} = \begin{bmatrix} R(x,y) \\ G(x,y) \\ B(x,y) \end{bmatrix}$ 中向量 $\boldsymbol{c}$ 在任意点 (x, y) 处的梯度（幅度和方向）。正如刚提及的那样，3.6.3 小节中我们研究过的梯度适用于标量函数 $f(x, y)$，但不能用于向量函数。下面是许多方法中的一种，我们可以用它来扩展梯度的概念，使之适用于向量函数。对于标量函数 $f(x, y)$，梯度是在坐标 (x, y) 处指向 f 的最大变化率方向的向量。

令 $\boldsymbol{r}$、$\boldsymbol{g}$ 和 $\boldsymbol{b}$ 是沿 RGB 彩色空间（见图 5-7）的 R、G、B 轴的单位向量，并定义向量为：

$$\boldsymbol{u} = \frac{\delta \boldsymbol{R}}{\delta x}\boldsymbol{r} + \frac{\delta \boldsymbol{G}}{\delta x}\boldsymbol{g} + \frac{\delta \boldsymbol{B}}{\delta x}\boldsymbol{b} \tag{5-33}$$

和

$$\boldsymbol{v} = \frac{\delta \boldsymbol{R}}{\delta y}\boldsymbol{r} + \frac{\delta \boldsymbol{G}}{\delta y}\boldsymbol{g} + \frac{\delta \boldsymbol{B}}{\delta y}\boldsymbol{b} \tag{5-34}$$

令 $\boldsymbol{g}_{xx}$、$\boldsymbol{g}_{yy}$ 和 $\boldsymbol{g}_{xy}$ 表示这些向量的点积，如下所示：

$$\boldsymbol{g}_{xx} = \boldsymbol{u} \cdot \boldsymbol{u} = \boldsymbol{u}^{\mathrm{T}}\boldsymbol{u} = \left|\frac{\delta \boldsymbol{R}}{\delta x}\right|^2 + \left|\frac{\delta \boldsymbol{G}}{\delta x}\right|^2 + \left|\frac{\delta \boldsymbol{B}}{\delta x}\right|^2 \tag{5-35}$$

$$g_{yy} = v \cdot v = v^{\mathrm{T}} v = \left| \frac{\delta R}{\delta y} \right|^2 + \left| \frac{\delta G}{\delta y} \right|^2 + \left| \frac{\delta B}{\delta y} \right|^2 \tag{5-36}$$

$$g_{xy} = u \cdot v = u^{\mathrm{T}} v = \frac{\delta R}{\delta x}\frac{\delta R}{\delta y} + \frac{\delta G}{\delta x}\frac{\delta G}{\delta y} + \frac{\delta B}{\delta x}\frac{\delta B}{\delta y} \tag{5-37}$$

注意，R, G 和 B 以及由此而来的 g 项是 x 和 y 的函数。使用这种表示法，可以证明 [DiZenzo（1986）]，$c(x, y)$ 的最大变化率方向可以由角度［式（5-38）］给出：

$$\theta(x, y) = \frac{1}{2}\arctan\left[\frac{2g_{xy}}{g_{xx} - g_{yy}} \right] \tag{5-38}$$

且在角度 $\theta(x, y)$ 方向上点 (x, y) 处的变化率的值由式（5-39）给出：

$$F_\theta(x, y) = \left\{ \frac{1}{2}\left[(g_{xx} + g_{yy}) + (g_{xx} - g_{yy})\cos 2\theta(x, y) + 2g_{xy}\sin 2\theta(x, y) \right] \right\}^{\frac{1}{2}} \tag{5-39}$$

因为 $\tan\alpha = \tan\alpha \pm \pi$，如果 θ_0 是式（5-38）的一个解，则 $\theta_0 \pm \pi/2$ 也是该式的一个解。此外，由于 $F_\theta = F_{\theta+\pi}$，所以 F 仅需对 θ 值在半开区间 $(0, \pi)$ 内计算。式（5-38）提供两个相隔 90° 的值这一事实，意味着该式在每个点 (x, y) 处涉及两个正交方向。沿着这些方向之一，F 最大，沿其他方向 F 最小。这些结果的推导相当冗长，并且在这里详细讨论它对我们当前讨论益处不大。其细节可参考 Zenzo（1986）的论文。实现式（5-35）到式（5-37）所要求的偏导数，可用 3.6.3 小节所述的 Sobel 算子来计算。

5.6 彩色图像中的噪声

4.2 节中讨论的噪声模型同样适用于彩色图像。在彩色图像中，每个彩色通道的噪声内容通常具有相似的特性，但噪声对不同彩色通道的影响却可能有所不同。这可能是由于个别通道的电子学故障引起的。此外，不同通道的噪声水平可能受到相对照射强度差异的影响。例如，在 CCD 摄像机中，红色滤镜的使用会降低照射到红色传感器的强度。由于 CCD 传感器在低照明水平下成为主要的噪声源，因此，在这种情况下获得的 RGB 图像的红色分量图像相较于其他两个分量图像更容易受到噪声的干扰。

例 5.10 将 RGB 带噪图像转换为 HSI 的效果说明

在这个例子中，我们将要探讨彩色图像中的噪声，以及在从一个彩色模型转换为另一个模型时，噪声是如何转移的。图 5-32（1）到图 5-32（3）显示了被高斯噪声污染的一幅 RGB 图像的 3 个彩色平面，图 5-32（4）是合成的 RGB 图像。注意，与在单色图像中相比，细颗粒噪声在彩色图像中不太引人注意。图 5-33（1）到图 5-33（3）显示了把图 5-32（4）中的 RGB 图像转换为 HSI 的结果。将这些结果与原图像（见图 5-25）的 HSI 分量进行比较，并思考显著降低噪声图像的色调与饱和度分量是如何实现的。其实，这分别是由式（5-6）和式（5-7）求余弦与取最小值操作的非线性造成的。另一方面，图 5-33（3）中的强度分量比 3 个带噪声的 RGB 分量图像中的任一个都要稍微平滑一些。正如式 (5-8)指出的那样，这是由于亮度图像是 RGB 图像的平均这一事实（回忆 2.5.3 小节中关于对图像进行平均操作降低随机噪声的讨论）导致的。

图 5-32　（1）～（3）分别为由均值为 0、方差为 800 的高斯噪声污染的红、绿和蓝分量图像，（4）为最终的 RGB 图像

图 5-33　图 5-32（4）中带噪声的彩色图像的 HSI 分量，（1）为色调图像，（2）为饱和度图像，（3）为亮度图像

　　在仅有一个 RGB 通道受噪声影响的情况下，直到 HSI 转换才将噪声扩散到所有 HSI分量图像。图 5-34 给出了一个例子。图 5-34（1）显示了一幅 RGB 图像，其绿色图像被

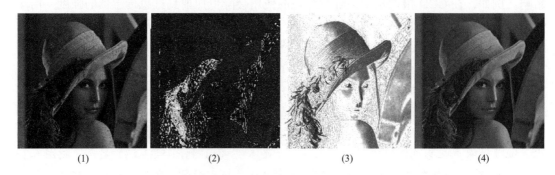

图 5-34　（1）为绿平面被椒盐噪声污染的 RGB 图像，（2）为 HSI 图像的色调分量，（3）为饱和度分量，（4）为亮度分量

椒盐噪声污染，其中无论是盐粒还是胡椒噪声的概率都为 0.05。图 5-34（2）到图 5-34（4）中的 HSI 分量图像清楚地显示了噪声是如何从绿色 RGB 通道散布到所有 HSI 图像上的。当然，这是我们不希望的，因为 HSI 分量的计算会用到 RGB 的所有分量，正如 5.2.3 小节所示的那样。

全彩色图像滤波可以在每一幅图像的基础上或依靠该过程直接在彩色向量空间中执行。例如，使用均值滤波器来减少噪声，这是在 5.4.1 小节中讨论过的处理方法。我们知道，在向量空间中，对分量图像单独进行类似的处理，其结果与在整体图像上执行是相同的。向量排序的讨论超出了这里讨论的范围，感兴趣的读者可自行查阅相关书籍。

【典型案例】

基于颜色识别的零部件分类

颜色识别是一种通过对物体颜色进行分析和处理，来实现物体属性判断和分类的技术。在工业机器视觉中，颜色识别的过程涉及对图像的处理和分析。通过特定的算法和技术，机器视觉系统能够识别并提取出图像中的颜色信息。例如，在制造业中，基于机器视觉的颜色识别可以帮助识别产品的颜色是否符合标准，提高生产效率和质量。在医疗保健领域，颜色识别可以用于病理图像分析，辅助医生进行疾病诊断。此外，颜色识别还可以应用于食品加工、质量控制、交通控制、市场调研等多个领域。

本案例要求采用工业机器视觉系统获取不同谱系的零部件图像（图 5-35），通过彩色空间模型变换和图像预处理等算法技术，准确识别零部件的颜色、类别等信息，旨在为制造业升级提供技术支撑。

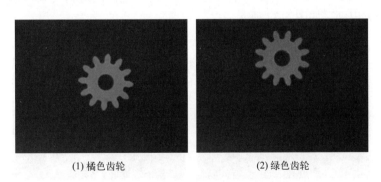

(1) 橘色齿轮　　　　　　　　　(2) 绿色齿轮

图 5-35　不同谱系的零部件（实物图）

策略分析：针对图 5-35 所示的零部件，我们希望通过颜色识别技术实现其属性判断和分类，此过程主要涉及颜色空间转换和颜色区间提取两大关键环节。

① 颜色空间转换　颜色空间转换是一个将图像从一种颜色表示转换为另一种颜色表示的过程，这有助于确保线图像颜色在各种设备和环境下都能保持准确性和一致性。例如，当需要进行图像颜色分割时，将图像从 RGB 颜色空间转换为 HSV 颜色空间，能够直观地选择和调整图像颜色，以及更为准确地识别和提取图像中的特定颜色。常见的颜色空间转换方法包括线性变换、矩阵运算和查找表等，具体使用方法取决于源颜色空间和目

标颜色空间的特性以及所需的精度和速度。本案例中颜色空间转换通过在 OpenCV 中调用 cv.cvtColor() 函数予以实现。

② 颜色区间提取 颜色区间提取是在计算机视觉、图像处理或颜色分析领域，从一组像素或颜色样本中确定一个特定的颜色范围或区间的过程。该颜色区间可基于颜色空间的某个维度或多个维度（如 RGB、HSV 等），其提取方法有很多种。例如，根据对图像颜色的观察和理解，手动设置颜色区间的上下限数值；或者通过计算图像的颜色直方图，根据峰值和分布情况来选择合适的颜色区间。本案例通过在 OpenCV 中创建滑块的方式，实时观察和调整上一环节转换后的 HSV 颜色区间的上下限，如图 5-36 所示。其中，下限（最小值）包括 Hmin、Smin、Vmin，上限（最大值）包括 Hmax、Smax、Vmax。

(1) 橘色齿轮　　　　　　　　　　　　　　　(2) 绿色齿轮

图 5-36　不同谱系的零部件颜色区间提取

确定目标图像的颜色区间数值范围后，便可将工业视觉系统新捕获的待检对象通过颜色空间转换获得其 H、S、V 范围，并与上述提取的颜色区间进行比较，以完成零部件的属性判断和分类识别，如图 5-37 所示。

(1) 橘色齿轮　　　　　　　　　　　　　　　(2) 绿色齿轮

图 5-37　不同谱系的零部件颜色识别

【场景延伸】

除上述制造业应用领域外，颜色识别技术在农业领域的应用亦广泛且重要。颜色识别技术，可以判断农产品的新鲜度、成熟度等，从而确定最佳的采摘时机，避免果实过熟或过生，为消费者提供高品质的农产品。以图 5-38 所示的果蔬成熟度识别场景，绿色橘子为未成熟的水果，黄色橘子为成熟的水果，采用颜色空间转换（RGB → BGR、BGR → HSV）和颜色区间提取等算法技术，可准确识别果蔬成熟度，如图 5-39 所示。感兴趣的读者可自行尝试。

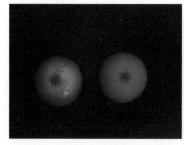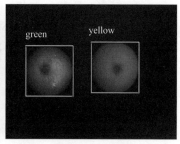

(1) 原始果蔬图像　　　　(2) 成熟度识别结果

图 5-38　果蔬成熟度识别场景　　　　图 5-39　果蔬成熟度识别结果

【本章小结】

本章为彩色图像处理的入门介绍，提供了该领域技术和应用的背景知识。我们深入探讨了彩色基本原理和彩色模型，这些基础知识具有广泛的适用性。特别是彩色模型，其在数字图像处理中发挥着至关重要的作用。

在讨论彩色向量空间时，我们强调了灰度处理和全彩色处理之间的关键差异。从技术上讲，直接处理彩色向量的技术方法众多，包括中值滤波和其他排序滤波、自适应和形态学滤波、图像复原、图像压缩等。这些处理方法与在彩色图像各分量图像上执行的彩色处理有所不同。

此外，为保持知识的连贯性，本章还讨论了一些图像分割技术，在后续的第 7 章我还将详细探讨图像分割的原理及应用。

【知识测评】

一、填空题

1.彩色图像通常由红、绿、蓝三个颜色通道组成，这种模型称为 ＿＿＿＿ 模型。

2.在彩色图像处理中，常用的颜色空间包括 ＿＿＿＿ 、 ＿＿＿＿ 和 ＿＿＿＿ 等。

3.在 HSV 色彩空间中，H 代表 ＿＿＿ ，S 代表 ＿＿＿ ，V 代表 ＿＿＿ 。

4.＿＿＿＿ 是一种非线性滤波方法，常用于消除彩色图像中的椒盐噪声。

5.彩色图像的色彩平衡调整通常涉及调整图像的 ＿＿＿＿ 、对比度和 ＿＿＿＿ 等属性。

二、选择题

1.彩色图像中的每个像素通常包含几个颜色分量？（　　　　）

　　A. 1 个　　　　　　　　B. 2 个　　　　　　　　C. 3 个　　　　　　　　D. 4 个

2. 下列哪个不是常用的彩色空间模型？（　　　）

    A. RGB　　　　　　　　B. CMYK　　　　　　　C. YUV　　　　　　　　D. XYZ

3. 彩色图像通常由哪几个颜色通道组成？（　　　）

    A. 红色、绿色、蓝色　　　　　　　　　　B. 亮度、色相、饱和度

    C. 红色、黄色、蓝色　　　　　　　　　　D. 青色、洋红、黄色

4. 在彩色图像处理中，HSV 模型中的 H 代表什么？（　　　）

    A. 色调　　　　　　　　B. 饱和度　　　　　　　C. 亮度　　　　　　　　D. 对比度

5. 以下哪种技术不直接用于彩色图像处理？（　　　）

    A. 傅里叶变换　　　　　　　　　　　　　B. 小波变换

    C. 形态学操作　　　　　　　　　　　　　D. 语音识别

三、判断题

1. RGB 色彩空间是一种加色模型，通过不同比例的红、绿、蓝三种颜色光的混合来产生各种颜色。（　　　）

2. 灰度图像只有亮度信息，没有色彩信息。（　　　）

3. 彩色图像直方图均衡化可以增强图像的局部对比度。（　　　）

4. HSV 色彩空间中的 H 分量表示颜色的亮度。（　　　）

5. 彩色图像分割是将图像划分为具有相似颜色或纹理特性的不同区域的过程。（　　　）

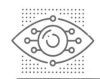

第6章

形态学图像处理

形态学是生物学的一个分支，主要研究动植物的形态和结构。而当我们提及数学形态学时，我们指的是利用这一工具从图像中提取和描述区域形状的有用图像分量，如边界、骨架和凸壳等。此外，还有预处理或后处理的形态学技术，如形态学过滤、细化和修剪等。

本章，我们将学习数学形态学中的几个关键概念，并以二值图像为例，讲解基本形态学计算与实际应用。

【学习目标】

① 掌握形态学图像处理的基本概念与原理。

② 掌握二值图像的基本形态学运算，包括腐蚀、膨胀、开启和闭合等。

③ 了解如何利用形态学处理来提取图像中的有用信息，并理解其在解决实际问题中的作用。

【学习导图】

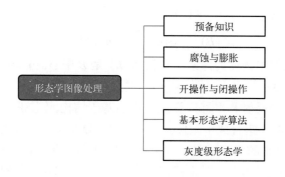

【知识讲解】

6.1 预备知识

数学形态学的基石是集合论，它为大量的图像处理问题提供了一种统一且有力的解决方案。在数学形态学中，集合用来表示图像中的对象。以二值图像为例，所有白色像素的集合就能完整地描述该图像的形态学特征。在二值图像中，涉及的集合是由二维整数空间 z^2 的元素构成的（如 2.3.2 小节所述）。在这个空间里，集合的每个元素都是一个多元组（二维向量），这些多元组的坐标对应于图像中白色（或黑色，根据事先的约定）像素的位置 (x, y)。我们之前讨论过的灰度数字图像也可以被视作其在空间 z^3 中的集合表示。在这种情况下，集合中每个元素的前两个分量代表像素的坐标，而第三个分量则对应其离散的灰度值。更高维度的空间中的集合还可以包含其他图像属性，比如颜色和随时间变化的分量。

除 2.5.4 小节中基本的集合定义外，集合的反射和平移的概念在形态学中用得也很广泛。一个集合 B 的反射表示为 $\hat{B}$，定义如下：

$$\hat{B} = \{w \mid w = -b, b \in B\} \tag{6-1}$$

如果 B 是描述图像中物体的像素的集合（二维点），则 $\hat{B}$ 是 B 中 (x, y) 坐标被（$-x, -y$）替代的点的集合。图 6-1（1）和（2）显示了一个简单的集合及其反射。

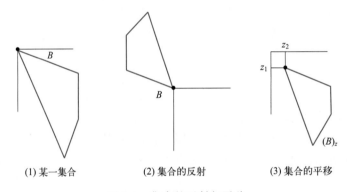

(1) 某一集合　　　　　　(2) 集合的反射　　　　　　(3) 集合的平移

图 6-1　集合的反射与平移

集合 B 按照点 $z = (z_1, z_2)$ 表示为 $(B)_z$ 的平移定义如下：

$$(B)_z = \{c \mid c = b + z, b \in B\} \tag{6-2}$$

如果 B 是描述图像中物体的像素集合，则 $(B)_z$ 是 B 中 (x, y) 坐标被（$x+z_1, y+z_2$）替代的点的集合。图 6-1（3）使用来自图 6-1（1）的集合 B 说明了这一概念。

在形态学中集合的反射和平移广泛用来表达基于结构元（SE）的操作：研究一幅图像中感兴趣特性所用的小集合或子图像。图 6-2（1）显示了结构元的几个例子，其中每一个涂阴影的方块表示 SE 的一个成员。如果给定结构元中的一个位置是否是该 SE 集合的成员没有关系时，该位置用"×"来标记，表示一个"不关心"条件，如稍后在 6.4.4 小节中定义的那样。除了定义元素是 SE 的成员之外，还必须指定结构元的原点。图 6-2 中各种 SE 的原点由一个黑点指出（尽管将 SE 的中心放在其重心处是很普遍的，但通常原点的选择是依赖于问题的）。当 SE 对称且未显示原点时，则假定原点位于对称中心处。

当对图像操作时，我们要求结构元是矩形阵列。这是通过添加最小可能数量的背景元素［图 6-2（2）中所示的非阴影部分］形成一个矩形阵列来实现的。图 6-2（2）中的第一个和最后一个 SE 说明了该过程，而其他 SE 已经是矩形形式。

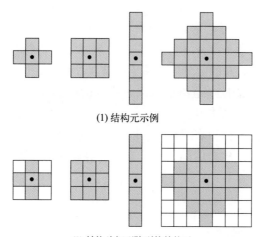

(1) 结构元示例

(2) 转换为矩形阵列的结构元

图 6-2　结构元操作

为介绍在形态学中如何使用结构元，我们考虑图 6-3。图 6-3（1）和（2）显示了一个简单的集合和一个结构元。如前一段提到的那样，图像操作要求用添加背景元素的方法把 A 也转换为一个矩形阵列。当结构元的原点位于原始集合的边界上时，背景边界要大到足以适应整个结构元（这类似于 3.4.2 小节讨论的空间相关和卷积的填充操作）。在这种情况下，结构元的大

在后面的说明中，我们会添加足够的背景点来形成矩形阵列，但在含义明确的情形下，为简化图形，我们假定已进行了填充操作。

小为 3×3，原点位于中心，所以包围整个集合的一个元素的边界是足够的，如图 6-3（3）所示。就像在图 6-2 中那样，必须使用最小可能数量的背景元素填充结构元，使它成为一个矩形阵列［见图 6-3（4）］。

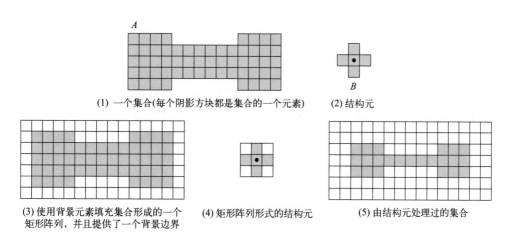

(1) 一个集合(每个阴影方块都是集合的一个元素)　(2) 结构元

(3) 使用背景元素填充集合形成的一个矩形阵列，并且提供了一个背景边界　(4) 矩形阵列形式的结构元　(5) 由结构元处理过的集合

图 6-3　结构元的使用

我们定义了一个基于结构元 B 在集合 A 上的操作：通过移动 B 使其原点遍历 A 的每一个元素，来构建一个新的集合。在 B 的每一个原点位置，如果 B 的所有元素都完全包含在 A 内，那么该位置就被标记为新集合的一个成员（以阴影表示）；否则，该位置则不被视为新集合的成员（非阴影表示）。图 6-3（5）展示了这一操作的结果。当 B 的原点恰好位于 A 的边界元素上时，B 的部分区域将不再被 A 所包含，因此排除了 B 处于中心位置的点成为新集合成员的可能性。最终的效果是集合的边界被"腐蚀"掉了，如图 6-3（5）所示。在使用"结构元包含在集合中"这一术语时，我们强调的是 A 和 B 的阴影元素完全重合。尽管我们用包含阴影和非阴影元素的阵列来展示 A 和 B，但在确定 B 是否完全包含于 A 时，我们只考虑两个集合中的阴影元素。这些概念是后续学习的基础，因此，在继续深入之前，全面理解图 6-3 中的概念是至关重要的。

6.2 腐蚀和膨胀

我们通过学习腐蚀和膨胀这两个操作来开始形态学的讨论。这些操作是形态学处理的基础。事实上，本章中讨论的许多形态学算法都是以这两种原始操作为基础的。

6.2.1 腐蚀

作为 Z^2 中的集合 A 和 B，B 对 A 的腐蚀表示为 $A \ominus B$ 定义如下：

$$A \ominus B = \left\{ z \middle| (B)_z \subseteq A \right\} \tag{6-3}$$

表面上，该式指出 B 对 A 的腐蚀是一个用 z 平移的 B 包含在 A 中的所有的点 z 的集合。在下面的讨论中，假定集合 B 是一个结构元。式（6-3）是图 6-3（5）中的例子的数学公式。因为 B 必须包含在 A 中这一陈述等于 B 不与背景共享任何公共元素，故我们可以将腐蚀表达为如下的等价形式：

$$A \ominus B = \left\{ z \middle| (B)_z \bigcap A^c \neq \varnothing \right\} \tag{6-4}$$

式中，如 2.5.4 小节所定义的那样，A^c 是 A 的补集，$\varnothing$ 是空集。

图 6-4 提供了一个腐蚀操作的实例。在此图中，集合 A 和结构元 B 的元素均以阴影形式展示，而背景则为白色。在图 6-4（3）中，实线边界表示 B 的原点能够移动的最大范围，一旦超出此界限，结构元 B 将不再完全包含在集合 A 内。因此，实线边界内各点的轨迹（即 B 的原点位置）便构成了 B 对 A 的腐蚀结果。图 6-4（3）中的阴影部分便展示了这一腐蚀效果。请注意，腐蚀操作本质上是一个集合，它包含了所有满足式（6-3）或式（6-4）的 z 值。图 6-4（3）和（5）中的虚线表示的集合 A 的边界仅供参照，并非腐蚀操作的一部分。此外，图 6-4（4）展示了一个拉长的结构元，而图 6-4（5）则显示了该结构元对集合 A 的腐蚀效果。值得注意的是，经过腐蚀操作后，原集合 A 已被简化为一条直线。

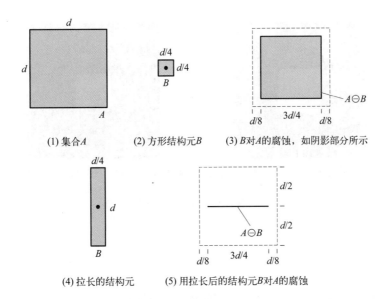

(1) 集合 A　　　(2) 方形结构元 B　　　(3) B 对 A 的腐蚀，如阴影部分所示

(4) 拉长的结构元　　　(5) 用拉长后的结构元 B 对 A 的腐蚀

图 6-4　腐蚀操作实例

式（6-3）和式（6-4）不是腐蚀的唯一定义形式。然而，这些式子较之其他公式具有独特的优点，当把结构元 B 看成是一个空间模板时（见 3.4.1 小节），它们更直观。

例 6.1　使用腐蚀去除图像的某些部分

假设我们希望去掉图 6-5（1）中连接中心区域到边界焊接点的线。使用一个大小为 11×11 且元素都是 1 的方形结构元腐蚀该图像，如图 6-5（2）所示，大多数为 1 的线条都被去除了。位于中心的两条垂直线被细化了，但没有被完全去除，原因是它们的宽度大于11 个像素。把 SE 的大小改为 15×15，并再次腐蚀原图像，如图 6-5（3）所示，所有的连线都去除了［一种替代的方法是，也可以使用 11×11 的 SE 对图 6-5（2）再进行腐蚀］。增大结构元的尺寸甚至会消除更大的部件。例如，使用大小为 45×45 的结构元，可去除边界的焊接点，如图 6-5（4）所示。

从这个例子看到，腐蚀缩小或细化了二值图像中的物体。事实上，我们可以将腐蚀看成是形态学滤波操作，这种操作将小于结构元的图像细节从图像中滤除（去除）了。在图 6-5 中，腐蚀执行了一个"线滤波"的功能。

(1) 一幅大小为 486×486 的连线模板二值图像　　　(2) 使用大小为 11×11 的结构元腐蚀的图像

图 6-5

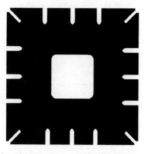 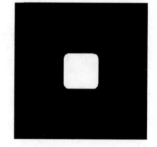

(3) 使用大小为15×15的结构元腐蚀的图像　　(4) 使用大小为45×45的结构元腐蚀的图像

图 6-5　使用腐蚀去除图像中的部件

6.2.2　膨胀

A 和 B 是 z^2 中的集合，表示为 $A \oplus B$ 的 B 对 A 的膨胀定义为：

$$A \oplus B = \left\{ z \middle| (\hat{B})_z \bigcap A \neq \varnothing \right\} \tag{6-5}$$

这个公式是以 B 关于它的原点的映像，并且以 z 对映像进行平移为基础的（见图 6-1）。B 对 A 的膨胀是所有位移 z 的集合，这样，$\hat{B}$ 和 A 至少有一个元素是重叠的。根据这种解释，式（6-5）可以等价地写为：

$$A \oplus B = \left\{ z \middle| \left[(\hat{B})_z \bigcap A \right] \subseteq A \right\} \tag{6-6}$$

与上文一样，我们假定 B 是一个结构元，A 是被膨胀的集合（图像物体）。

　　式（6-5）和式（6-6）并不是当前所用的膨胀的唯一定义。然而，当把结构元 B 视为一个卷积模板时，前述定义与其他定义形式相比有显著的优点，这种定义形式更直观。B 关于其原点翻转（旋转），然后逐步移动以滑过整个集合（图像）A，这一基本过程类似于 3.4.2 小节中介绍的空间卷积。然而，要记住，膨胀以集合操作为基础，因此，它是一种非线性操作，而卷积是一种线性操作。

　　与腐蚀操作相对，膨胀操作实际上是对二值图像中的物体进行"扩展"或"加粗"。扩展的方式和加粗的宽度可以通过选择合适的结构元来控制。图 6-6（1）展示了与图 6-4（1）中相同的集合，而图 6-6（2）则展示了一个结构元（在这个例子中，$\hat{B}$ 与 B 相同，因为 SE 关于其原点是对称的）。作为参考，图 6-6（3）中的虚线描绘了原始集合的边界，而实线则标出了一个界限。当结构元 $\hat{B}$ 的原点移动超出这一界限时，$\hat{B}$ 与 A 的交集将变为空集。因此，所有位于这一边界上或边界内的点共同构成了 $\hat{B}$ 对 A 的膨胀结果。图 6-6（4）展示了一个特殊设计的结构元，它能够实现垂直方向的膨胀大于水平方向的膨胀。而图 6-6（5）则展示了使用这个结构元进行膨胀后的效果。图 6-7 展示了样品文本经膨胀操作后的效果图。

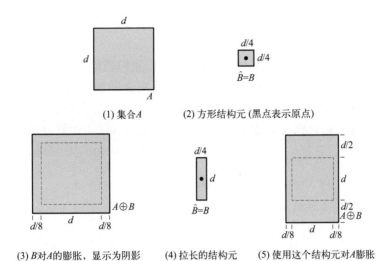

(1) 集合 A　　　　(2) 方形结构元 (黑点表示原点)

(3) B 对 A 的膨胀，显示为阴影　　　(4) 拉长的结构元　　　(5) 使用这个结构元对 A 膨胀

图 6-6　膨胀操作示例〔（3）和（5）中的点线的边是集合 A 的边界，仅作为参考而显示〕

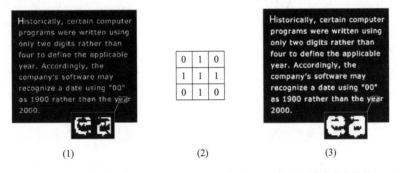

（1）　　　　　　（2）　　　　　　（3）

图 6-7　（1）为具有断裂字符的低分辨率样品文本（见放大的视图）；
（2）为结构元；（3）为图（1）经结构元膨胀后的效果图

6.3　开操作与闭操作

膨胀操作能够增大图像中的组成部分，而腐蚀操作则起到缩小图像组成部分的作用。在本节中，我们将探讨另外两个关键的形态学操作：开操作和闭操作。开操作主要用于平滑物体的轮廓，断开狭窄的连接部分，并消除细小的突出结构。闭操作同样可以平滑轮廓的某些部分，但它主要作用是弥合较窄的间断和细长的缝隙，消除小的孔洞，并填补轮廓线中的断裂。

类似地，用结构元 B 对集合 A 的闭操作，表示为 $A \circ B$，定义如下：

$$A \circ B = (A \ominus B) \oplus B \tag{6-7}$$

因此，B 对 A 的开操作就是 B 对 A 的腐蚀，紧接着用 B 对结果进行膨胀。

类似地，用结构元 B 对集合 A 的闭操作，表示为 $A \bullet B$，定义如下：

$$A \bullet B = (A \oplus B) \ominus B \tag{6-8}$$

式（6-8）说明，B 对集合 A 的闭操作就是简单地用 B 对 A 膨胀，紧接着用 B 对结果进行腐蚀。

开操作有一个简单的几何解释（见图6-8）。假设我们把结构元 B 视为一个（扁平的）"转球"。然后，$A \circ B$ 的边界由 B 中的点建立：当 B 在 A 的边界内侧滚动时，B 所能到达的 A 的边界的最远点。开操作的这种几何拟合特性导致了一个集合论公式，该公式表明 B 对 A 的开操作是通过拟合到 A 的 B 的所有平移的并集得到的。也就是说，开操作可以表示为一个拟合处理：

$$A \circ B = \bigcup \{ (B)_z \mid (B)_z \subseteq A \} \tag{6-9}$$

式中，$\bigcup \{\bullet\}$ 表示大括号中所有集合的并集。

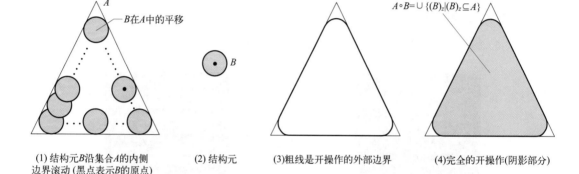

(1) 结构元 B 沿集合 A 的内侧边界滚动 (黑点表示 B 的原点)　(2) 结构元　(3) 粗线是开操作的外部边界　(4) 完全的开操作(阴影部分)

图6-8　开操作示例［为清楚起见，在（1）中我们未对 A 加阴影］

除了在边界的外侧滚动 B（见图6-9）之外，闭操作有类似的几何解释。如下面所讨论的那样，开操作和闭操作彼此对偶，所以闭操作在边界外侧滚动球体是意料之中的事情。从几何上讲，当且仅当对包含 w 的 $(B)_z$ 进行的任何平移都有 $(B)_z \cap A \neq \varnothing$ 时，点 w 才是 $A \cdot B$ 的一个元素。图6-9说明了闭操作这一基本的几何性质。

(1) 结构元 B 沿集合 A 的外侧边界滚动　(2) 粗线是闭操作的外部边界　(3) 完全的闭操作(阴影部分)

图6-9　闭操作示例［为清楚起见，在（1）中我们未对 A 加阴影］

例6.2　形态学开操作和闭操作的简单说明

图6-10进一步说明了开操作和闭操作。图6-10（1）显示了一个集合 A，图6-10（2）显示了腐蚀处理期间一个圆盘形结构元的各个位置。当腐蚀完成后，得到图6-10（3）所示的分离的图形。注意两个主要部分之间的桥接的消失。桥接部分的宽度与结构元的直径

相比要细；也就是说，集合的这部分不能完全包含结构元，因此违反了式（6-3）的条件。该物体最右边的两个部分也是如此。圆盘无法拟合的突出部分已被消除。图 6-10（4）显示了对腐蚀后的集合进行膨胀的处理，图 6-10（5）显示了开操作的最终结果。注意，方向向外的角变圆了，而方向向内的角则未受影响。

类似地，图 6-10（6）～（11）显示了使用同一结构元对 A 进行闭操作的结果。我们注意到方向向内的角变圆了，而方向向外的角则保持不变。在 A 的边界上，最左边的突入部分的尺寸明显地减小了，因为在这个位置上圆盘无法拟合。还要注意使用圆盘形结构元对集合 A 进行开操作和闭操作所得到的物体的各个部分都平滑了。

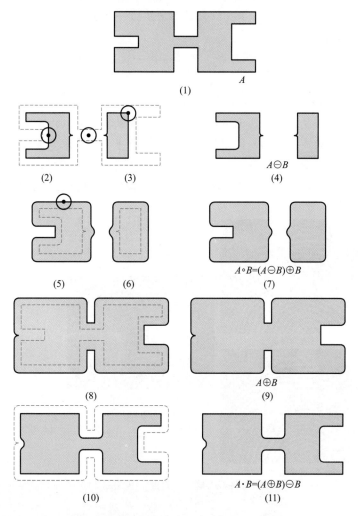

图 6-10　形态学开操作和闭操作 [结构元是在（2）中的各个位置显
示的小圆，为清楚起见，SE 未加阴影，黑点是结构元的中心]

如同膨胀和腐蚀的情形那样，开操作和闭操作彼此关于集合求补和反射也是对偶的，即

$$(A \cdot B)^c = A^c \circ \hat{B} \tag{6-10}$$

$$(A \circ B)^c = A^c \cdot \hat{B} \tag{6-11}$$

这里不给出该结果的证明，感兴趣的读者可自行尝试。

开操作满足下列性质：

① $A \circ B$ 是 A 的一个子集（子图像）。

② 如果 C 是 D 的一个子集，则 $C \circ B$ 是 $D \circ B$ 的一个子集。

③ $(A \circ B) \circ B = A \circ B$。

类似地，闭操作满足下列性质：

① A 是 $A \cdot B$ 的一个子集（子图像）。

② 如果 C 是 D 的一个子集，则 $C \cdot B$ 是 $D \cdot B$ 的一个子集。

③ $(A \cdot B) \cdot B = A \cdot B$。

注意，由两种情况下的条件③可知，算子应用一次后，一个集合的多次开操作或闭操作没有影响。

例 6.3 形态学开操作和闭操作的简单说明

形态学操作可用于构造与第 3 章中讨论的空间滤波概念相类似的滤波器。图 6-11（1）中的二值图像显示了被噪声污染的指纹图像的一部分。这里，噪声本身表现为在黑色背景上的随机亮元素和指纹较亮部分上的暗元素。我们的目的是消除噪声及其对印刷的影响，同时使图像的失真尽可能小。由开操作后紧跟着闭操作组成的形态学滤波器可用来实现这一目的。

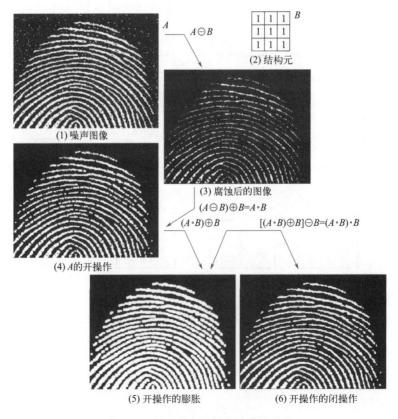

图 6-11 利用形态学操作构建滤波器

图 6-11（2）显示了所用的结构元。图 6-11 的（3）～（6）显示了滤波操作的顺序。图 6-11（3）显示了使用结构元对 A 进行腐蚀的结果。背景噪声在开操作的腐蚀阶段被完全消除，因为这种情况下的所有噪声分量都比结构元小。包含在指纹中的噪声元素（黑点）的尺寸实际上却增大了。原因是当物体被腐蚀时，这些元素在尺寸增大的内部边界。这种增大可通过对图 6-11（3）执行膨胀来抵消。图 6-11（4）显示了该结果，指纹中包含的噪声分量的尺寸被减小了，或完全被消除了。

上述两个操作构成了 B 对 A 的开操作。我们注意到，在图 6-11（4）中，开操作的实际效果实质上是从背景和指纹本身中消除所有的噪声。然而，在指纹纹路间却产生了新的断裂。为防止这种不希望的影响，我们在开操作上执行膨胀，如图 6-11（5）所示。大部分断裂被恢复了，但纹路却变粗了，这是可由腐蚀来弥补的一种情形。图 6-11（6）所示的结果构成了图 6-11（4）的开操作的闭操作。最后的结果是噪声斑点清除得相当干净，但这种方法有缺点，即有些指纹纹路没有被完全修复，且还有间断。对这种情况我们并非无能为力，只需要在保持连续性方面插入一些条件即可。

6.4 基本形态学算法

基于前面的讨论，我们现在来探讨形态学在实际应用中的一些重要作用。在处理二值图像时，形态学的主要应用之一就在于提取那些能够表示和描述形状的图像成分。特别地，我们将考虑利用形态学算法来提取边界、连通分量、凸壳以及区域的骨架等关键信息。同时，我们还会探讨一些常与这些算法配合使用的预处理或后处理方法，例如区域填充、细化、粗化和修剪等。在介绍每一种形态学处理方法时，为了更直观地理解其工作原理，我们将大量使用“迷你图像”这一工具。这些图像以图形的方式展示，其中阴影区域用 1 表示，而白色区域则用 0 表示。

6.4.1 边界提取

集合 A 的边界 $\beta(A)$ 可以通过先用 B 对 A 腐蚀，而后执行 A 和腐蚀的结果之间的集合之差得到，即

$$\beta(A) = A - (A \ominus B_1) \tag{6-12}$$

式中，B_1 是一个适当的结构元。

图 6-12 说明了边界提取的机理。其显示了一个简单的二值图像、一个结构元 B 和使用式（6-12）得到的结果。尽管图 6-12（2）中的结构元是最常用的，但它绝对不是唯一的。例如，使用由 1 组成的大小为 5×5 的结构元，将得到 2～3 个像素宽的边界。

> 从现在开始，我们将不再显式地给出边界填充。

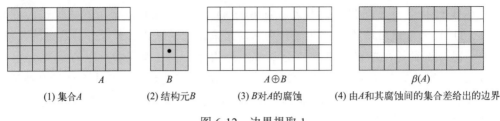

| (1) 集合A | (2) 结构元B | (3) B对A的腐蚀 | (4) 由A和其腐蚀间的集合差给出的边界 |

图 6-12　边界提取 1

例 6.4　用形态学处理提取边界

图 6-13 进一步说明了式（6-12）和由 1 组成的 3×3 结构元的用途。如本章中的所有二值图像那样，二进制值 1 显示为白色，二进制值 0 显示为黑色，因此该结构元的元素 1 也被当做白色来处理。由于所用结构元的尺寸，图 6-13（2）中的边界宽度为 1 个像素。

 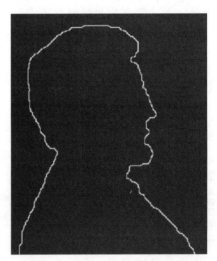

(1) 一幅简单的二值图像，其中1表示白色　　(2) 使用式(6-12)和图6-12(2)中的结构元得到的结果

图 6-13　边界提取 2

6.4.2　孔洞填充

一个孔洞可被定义为由前景像素相连接的边界所包围的一个背景区域。在这一小节中，我们将针对填充图像中的孔洞，开发一种基于集合膨胀、求补和交集的算法。令 A 表示一个集合，其元素是 8 连通的边界，每个边界包围一个背景区域（即一个孔洞）。当给定每个孔洞中的一个点后，我们的目的就是用 1 填充所有的孔洞。

除了在每一个孔洞中对应于 X_0 中的位置给定的点之外，这一点已经置为 1 了，我们从形成一个由 0 组成的阵列 X_0 开始（该阵列与包含 A 的阵列的大小相同）。然后，如下过程将用 1 填充所有的孔洞：

$$X_k = (X_{k-1} \oplus B) \bigcap A^c \quad k = 1, 2, 3, \cdots \tag{6-13}$$

式中，B 是图 6-14（3）中的对称结构元。如果 $X_k = X_{k-1}$，则算法在迭代的第 k 步结束。

然后，集合 X_k 包含所有被填充的孔洞。X_k 和 A 的并集包含所有填充的孔洞及这些孔洞的边界。

如果不对左侧进行限制，式（6-13）中的膨胀操作将会填满整个区域。然而，每一步与 A^c 的交集操作都将结果限制在感兴趣区域内。这为我们提供了一个范例，展示了如何控制形态学处理以满足特定的需求。在当前的应用场景中，这种处理方式被恰当地称为条件膨胀。图 6-14 描述了式（6-13）的工作原理。尽管这个例子只涉及一个孔洞，但基于在每个孔洞区域内至少存在一个点的假设，很明显，这一概念可以应用于任何有限数量的孔洞。

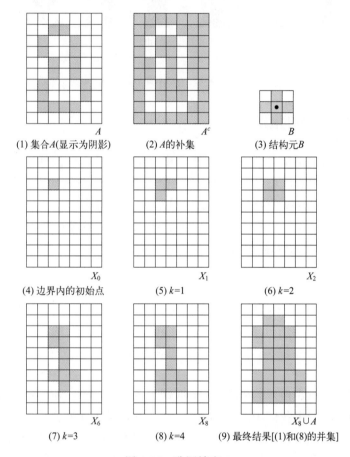

(1) 集合 A(显示为阴影)　(2) A 的补集　(3) 结构元 B

(4) 边界内的初始点　(5) $k=1$　(6) $k=2$

(7) $k=3$　(8) $k=4$　(9) 最终结果[(1)和(8)的并集]

图 6-14　孔洞填充 1

例 6.5　形态学孔洞填充

图 6-15（1）显示了一幅由内部带有黑色点的白色圆圈组成的图像。这样的图像可以通过将包含磨光的球体（如滚珠）的场景用阈值处理分为两个层次而得到。球体内部的黑点可能是反射的结果。我们的目的是通过孔洞填充来消除这些反射。图 6-15（1）显示了在一个球体中选择的一个点，图 6-15（2）显示了填充一部分的结果。最后，图 6-15（3）显示了填充所有球体后的结果。因为黑点是背景点还是球体内部的点必须是已知的，所以完全自动化这一过程要求在算法中建立附加的"智能"。在 6.4.9 小节中，我们将给出一个

基于形态学重建的全自动方法。

(1) 二值图像(区域内部的白点　　(2) 填充该区域后的结果　　(3) 填充所有孔洞后的结果
　是孔洞填充算法的起始点)

图 6-15　孔洞填充 2

6.4.3　连通分量的提取

连通性和连通分量的概念已在 2.4.2 小节中介绍过。从二值图像中提取连通分量是许多自动图像分析应用中的核心。令 A 是包含一个或多个连通分量的集合，并形成一个阵列 X_0（该阵列的大小与包含 A 的阵列的大小相同），除了在对应于 A 中每个连通分量中的一个点的已知的每一个位置处我们已置为 1（前景值）外，该阵列的所有其他元素均为 0（背景值）。如下迭代过程可完成这一目的：

$$X_k = (X_{k-1} \oplus B) \bigcap A \quad k = 1, 2, 3, \cdots \tag{6-14}$$

式中，B 是一个适当的结构元（如图 6-16 所示）。当 $X_k = X_{k-1}$ 时，迭代过程结束，X_k 包含输入图像中的所有的连通分量。注意式（6-14）与式（6-13）的相似性，唯一的差别是用 A 代替了 A^c。这并不奇怪，因为此处我们正在寻找前景点，而在 6.4.2 小节中的目的是寻找背景点。

图 6-16 说明了式（6-14）的机理，$k=6$ 时即可收敛。注意，所用结构元的形状在像素间是基于 8 连通的。如果我们用图 6-14 中的 SE，它是基于 4 连通的，朝向图像底部的连通分量的最左侧元素将不会被检测到，因为对图的其余部分它是 8 连通的。如孔洞填充算法那样，假定在每一个连通分量内都已知一个点，式（6-14）对于任何在 A 中的有限数量的连通分量都是可用的。

B

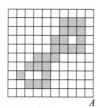

A　　　　　　X

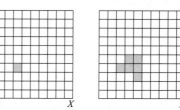

X_1

(1) 二值图像(区域内部的白点　(2) 填充该区域后的结果　(3) 填充所有孔洞后的结果　(4) $k=1$
　是孔洞填充算法的起始点)

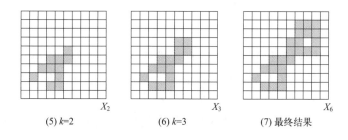

(5) $k=2$　　　　　(6) $k=3$　　　　　(7) 最终结果

图 6-16　连通分量的提取 1

例 6.6　使用连通分量检测包装食品中的外来物

连通分量经常用于自动检测。图 6-17（1）显示了一幅含有碎骨的鸡胸 X 射线图像。经过处理的食品在包装和 / 或运送之前能检测出这样的物体是很有意义的。在这种特殊情况下，骨骼的密度使得它们的正常灰度值与背景不同。这就使得使用单一阈值（阈值处理在 3.1 节介绍过了，7.3 节中将进行更详细的讨论）将骨骼从背景中提取出来成为一件简单的事情。结果是图 6-17（2）所示的二值图像。

这幅图中的最显著特征是保留下来的点聚集为物体（骨头），而不是彼此孤立的毫无关系的点。我们可以确定，只有具有"有效"尺寸的物体才能对经阈值处理的图像进行腐蚀后而保留下来。在这个例子中，我们将"有效"尺寸的物体定义为：使用元素为 1、大小为 5×5 的结构元腐蚀图像后保留下来的任何物体。图 6-17（3）中显示了腐蚀的结果。下一步是分析保留下来的物体的尺寸。我们通过提取图像中的连通分量来标记（识别）这些物体。图 6-17（4）中的表格列出了提取的结果。总共有 15 个连通分量，其中 4 个尺寸较大。这足以确定包含在原图像中的重要的不希望出现的物体。

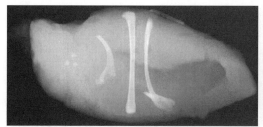

(1) 含有碎骨的鸡胸X射线图像

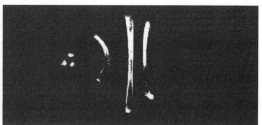

(2) 经阈值处理后的图像

(3) 使用元素为1、大小为5×5的结构元腐蚀后的图像

连通分量	连通分量中的像素数	连通分量	连通分量中的像素数
01	11	09	7
02	9	10	11
03	9	11	11
04	39	12	9
05	133	13	9
06	1	14	674
07	1	15	85
08	743		

(4)(3)的连通分量中的像素数

图 6-17　连通分量的提取 2

6.4.4 凸壳

如果在集合 A 内连接任意两个点的直线段都在 A 的内部，则称集合 A 是凸形的。任意集合 S 的凸壳 H 是包含于 S 的最小凸集。集合差 $H–S$ 称为 S 的凸缺。这里，我们介绍一种获得集合 A 的凸壳 $C(A)$ 的简单形态学算法。

令 B^i 是图 6-18（1）中的 4 个结构元。这个过程可通过执行下式实现：

$$X_k^i = (X_{k-1} \circledast B^i) \bigcup A \quad i = 1, 2, 3, 4 \text{和} k = 1, 2, 3, \cdots \tag{6-15}$$

式中，$X_0^i = A$。当该过程收敛时（即当 $X_k^i = X_{k-1}^i$ 时），我们令 $D^i = X_k^i$。则 A 的凸壳为：

$$C(A) = \bigcup_{i=1}^4 D^i \tag{6-16}$$

换句话说，该方法由反复使用 B^1 对 A 做击中或击不中变换组成；当不再发生进一步变化时，我们执行与 A 的并集运算，结果称为 D^1。这一过程使用 B^2 重复（应用于 A），直到不发生进一步的变化，如此往复。得到的 4 个 D 的并集组成了 A 的凸壳。注意，我们使用不需要背景匹配的击中或击不中变换的简化的实现，如 6.4.5 小节所讨论的那样。

图 6-18 说明了式（6-15）和式（6-16）给出的过程。图 6-18（1）显示了用于提取凸壳的结构元。每个结构元的原点均位于其中心处。"×"项表示"不考虑"的条件。这意味着，如果结构元模板下 A 的 3×3 区域在该位置匹配模板的模式，则说结构元在 A 中找到了一个匹配。对于一个特殊的模板，当 A 中的这个 3×3 区域的中心为 0 时，而在阴影模板元素下的 3 个像素为 1 时，才会出现模式匹配。不必顾及该 3×3 区域内其他像素的值。此外，关于图 6-18（1）中的符号 B^i 是由 B^{i-1} 顺时针旋转 90° 得到的。

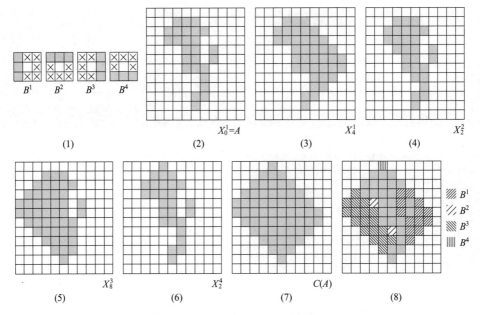

图 6-18　凸壳提取［（1）为结构元；（2）为集合 A；（3）～（6）为使用（1）中的结构元得到的收敛结果；（7）为凸壳；（8）为显示了每个结构元的贡献的凸壳］

图 6-18（2）显示了一个寻找凸壳的集合 A。从 $X_0^1 = A$ 开始，式（6-15）经过 4 次迭代后，得到图 6-18（3）中的集合。然后令 $X_0^2 = A$，并再次使用式（6-15），得到图 6-18（4）中的集合（在这种情况下，仅经过两步即可收敛）。接下来的两个结果是以同样的方式得到的。最后，图 6-18（3）～（6）中集合形成的并集得到图 6-18（7）显示的凸壳。每个结构元的贡献突出显示在图 6-18（8）所示的组合集合中。

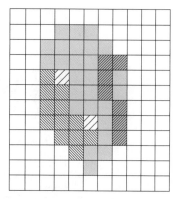

上述过程的一个明显的缺点是凸壳可能超出确保凸性所需的最小尺寸。减少这种影响的一种简单方法是限制生长，以便凸壳不会超过初始点集在水平和垂直方向上的尺寸。对图 6-18 中的例子施加这种限制产生图 6-19 所示的图像。更复杂的边界可用于进一步限制具有更多细节的图像的生长。例如，我们可以沿垂直、水平和对角线方向使用原始点集的最大尺寸。像这样的改进所付出的代价是额外增加了算法的复杂性和计算需求。

图 6-19　将凸壳生长算法限制到原始点集沿直方向和水平方向的最大尺寸的结果

6.4.5　细化

结构元 B 对集合 A 的细化可表示为 $A \otimes B$，它可以根据击中或击不中变换来定义：

$$A \otimes B = A - (A \circledast B) = A \bigcap (A \circledast B)^c \tag{6-17}$$

我们仅对与结构元的模式匹配感兴趣，所以在击中或击不中变换中没有背景运算。针对对称地细化 A 的一种更有用的表达方式是以结构元序列为基础的：

$$\{B\} = \{B^1, B^2, B^3, \cdots, B^n\}$$

式中，B^i 是 B^{i-1} 旋转后的形式。使用这一概念，我们现在可以使用一个结构元序列将细化定义为：

$$A \otimes \{B\} = ((\cdots((A \otimes B^1) \otimes B^2) \cdots) \otimes B^n) \tag{6-18}$$

这种处理是 A 被 B^1 细化一次，然后，得到的结果被 B^2 细化一次，如此进行下去，直到 A 被 B^n 细化一次。整个过程不断重复，直到得到的结果不再发生变化。每次单独的细化均使用式（6-17）来执行。

图 6-20（1）显示了一组通常用于细化的结构元，图 6-20（2）显示了将要使用刚才讨论的过程来细化的集合 A。图 6-20（3）显示了 A 被 B^1 细化一次后得到的结果。图 6-20（4）～（11）显示了用其他结构元细化多次的结果。使用 B^6 进行第二次细化后得到了收敛的结果，图 6-20（12）显示了细化的结果。最后，图 6-20（13）显示了转换为 m 连通的细化集合（见 2.4.2 小节），以消除多重路径。

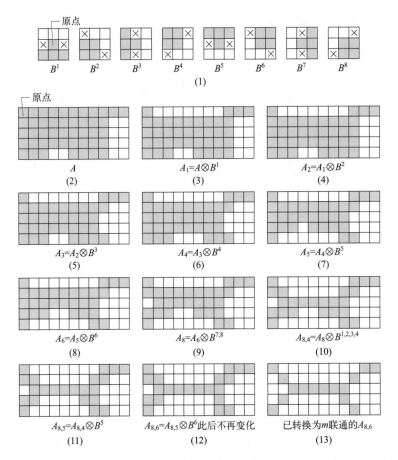

图 6-20 （1）为用于细化的经旋转后的结构元序列；（2）为集合 A；（3）为使用第一个结构元细化得到的结果；（4）～（9）为使用接下来的 7 个结构元细化得到的结果（使用第 7 个和第 8 个结构元细化得到的结果间没有变化）；（10）为再次使用前 4 个结构元细化得到的结果；（11）为使用其他结构元细化多次的最后收敛结果；（12）为收敛后的结果；（13）为转换为 m 连通的结果

6.4.6 粗化

粗化是细化的形态学对偶，定义如下：

$$A \odot B = A \bigcup (A \circledast B) \tag{6-19}$$

式中，B 是适合于粗化处理的结构元。与细化一样，粗化处理也可以定义为一个系列操作：

$$A \odot \{B\} = (((\cdots((A \odot B^1) \odot B^2) \odot) \cdots) \odot B^3) \tag{6-20}$$

用于粗化的结构元与图 6-20（1）所示的结构元具有相同的形式，但所有 1 和 0 要互换。然而，针对粗化的分离算法在实际中很少用到，取而代之的过程是先对问题中集合的背景进行细化，而后对结果求补集。换句话说，为粗化集合 A，我们先形成 $C=A^c$，而后

细化 C^c，然后再求 C^c。图 6-21 说明了这一过程。

由于依赖于 A 的性质，这个过程可能产生某些断点，如图 6-21（4）所示。因此，通过这种方法的粗化处理通常会跟随一个后处理以消除断点。注意，根据图 6-21（3）可知，细化后的背景形成了粗化处理的一个边界。这一有用的特性在使用式（6-20）粗化的直接执行中并不存在，并且，它是使用背景细化来实现粗化的主要原因之一。

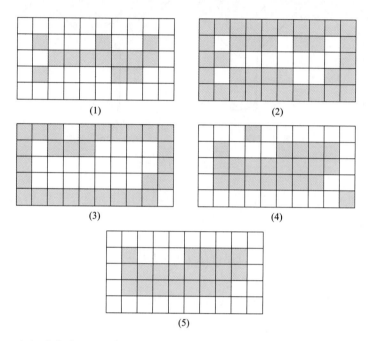

图 6-21 （1）为集合 A；（2）为 A 的补集；（3）为对 A 的补集进行细化得到的结果；（4）为对（3）求补得到的粗化后的集合；（5）为没有断点的最终结果

6.4.7 骨架

如图 6-22 所示，集合 A 的骨架 $S(A)$ 的概念直观上相当简单。由该图我们可以推出：

① 如果 z 是 $S(A)$ 的一个点，并且（D）是 A 内以 z 为中心的最大圆盘，则不存在包含（D）且位于 A 内的更大圆盘（不必以 z 为中心）。圆盘（D）称为最大圆盘。

② 圆盘（D）在两个或多个不同的位置与 A 的边界接触。

A 的骨架可以用腐蚀和开操作来表达，即骨架可以表示为：

$$S(A) = \bigcup_{k=0}^{K} S_k(A) \tag{6-21}$$

其中，

$$S_k(A) = (A \ominus kB) - (A \ominus kB) \circ B \tag{6-22}$$

式中，B 是一个结构元，而（$A \ominus kB$）表示对 A 的连续 k 次腐蚀：

$$(A \ominus kB) = (((\cdots(A \ominus B) \ominus B) \ominus \cdots) \ominus B) \tag{6-23}$$

K 是 A 被腐蚀为空集前的最后一次迭代步骤。换句话说：

$$K = \max \left\{ k \middle| (A \ominus kB) \neq \varnothing \right\} \tag{6-24}$$

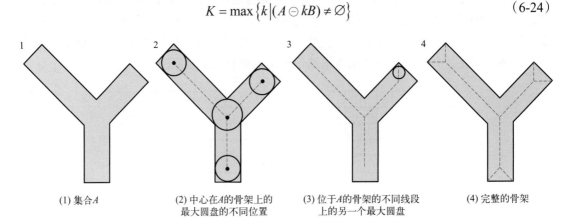

(1) 集合A (2) 中心在A的骨架上的最大圆盘的不同位置   (3) 位于A的骨架的不同线段上的另一个最大圆盘   (4) 完整的骨架

图 6-22　骨架的概念

式（6-21）和式（6-22）给出的公式表明，$S(A)$ 可以作为骨架子集 $S_k(A)$ 的并集来得到。此外，还可证明使用下式可由这些子集来重建 A：

$$A = \bigcup_{k=0}^{K} \left(S_k(A) \oplus kB \right) \tag{6-25}$$

式中，$S_k(A) \oplus kB$ 表示对 $S(A)$ 的 k 次连续膨胀，即

$$S_k(A) \oplus kB = (\cdots((S_k(A) \oplus B) \oplus B) \oplus \cdots) \oplus B \tag{6-26}$$

图 6-23 说明了刚才讨论的概念。第一列显示了原始集合（顶部）和使用结构元 B 的两次腐蚀。注意，对 A 再进行一次腐蚀将产生空集，因此，在这种情况下 $K=2$。第二列显示了使用 B 对第一列中的集合进行的开操作。结合图 6-8 中讨论的开操作的拟合特性，这些结果很容易解释。第三列只包含第一列和第二列间的集合差。

6.4.8　裁剪

裁剪方法是对细化和骨架算法的补充性手段，因为这些过程可能会留下一些寄生分量，需要通过后处理来消除。首先，我们探讨裁剪问题，并基于前述内容，探讨一种形态学上的解决方案。这样，我们可以知道如何通过联合使用到目前为止讨论过的几种技术来解决这一问题。

在手写字符的自动识别中，分析每个字符的骨架形状是常用的方法。然而，这些骨架往往带有许多"毛刺"，即寄生分量。这些毛刺通常是在腐蚀过程中，由于字符笔画的不均匀性而产生的。为了解决这一问题，我们将探索一种形态学技术，该技术的前提是寄生成分的长度不会超过特定的像素数。

图 6-24（1）展示了手写字符"a"的骨架，其中最左侧的寄生成分正是我们需要消除的部分。我们的解决方案基于通过不断删除寄生分支的终点来抑制这些分支。当然，这也

会使得字符的其他分支变短，甚至可能完全删除一些分支。但在缺乏其他结构信息的情况下，这个例子中的假设是任何具有三个或小于三个像素长度的分支都将被删除。使用一系列仅设计用来检测端点的结构元对输入集合 A 进行细化可以得到期望的结果。也就是说，令

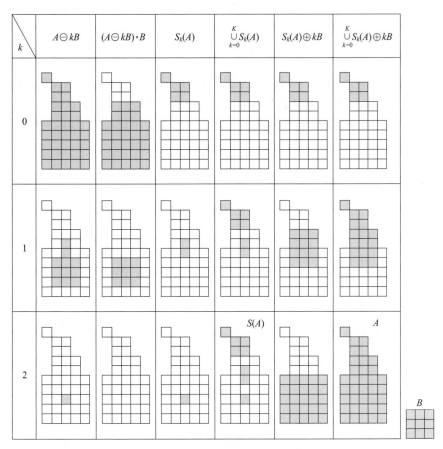

图 6-23　式（6-21）到式（6-25）的执行（原始集合位于左上角，其
形态学骨架位于第四列的底部。第六列底部为重建的集合）

$$X_1 = A \otimes \{B\} \tag{6-27}$$

式中，$\{B\}$ 表示图 6-24（2）和（3）中所示的结构元序列［见式（6-18）关于结构元序列］。这个结构元序列由两种不同的结构组成，每种结构对全部 8 个元素旋转了 90°。图 6-24（2）中的"×"表示一个"不必考虑"的条件，在这种意义上，该位置上的像素的值是 0 还是 1 无关紧要。在有关形态学的研究中许多结果都是以运用类似图 6-24（2）中的单一结构元为基础的，即沿着整个第一列有"不必考虑"的条件。但这种方法是不完善的，例如，该元素将位于图 6-24（1）中第八行、第四列的点识别为端点，因此将该点消除，从而破坏了笔画的连续性。

连续对 A 应用式（6-27）三次，得到图 6-24（4）中的集合 X_1。下一步是将字符"复原"成其原来的形状，但要去掉寄生分支。为做到这一点，首先需要求形成一个包含 X_1

中所有端点的集合 X_2 [见图 6-24（5）]:

$$X_2 = \bigcup_{k=1}^{8} (X_1 \circledast B^k) \qquad (6\text{-}28)$$

式中，B^k 是图 6-24（2）和（3）中所示的相同端点检测子。下一步是用集合 A 作为限定器，对端点进行三次膨胀：

$$X_3 = (X_2 \oplus H) \bigcap A \qquad (6\text{-}29)$$

式中，H 是元素值为 1 的 3×3 结构元，并且在每一步之后都要与 A 求交集。如区域填充和提取连通分量的情况一样，这种有条件的膨胀可以防止在我们关注的区域外产生值为 1 的元素，正如图 6-24（6）所示结果证明的那样。最后，X_3 和 X_1 的并集就是我们想要的结果：

$$X_4 = X_1 \bigcup X_3 \qquad (6\text{-}30)$$

裁剪后的图像如图 6-24（7）所示。

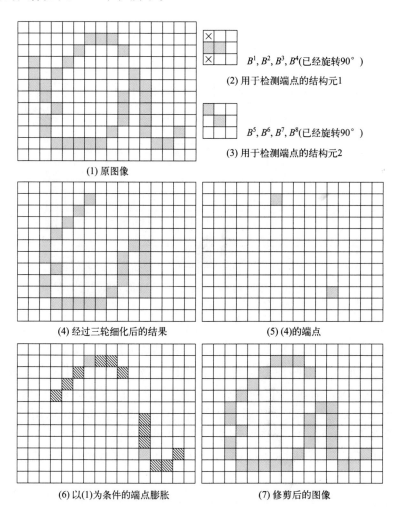

图 6-24　裁剪

在更为复杂的情况下，有时使用式（6-29）会错误地保留某些寄生分支的"尖端"。这通常发生在这些分支的端点距离骨架较近时。尽管我们可以利用式（6-27）来消除这些分支，但在膨胀过程中，这些点可能会被再次恢复，因为它们确实是集合 A 中的有效点。除非整个寄生元素被再次完整地恢复（这种情况通常很少见，因为这些元素通常比有效笔画短），否则检测并消除这些不连续的区域会相对容易。

面对这种情况，我们可能会想，是否存在一种更为简便的解决方法。例如，我们可以记录所有被删除点的轨迹，并尝试将这些点中合适的部分与那些在应用式（6-27）后留下的端点重新连接。虽然这种选择看似可行，但之前提到的公式优势在于它们能够仅通过简单的形态学结构就解决整个问题。在实际情况中，当这些形态学工具可用时，我们无需编写新的算法，只需将必要的形态学函数整合到操作序列中即可。

6.4.9　形态学重建

迄今为止，我们讨论的形态学概念主要局限于一幅图像和一个结构元素。在这一节中，我们将引入一种更为强大的形态学变换，即形态学重建。这种变换涉及两幅图像和一个结构元素。其中，一幅图像被称为标记，它提供了变换的起始点；而另一幅图像则被称为模板，它用来约束整个变换过程。至于结构元素，它的主要作用是定义连接性。

（1）测地膨胀和测地腐蚀

形态学重建的核心是测地膨胀和测地腐蚀这两个概念。令 F 表示标记图像，G 表示模板图像。假定两幅图像都是二值图像，且 $F \subseteq G$。令 $D_G^1(F)$ 表示大小为 1 的标记图像关于模板的测地膨胀，定义为：

$$D_G^1(F) = (F \oplus B) \bigcap G \tag{6-31}$$

式中，$\bigcap$ 表示集合的交［这里 $\bigcap$ 可解释为逻辑 AND（与），因为对二值图像来说集合的交和逻辑 AND 操作是相同的］。F 关于 G 的大小为 n 的测地膨胀定义为：

$$D_G^n(F) = D_G^1[D_G^{n-1}(F)] \tag{6-32}$$

其中，$D_G^1(F) = F$。在这个递推表达式中，式（6-31）中的集合求交在每一步中都执行。注意，交集算子保证模板 G 将限制标记 F 的生长（膨胀）。图 6-25 显示了一个大小为 1 的测地膨胀的简单例子。图中的步骤是式（6-31）的直接执行。

类似地，标记 F 关于模板 G 的大小为 1 的测地腐蚀定义为：

$$E_G^1(F) = (F \ominus B) \bigcup G \tag{6-33}$$

式中，$\bigcup$ 表示集合的并（或者 OR 操作）。F 关于 G 的大小为 n 的测地腐蚀定义为：

$$E_G^n(F) = E_G^1[E_G^{n-1}(F)] \tag{6-34}$$

其中，$E_G^0(F) = F$。式（6-33）中的并集操作在每一个迭代步骤中执行，并保证一幅图像的测地腐蚀仍然大于或等于其模板图像。如从式（6-31）和式（6-23）预期的那样，测地膨胀和测地腐蚀是关于集合的补集对偶的。图 6-26 显示了一个大小为 1 的测地腐蚀的简单例子。图中的步骤是式（6-33）的直接执行。

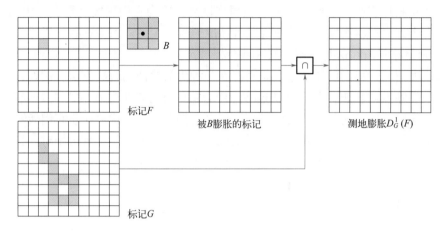

图 6-25　测地膨胀的说明

有限数量图像的测地膨胀和测地腐蚀经过有限数量的迭代步骤后总会收敛，因为标记图像的扩散或收缩受模板约束。

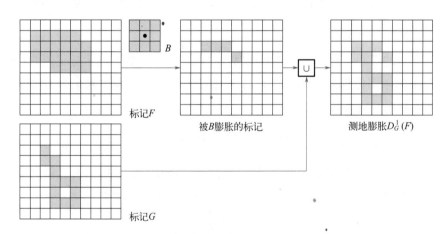

图 6-26　测地腐蚀的说明

（2）使用膨胀和测地腐蚀的形态学重建

基于前面的概念，来自标记图像 F 对模板图像 G 的膨胀形态学重建表示为 $R_G^D(F)$，它被定义为 F 关于 G 的测地膨胀，反复迭代直至达到稳定状态，即

$$R_G^D(F) = D_G^k(F) \tag{6-35}$$

迭代 k 次，直至 $D_G^k(F) = D_G^{k+1}(F)$。

图 6-27 说明了使用膨胀的重建。图 6-27（1）是对图 6-25 中开始的处理的继续，也就是说，得到 $D_G^1(F)$ 后，重建的下一步是膨胀该结果，然后，用模板 G 与其相"与"（AND）得到 $D_G^2(F)$，如图 6-27（2）所示。$D_G^2(F)$ 的膨胀结果与模板 G 相"与"（AND）得到

$D_G^3(F)$，等等。重复这一过程，直至达到稳定。如果我们对该例子多执行一步会发现，$D_G^5(F) = D_G^6(F)$，因此，采用膨胀的形态学重建的图像由 $D_G^D(F) = D_G^5(F)$ 给出，这正如式（6-35）指出的那样。注意，在这种情况下，重建的图像与模板相同，因为 F 包含了值为 1 的单个像素（这类似于一幅图像与一个冲激的卷积，该卷积简单地复制冲激位置处的图像，正如在 3.4.2 小节解释的那样）。

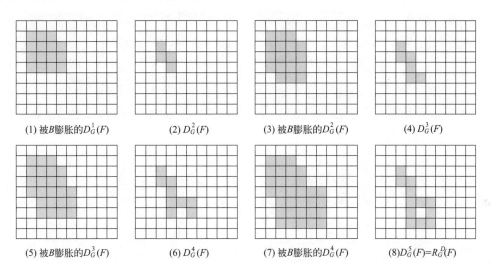

图 6-27　采用膨胀的形态学重建的说明 $[F$，G，B 和 $D_G^1(F)$ 来自图 6-25$]$

依照类似的方法，模板图像 G 对标记图像 F 的腐蚀的形态学重建表示为 $R_G^E(F)$，它被定义为 F 关于 G 的测地腐蚀，反复迭代直至达到稳定状态，即

$$R_G^E(F) = E_G^k(F) \tag{6-36}$$

迭代 k 次，直至 $D_G^k(F) = D_G^{k+1}(F)$

（3）应用实例

形态学重建有很宽的实际应用领域，具体应用效果取决于标记图像和模板图像的选择、所用的结构元及一些基本操作的组合。下面的几个例子说明了这些概念的应用。

重建开操作：在形态学开操作中，腐蚀会删除小的物体，而后续的膨胀试图恢复遗留物体的形状。然而，这种恢复的准确性高度依赖于物体的形状和所用结构元的相似性。重建开操作可正确地恢复腐蚀后所保留物体的形状。一幅图像 F 的大小为 n 的重建开操作定义为来自 F 的大小为 n 的腐蚀的 F 的膨胀重建，即

$$O_R^n(F) = R_F^D[(F \ominus nB)] \tag{6-37}$$

式中，$(F \ominus nB)$ 表示 B 对 F 的 n 次腐蚀，同 6.4.7 小节中的解释。注意，在该应用中，F 被用做模板。对于重建闭操作，可写出一个类似的表达式（见下文表 6-1）。

图 6-28 显示了重建开操作的一个例子。我们的目标是从图 6-28（1）中提取长的、垂直笔画的字符。重建开操作至少要求一次腐蚀，因此我们首先执行这一步骤。图 6-28（2）

显示了图 6-28（1）经腐蚀后的结果，该腐蚀采用长度与长字符的（51 个像素）平均高度成正比和宽度为 1 个像素的结构元。为了比较，我们用相同的结构元计算了开操作。图 6-28（3）显示了结果。最后，图 6-28（4）是用式（6-37）中给出的 F [即 $O_R^1(F)$] 的重建开操作（大小为 1）。该结果表明，包含长的垂直笔画的字符被准确地恢复了，而所有的其他字符则被去除了。

(1) 大小为918×2018像素的文本图像，
长的字符的近似平均高度是51个像素

(2) 使用大小为51×1像素的结构元对(1)的腐蚀

(3) 使用相同的结构元对(1)的开操作，用做参考

(4)重建开操作的结果

图 6-28　重建开操作示例

填充孔洞：在 6.4.2 小节中，我们开发了一种填充孔洞的算法，该算法在图像中的每个孔洞都已知一个起始点。这里，我们开发一个基于形态学重建的全自动化过程。令 $I(x, y)$ 代表一幅二值图像，并假定形成了一幅标记图像 F，除了在该图像的边界位置为 $1-I$ 之外，在其他位置均为 0，即

$$F(x, y) = \begin{cases} 1 - I(x, y), & (x, y)\text{在}I\text{的边界上} \\ 0, & \text{其他} \end{cases} \tag{6-38}$$

则式（6-39）是一幅等于 I 且所有孔洞都被填充的二值图像。

$$H = \left[R_{I^c}^D(F) \right]^c \tag{6-39}$$

为了深入理解式（6-39）是如何填充图像中所有孔洞的，我们详细分析该表达式中的各个分量。首先，图 6-29（1）展示了一个包含单个孔洞的简单图像 I。接着，图 6-29（2）则显示了图像 I 的补集，即前景像素与背景像素互换，这实际上在孔洞周围形成了一道值为 0 的"墙"。由于 I^c 被用作 AND（与）模板，这意味着在整个迭代过程中，所有的前景像素（包括围绕孔洞的墙）都将得到保护。随后，我们根据式（6-38）生成了阵列 F，如图 6-29（3）所示。然后，使用一个全为 1 的 3×3 SE（结构元）对 F 进行膨胀，得到的结果在边缘处开始膨胀并向内处理 [图 6-29（4）]。图 6-29（5）显示了使用 I^c 作为模板对 F

进行测地膨胀后的结果。如刚才指出的那样，我们看到，在这个结果中，对应于1的前景像素的所有位置都是0，并且对于孔洞像素也是一样。进行另一次迭代会得到相同的结果，这符合式（6-39）的要求。随后，我们对结果取补，得到图6-29（6）中所示的结果。最后，操作 $H \cap I^c$ 生成了一幅图像，其中对应于I中孔洞的位置像素值为1，如图6-29（7）所示。

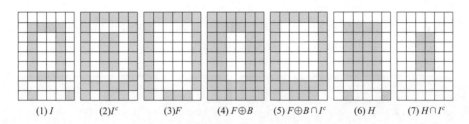

(1) I (2) I^c (3) F (4) $F \oplus B$ (5) $F \oplus B \cap I^c$ (6) H (7) $H \cap I^c$

图 6-29　在简单图像上填充孔洞的说明

图6-30显示了一个更实际的例子。图6-30（2）显示了图6-30（1）中文本图像的补集，图6-30（3）是由式（6-38）产生的标记图像F。除了对应于原图像边界上的1的位置外，该图像有一个元素为1的边界。最后，图6-30（4）显示了所有孔洞均被填充后的图像。

(1) 大小为918×2018像素的文本图像 (2) 作为模板图像使用的(1)的补集

(3) 标记图像 (4) 用式(6-39)填充孔洞的结果

图 6-30　填充孔洞实例

边界清除：针对后续形状分析的图像物体提取是自动图像处理的基本任务。删除接触（即连接到）边界的物体的算法是一个很有用的工具，因为：①它可以用于屏蔽图像，以便在进一步处理时只保留完整的物体，或者②它可用作在视野中存在部分物体的一个信号。最后，我们探讨一个基于形态学重建的边界清除过程。在这一应用中，我们用原图像作为模板，并使用下面的标记图像：

$$F(x,y) = \begin{cases} I(x,y), & (x,y)\text{位于}I\text{的边界上} \\ 0, & \text{其他} \end{cases} \qquad (6\text{-}40)$$

边界清除算法首先计算形态学重建 $R_I^D(F)$（简单地提取接触到边界的物体），然后计算差

$$X = I - R_I^D(F) \tag{6-41}$$

以得到一幅其中没有接触边界的物体的图像 X。

我们同样以文本图像为例。图 6-31（1）显示了使用所有元素均为 1 的 3×3 的结构元得到的重建 $R_I^D(F)$（注意右侧接触边界的物体），图 6-31（2）显示了使用式（6-41）计算得到的图像 X。如果任务是自动字符识别，则拥有一幅其中没有接触边界的字符的图像很重要，因为这样可以避免不得不识别部分字符的问题。

(1) 标记图像　　　　　(2) 没有接触边界的物体的图像[原图像是图6-28(1)]

图 6-31　边界清除

6.4.10　二值图像形态学操作小结

表 6-1 总结了本章中提出的形态学结果。图 6-32 总结了我们所讨论的用于各种形态学处理的结构元的基本类型。注意，表 6-1 第三列中的罗马数字是指图 6-32 中的结构元。

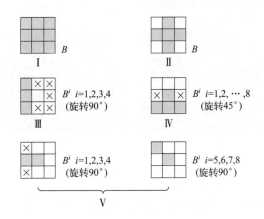

图 6-32　用于二值形态学的 5 个基本的结构元

（每个结构元的原点均位于其中心处。× 项表示"不考虑"的值）

表 6-1　形态学操作及其性质

运算	公式	注释
平移	$(B)_z = \{c \mid c = b + z, b \notin B\}$	将 B 的原点平移到点 z

运算	公式	注释
反射	$\hat{B} = \left\{ w \mid w = -b, b \notin B \right\}$	关于集合 B 的原点映射该集合的所有元素
补集	$A^c = \left\{ w \mid w \notin A \right\}$	不属于 A 的点的集合
差集	$A - B = \left\{ w \mid w \notin A, w \notin B \right\} = A \bigcap B^c$	属于 A 但不属于 B 的点的集合
腐蚀	$A \ominus B = \left\{ z \mid (B)_z \subseteq A \right\}$	"扩展" A 的边界（Ⅰ）
膨胀	$A \oplus B = \left\{ z \mid (\hat{B})_z \bigcap A \neq \varnothing \right\}$	"收缩" A 的边界（Ⅰ）
开运算	$A \circ B = (A \ominus B) \oplus B$	平滑轮廓，切断狭窄区域，并消除小的孤岛和尖刺（Ⅰ）
闭运算	$A \bullet B = (A \oplus B) \ominus B$	平滑轮廓，融合狭窄间断和细长沟壑，并消除小的孔洞（Ⅰ）
击中-击不中变换	$I \circledast B = \left\{ z \mid (B)_z \subseteq I \right\}$	点（坐标）的集合，同时，在这样的点处，B_1 在 A 中可找到一个匹配（击中），B_2 在 A^c 中可找到一个匹配
边界提取	$\beta(A) = A - (A \ominus B)$	在集合 A 的边界上的点的集合（Ⅰ）
孔洞填充	$X_k = (X_{k-1} \oplus B) \bigcap I^c, \quad k = 1, 2, 3, \cdots$	填充 A 中的孔洞；X 是每个孔洞处元素为 1 而其他位置元素为 0 的阵列（Ⅱ）
连通分量	$X_k = (X_{k-1} \oplus B) \bigcap I, \quad k = 1, 2, 3, \cdots$	寻找 A 中的连通分量；X_0 是每个连通分量中元素为 1 而其他位置元素为 0 的阵列（Ⅰ）
凸壳	$X_k^i = (X_{k-1}^i \circledast B^i) \bigcup X_{k-1}^i,$ $i = 1, 2, 3, 4; k = 1, 2, 3, \cdots$ $X_0^i = A; D^i = X_{\text{conv}}^i$	寻找集合 A 的凸壳 $C(A)$，其中 conv 表示 $X_k^i = X_{k-1}^i$（Ⅲ）意义上的收敛
细化	$A \otimes B = A - (A \circledast B) = A \bigcap (A \circledast B)^c$ $A \otimes \{B\} = ((\cdots((A \otimes B^1) \otimes B^2) \cdots) \otimes B^n)$ $A \otimes \{B\} = ((\cdots(A \otimes B^1) \otimes B^2 \cdots) \otimes B^n)$ $\{B\} = \{B^1, B^2, B^3, \cdots, B^n\}$	细化集合 A。前两个公式给出细化的基本定义。后两个公式表示使用一个结构元序列的细化。实际中通常使用这种方法（Ⅳ）
粗化	$A \odot B = A \bigcup (A \circledast B)$ $A \odot \{B\} = ((\cdots(A \odot B^1) \odot B^2 \cdots) \odot B^n)$	粗化集合 A（见前面关于结构元序列的说明）。使用Ⅳ，但把 0 和 1 颠倒
骨架	$S(A) = \bigcup_{k=0}^{K} S_k(A)$ $S_k(A) = \left\{ (A \ominus kB) - [(A \ominus kB) \circ B] \right\}$ A 的重建： $A = \bigcup_{k=0}^{K} (S_k(A) \oplus kB)$	寻找集合 A 的骨架 $S(A)$。最后一个公式指出 A 可以由其骨架子集 $S_k(A)$ 重建。在所有 3 个公式中，K 是集合 A 被腐蚀为空集时的迭代次数。符号（$A \ominus kB$）表示 B 对 A 连续腐蚀的第 k 次迭代（Ⅰ）

运算	公式	注释
裁剪	$X_1 = A \otimes \{B\}$ $X_2 = \bigcup_{k=1}^{8}(X_1 \circledast B^k)$ $X_3 = (X_2 \oplus H) \bigcap A$ $X_4 = X_1 \bigcup X_3$	X_4 是裁剪集合 A 后的结果。必须指定使用第一个公式来得到 X_1 的次数。结构元 V 用于前两个公式。在第三个公式中，H 表示结构元 I
大小为 1 的测地膨胀	$D_G^1(F) = (F \oplus B) \bigcap G$	F 和 G 分别称为标记图像和模板图像
大小为 n 的测地膨胀	$D_G^n(F) = D_G^1[D_G^{n-1}(F)] \ D_G^0(F) = F$	
大小为 1 的测地腐蚀	$E_G^1(F) = (F \ominus B) \bigcup G$	
大小为 n 的测地蚀	$E_G^n(F) = E_G^1[E_G^{n-1}(F)] \ E_G^0(F) = F$	
膨胀形态学重建	$R_G^D(F) = D_G^k(F)$	k 满足 $D_G^k(F) = D_G^{k+1}(F)$
腐蚀形态学重建	$R_G^D(F) = E_G^k(F)$	k 满足 $E_G^k(F) = E_G^{k+1}(F)$
重建开操作	$O_R^n(F) = R_F^D[(F \ominus nB)n]$	$(F \ominus nB)$ 表示 B 对 F 的 n 次腐蚀
重建闭操作	$C_R^n(F) = R_F^E[(F \oplus nB)n]$	$(F \oplus nB)$ 表示 B 对 F 的 n 次膨胀
孔洞填充	$H = [R_{I^c}^D(F)]^c$	H 等于输入图像 I，但具有所有被填充的孔洞。标记图像 F 的定义见式（6-38）
边界清除	$X = I - R_I^D(F)$	X 等于输入图像 I、但带有所有被删除接触（连接到）边界的物体。标记图像 F 的定义见式（6-40）

6.5 灰度级形态学

在本节中，我们将对膨胀、腐蚀、开操作和闭操作等基础操作进行拓展，使其适用于灰度级图像。随后，我们将利用这些操作，深入探究几个基础的灰度级形态学算法。

在讨论过程中，我们将处理形如 $f(x, y)$ 和 $b(x, y)$ 的数学函数。其中，$f(x, y)$ 代表一幅灰度级图像，而 $b(x, y)$ 则是一个结构元素。我们假设这些函数是如 2.3.2 小节所述的离散函数。也就是说，如果 Z 代表实整数的集合，那么坐标 (x, y) 是来自 Z 的笛卡尔积的整数。同时，f 和 b 是对每个 (x, y) 坐标对赋予灰度值的函数，这些灰度值来自实数集合 R，或者当灰度级也为整数时，它们来自集合 Z。

在灰度级形态学中，结构元的功能与二值形态学中的功能相似，都作为"探测器"来检验给定图像的特定特性。灰度级形态学中的结构元主要分为两类：非平坦结构元和平坦结构元。图 6-33 展示了这两类结构元的示例。图 6-33（1）是以图像形式表示的半球状灰度级结构元，而图 6-33（3）则是通过其中心的水平灰度剖面。另一方面，图 6-33（2）显示了一个圆盘形的平坦结构元，图 6-33（4）则是其对应的灰度剖面（剖面的形状解释了"平坦"一词的由来）。

为了更清晰地展示，图 6-33 中的元素以连续量形式呈现；然而，在计算机实现中，这些元素是基于数字近似来表示的（如图 6-2 中转换为矩形阵列的结构元所示）。由于可能遇到的一些困难，灰度级结构元在实际应用中并不常用。需要强调的是，与二值情况一样，灰度级形态学必须明确确定结构元的原点。除非另有说明，本节中的所有示例都将基于高度为 1、对称的、平坦的结构元，其原点位于中心位置。在灰度级形态学中，结构元的反射定义与 6.1 节中的定义相同，并且在后续讨论中，我们将使用 $\hat{b}(x,y)=b(-x,-y)$ 来表示反射。

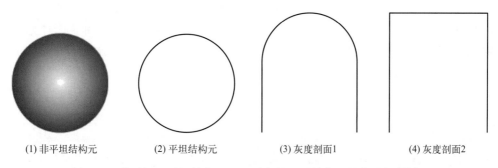

| (1)非平坦结构元 | (2)平坦结构元 | (3)灰度剖面1 | (4)灰度剖面2 |

图 6-33 非平坦和平坦结构元以及对应的通过其中心的水平灰度剖面

6.5.1 腐蚀和膨胀

当 b 的原点位于 (x,y) 处时，用一个平坦的结构元 b 在 (x,y) 处对图像 f 的腐蚀定义为图像 f 中与 b 重合区域的最小值。以公式的形式，结构元素 b 对一幅图像 f 在位置 (x,y) 处的腐蚀由下式给出：

$$[f \ominus b](x,y) = \min_{(s,t)\in b}\{f(x+s,y+t)\} \tag{6-42}$$

其中，x 和 y 是通过所有要求的值而增加的，以便 b 的原点能访问 f 中的每一个像素。也就是说，为寻求 b 对 f 的腐蚀，我们把结构元的原点放在图像每一个像素的位置。在任何位置的腐蚀由从包含在与 b 重合区域中的 f 的所有值中选取的最小值决定。例如，如果 b 是大小为 3×3 的方形结构元，则获得一点处的腐蚀要求寻找包含在由 b 定义的 3×3 区域中的 f 的 9 个值中其原点所在的那个点的最小值。

类似地，当 $\hat{b}$ 的原点位于位置 (x,y) 处时，平坦结构元 b 在任何位置 (x,y) 处对图像 f 的膨胀，定义为图像 f 中与 b 重合区域的最大值，即

$$[f \oplus b](x,y) = \max_{(s,t)\in b}\{f(x-s,y-t)\} \tag{6-43}$$

其中，我们用到了前文说明过的 $\hat{b}=b(-x,-y)$ 的事实，但使用的是最大而不是最小操作，并且要记住结构元关于其原点反射，我们用 $(-s,-t)$ 考虑函数的自变量。这类似于空间卷积，就像 3.4.2 小节中解释得那样。

例 6.7　灰度级腐蚀和膨胀的说明

因为我们使用一个平坦 SE（结构元）的灰度级腐蚀计算图像 f 中与 b 重合的 (x,y) 的每一个邻域的最小灰度值，因此通常希望被腐蚀的灰度级图像比原始图像暗，亮特征的尺寸（关于 SE 的尺寸）将被减小，而暗特征的尺寸将会增大。图 6-34（2）显示了使用一个单位高度和半径为 2 个像素的圆盘形结构元对图 6-34（1）的腐蚀。刚才讨论的效果在腐蚀过的图像中清晰可见。例如，注意小亮点亮度的降低程度，图 6-34（2）中几乎已看不到这些小亮点，同时暗色特征则变浓了。腐蚀过的图像中的一般背景比原图像的背景要稍暗一些。类似地，图 6-34（3）显示了使用相同 SE 膨胀后的结果。其效果与用腐蚀得到的效果相反，即亮特征变浓了，而暗特征降低了。特别注意图 6-34（1）中左侧、中间、右侧和底部的较细黑色连线在图 6-34（3）中几乎看不见了。黑点的尺寸已被减小，但与图 6-34（2）中被腐蚀的小白点完全不同，在膨胀后的图像中，小白点却清晰可见。其原因是就结构元的尺寸相比，黑点的尺寸原来就比白点大。最后，注意膨胀后的图像中的背景比图 6-34（1）中的背景稍亮。

（1）大小为448×425像素　　（2）使用半径为2个像素的圆盘形　　（3）用相同结构元对图像的膨胀结果
的灰度级X射线图像　　　　结构元对图像的腐蚀结果

图 6-34　灰度级腐蚀与膨胀

非平坦结构元具有随定义域而变化的灰度级。非平坦结构元 b_N，对图像 f 的腐蚀定义如下：

$$[f \ominus b_N](x,y) = \min_{(s,t)\in b_N} \{f(x+s,y+t) - b_N(s,t)\} \tag{6-44}$$

这里，我们实际上是从 f 中减去 b_N 的值来确定任意点处的腐蚀。与式（6-42）不同，这意味着使用非平坦结构元的腐蚀通常不受 f 值的限制，而这在解释结果时会存在问题。因为这一原因，实际中很少使用灰度级结构元；另外，与式（6-42）比较，为 b_N 选取有意义的元素和增加的计算负担也是潜在的困难。

与腐蚀类似，使用非平坦结构元的膨胀定义如下：

$$[f \oplus b_N](x,y) = \max_{(s,t)\in b_N} \{f(x-s,y-t) + b_N(s,t)\} \tag{6-45}$$

当 b_N 的所有元素都是常数时（即结构元是平坦的），式（6-44）和式（6-45）就分别简化为式（6-42）和式（6-43），其中一个标量常数等于该结构元的幅度。

如二值情况那样，腐蚀和膨胀是关于函数的补集和反射对偶的，即

$$(f \ominus b)^c (x,y) = (f^c \oplus \hat{b})(x,y)$$

式中，$f^c = -f(x,y)$ 且 $\hat{b} = b(-x, -y)$。相同的表达式对非平坦结构元也有效。为清楚起见，在下面的讨论中，我们将忽略所有函数的参量以简化表达式，在这种情况下，前一公式可写为：

$$(f \ominus b)^c = f^c \oplus \hat{b} \tag{6-46}$$

类似地，

$$(f \oplus b)^c = f^c \ominus \hat{b} \tag{6-47}$$

在灰度级图像处理中，腐蚀和膨胀并不是特别有用。像在对应的二值情形那样，当它们组合用来推导高级算法时，这些操作会变得非常强大，正如下一小节所展示的那样。

6.5.2　开操作和闭操作

灰度级图像的开操作和闭操作的表达式与二值图像的对应操作具有相同的形式。结构元 b 对图像 f 的开操作表示为 $f \circ b$，即

$$f \circ b = (f \ominus b) \oplus b \tag{6-48}$$

像之前那样，开操作先只用 b 对 f 做腐蚀，随后用 b 对所得结果做膨胀。类似地，b 对 f 的闭操作表示为 $f \bullet b$，即

$$f \bullet b = (f \oplus b) \ominus b \tag{6-49}$$

灰度级图像的开操作和闭操作关于函数的补集和结构元的反射是对偶的：

$$(f \bullet b)^c = f^c \circ \hat{b} \tag{6-50}$$

和

$$(f \circ b)^c = f^c \bullet \hat{b} \tag{6-51}$$

因为 $f^c = -f(x,y)$，所以式（6-50）也可以写为 $-(f \bullet b) = (-f \circ \hat{b})$，式（6-51）也类似。

图像的开操作和闭操作拥有直观的几何解释。我们可以将图像函数 $f(x,y)$ 视作一个三维表面，其中灰度值代表了在 xy 平面上的高度值，如图 2-9（1）所示。然后，b 对 f 的开操作可从几何角度解释为，从 f 的下表面向上推动结构元。在 b 的每个原点位置，开操作是当从 f 的下表面向上推动结构元时，b 的任何部分所达到的最高值。因此，完整的开操

作就是结构元 b 的原点遍历图像 f 的每一个坐标 (x, y) 时，所收集到的所有高度值的集合。

图 6-35 通过一维形式直观地阐释了这一概念。图 6-35（1）中的曲线描绘了图像中某

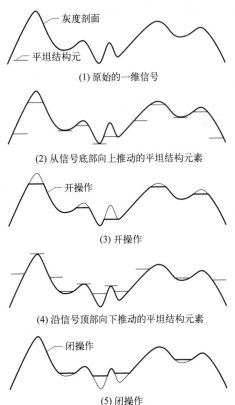

(1) 原始的一维信号

(2) 从信号底部向上推动的平坦结构元素

(3) 开操作

(4) 沿信号顶部向下推动的平坦结构元素

(5) 闭操作

图 6-35　一维情形下的开操作和闭操作

一行的灰度剖面。在图 6-35（2）中，我们可以看到一个平坦的结构元沿着曲线的底部向上移动到不同的位置。图 6-35（3）中的实线展示了完全开操作的结果。由于结构元的尺寸过大，它无法完全贴合曲线上部峰值的内侧，因此峰值的顶部在开操作中会被修剪，修剪的程度取决于结构元能够触及峰值的距离。通常，开操作主要用于消除较小的明亮细节，同时保持整体灰度级和较大的明亮特征基本不变。

图 6-35（4）则是对闭操作的图形化展示。在这里，结构元从曲线的顶部开始向下移动，并覆盖所有位置。如图 6-35（5）所示，当结构元从曲线的上侧滑动时，通过寻找结构元的任何部分所能到达的最低点，就可构建闭操作。

灰度级开操作满足如下性质：

① $f \circ b \sqsubseteq f$。

② 若 $f_1 \sqsubseteq f_2$，则 $(f_1 \cdot b) \sqsubseteq (f_2 \cdot b)$。

③ $(f \circ b) \circ b = f \circ b$。

符号 $e \sqsubseteq r$ 用来表示 e 的域是 r 的域的一个子集，且对于 e 的域中的任何 (x, y)，有 $e(x, y) \leqslant r(x, y)$。类似地，闭操作满足如下性质：

① $f \sqsubseteq f \cdot b$。

② 若 $f_1 \sqsubseteq f_2$，则 $(f_1 \cdot b) \sqsubseteq (f_2 \cdot b)$。

③ $(f \cdot b) \cdot b = (f \cdot b)$。

这些性质的用途与二值图像中类似。

例 6.8 灰度级开操作和闭操作的说明

图 6-36 将图 6-35 中说明的一维概念拓展到了二维。图 6-36（1）与我们在例 6.7 使用的图像相同，图 6-36（2）是使用单位高度和半径为 3 个像素的圆盘形结构元得到的开操作结果。如预料的那样，所有亮特征的灰度都降低了，降低的程度取决于这些特征相对于结构元的尺寸。该图与图 6-34（2）相比，我们看到，与腐蚀的结果不同，开操作对图像的暗特征影响可忽略不计，也不影响背景。类似地，图 6-36（3）显示了使用半径为 5 的圆盘形结构元得到的闭操作结果（小的圆黑点比小白点大，因此要达到可与开操作相比的结果，需要更大的圆盘形结构元）。在这幅图像中，亮的细节和背景相对来说未受影响，但削弱了暗特征，削弱的程度取决于这些特征相对于结构元的尺寸。

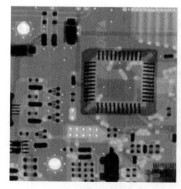  

(1) 一幅大小为448×425
像素的灰度级X射线图像

(2) 使用半径为3个像素的圆盘形
结构元得到的开操作结果

(3) 使用半径为5个像素的
结构元得到的闭操作结果

图 6-36 二维情形下的开操作和闭操作

6.5.3 灰度级形态学算法

众多形态学技术均建立在前面介绍的灰度级形态学概念之上。接下来，我们将详细阐述这些算法的具体内容及其工作原理。

（1）形态学平滑

由于开操作能够抑制比结构元小的亮细节，而闭操作则能抑制暗细节，因此它们常常以形态滤波的形式结合起来，用于图像的平滑处理和噪声消除。考虑图 6-37（1），它展示了一幅通过 X 射线波段拍摄的天鹅星座环超新星图像。我们假设中心的亮区域是我们感兴趣的区域，而其他部分则是噪声。我们的目标是去除这些噪声。图 6-37（2）显示了使用半径为 2 像素的平坦圆盘（结构元）对原始图像进行开操作后，再用相同大小的结构元进行闭操作的结果。图 6-37（3）和（4）则分别展示了使用半径为 3 像素和 5 像素的结构元进行相同操作所得到的结果。正如我们所期望的，这一系列的图像显示了随着结构元尺寸的增大，小分量被消除的效果逐渐增强。在最终的结果中，我们可以看到感兴趣的目标区域已被成功提取出来。不过，图像底部的噪声分量并未被完全去除，这主要是因为它们的密度。

图 6-37 的结果是基于对原始图像先进行开操作再进行闭操作的。有时，我们还会采用另一种过程，即交替顺序滤波。在这种过程中，我们首先对原始图像进行开操作，然后进行闭操作，但在后续的步骤中，我们会对前一步骤的结果再次执行开操作和闭操作。这种类型的滤波在自动图像分析中非常有用，因为在滤波过程中，每一步的结果都会根据一个特定的度量进行比较分析。通常，对于相同大小的结构元，与图 6-37 中说明的方法相比，这种方法会产生更为模糊的结果。

（2）形态学梯度

膨胀和腐蚀可与图像相减结合起来得到一幅图像的形态学梯度，在这里，由 g 来定义：

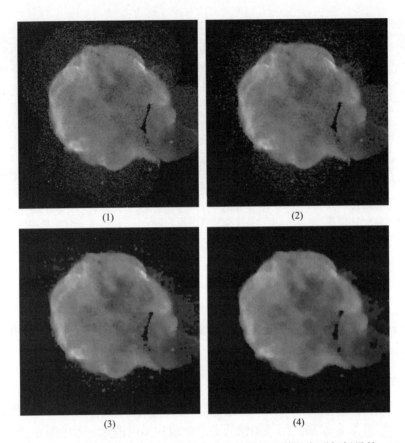

图 6-37 （1）为由 NASA 的哈勃望远镜在 X 射线波段拍摄的天鹅星座环超新星的 566×566 图像；
（2）～（4）分别为使用半径为 1、3 和 5 的圆盘形结构元对原图像执行开操作和闭操作顺序的结果

$$g = (f \oplus b) - (f \ominus b) \tag{6-52}$$

膨胀粗化一幅图像中的区域，而腐蚀则细化它们。膨胀和腐蚀的差强调了区域间的边界。同质区域不受影响（只要 SE 相对较小），因此相减操作趋于消除同质区域。最终结果是边缘被增强而同质区域的贡献被抑制掉了的图像，从而产生"类似于微分"（梯度）的效果。

图 6-38 显示了一个例子。图 6-38（1）是一幅头部 CT 扫描图像，图 6-38（2）、（3）两幅图像是使用所有元素都为 1 的 3×3 结构元对该图像进行开操作和闭操作的结果。图 6-38（4）是使用式（6-52）得到的形态学梯度，其中，区域间的边界被清楚地描绘出来了，这与二维微分图像的预期相同。

（3）顶帽变换和底帽变换

图像相减与开操作和闭操作相结合，会产生所谓的 Top-hat（顶帽）变换和 bottom-hat（底帽）变换。灰度级图像 f 的顶帽变换定义为 f 减去其开操作：

$$T_{\text{hat}}(f) = f - (f \circ b) \tag{6-53}$$

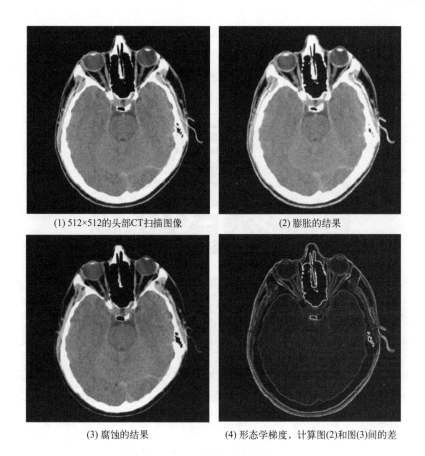

| (1) 512×512的头部CT扫描图像 | (2) 膨胀的结果 |
| (3) 腐蚀的结果 | (4) 形态学梯度，计算图(2)和图(3)间的差 |

图 6-38　形态学梯度

类似地，f 的底帽变换定义为 f 的闭操作减去 f：

$$B_{\mathrm{hat}}(f) = (f \cdot b) - f \qquad (6\text{-}54)$$

这些变换的主要应用之一是，用一个结构元通过开操作或闭操作从一幅图像中删除物体，而不是拟合被删除的物体。然后，差操作得到一幅仅保留已删除分量的图像。顶帽变换用于暗背景上的亮物体，而底帽变换则用于相反的情况。由于这一原因，当谈到这两个变换时，常常分别称为白顶帽变换和黑底帽变换。

顶帽变换的一个重要用途是校正不均匀光照的影响。正如我们将在下一章中看到的那样，合适（均匀）的光照在从背景中提取目标的处理中扮演核心的角色。这一处理称为分割，是自动图像分析中执行的第一步。一种常用的分割方法是对输入图像进行阈值处理。

为了说明，考虑图 6-39（1），它显示了一幅大小为 600×600 的米粒的图像。该图像是在非均匀光照下得到的，如图像底部及最右侧的暗色区域就是明证。图 6-39（2）显示了对该图像使用 7.3.3 小节讨论的 Otsu 最佳阈值处理方法得到的结果。非均匀光照的最终结果导致了暗区域的分割错误（一些米粒没有从背景中提取出来），且在图像的左上角，背景部分被错误地分类了。图 6-39（3）显示了对该图像使用一个半径为 40 的圆盘形结构元进行开操作的结果。这个结构元足够大以致不会拟合任何物体。如结果那样，这些物体被消除了，仅留下一个近似的背景。阴影模式在该图像中很清楚。通过从原图像中减去该图像（即执行顶帽变换），背景应会变得更均匀。事实的确如此，如图 6-39（4）所示。背景并不是非常均匀，但亮和暗之间不再存在极端的差别，这就足以得到正确的分割结果，其中所有的米粒均被检测出来，如图 6-39（5）所示。

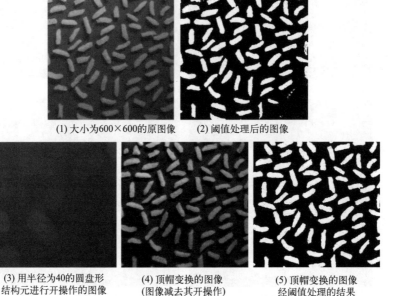

(1) 大小为600×600的原图像　(2) 阈值处理后的图像

(3) 用半径为40的圆盘形　(4) 顶帽变换的图像　(5) 顶帽变换的图像
　结构元进行开操作的图像　（图像减去其开操作）　　经阈值处理的结果

图 6-39　使用顶帽变换校正阴影

（4）粒度测定

在图像处理领域，粒度测定是专门用于确定图像中颗粒尺寸分布的方法。然而，实际操作中，颗粒往往难以完全分离，这使得识别和计数单个颗粒变得异常困难。为了克服这一挑战，形态学方法提供了一种间接估算颗粒尺寸分布的途径，无需对图像中的每个颗粒进行逐一识别和测量。

这种方法原理直观易懂。对于亮度高于背景且形状规则的颗粒，我们运用逐渐增大的结构元对图像进行开操作。核心思想是，当结构元的尺寸与颗粒尺寸相匹配时，对包含相应尺寸颗粒的图像区域进行开操作将产生最显著的效果。每次开操作后，我们都会计算该操作区域内像素值的总和，这一总和有时被称作表面区域。随着结构元尺寸的增大，表面区域通常会减小，这是因为开操作会降低亮特征的灰度值，正如我们之前所提到的。该过程会得到一个一维阵列，阵列中的每个元素等于对应于阵列中该位置的结构元素的大小的开操作中的像素之和。为了强调连续开操作间的变化，我们计算一维阵列的相邻元素的差。为了形象化该结果，我们画出该差的图形，曲线中的峰值能够表明图像中颗粒的主要大小分布。

以图 6-40（1）为例，该图像展示了两种尺寸不同的木钉。由于木钉中的木颗粒大小各异，可能需要应用不同尺寸的开操作进行处理。因此，在进行开操作之前，进行平滑处理是一个合理的预处理步骤。图 6-40（2）展示了使用形态学滤波器平滑后的图像，该滤波器采用了半径为 5 的圆盘形结构元。接下来，图 6-40（3）至图 6-40（6）分别展示了使用半径为 10、20、25 和 30 的圆盘形结构元对图像进行开操作的效果。值得注意的是，在图 6-40（4）中，由于较小木钉的存在，其灰度贡献几乎被完全消除。在图 6-40（5）中，大木钉的灰度贡献也被显著降低，而图 6-40（6）中的降低程度更为显著。特别地，观察图 6-40（5）中靠近图像右上方的大木钉，可以发现其亮度明显低于其他部分，这是因为其尺寸较小的缘故。如果我们试图检测有缺陷的木钉，这一信息将非常有用。

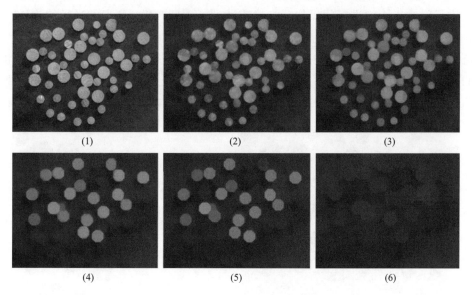

图 6-40 （1）为大小 531×675 的木钉图像；（2）为平滑后的图像；（3）～（6）分别为用半径为 10、20、25 和 30 像素的圆盘形结构元对图像进行开操作后的结果

图 6-41 显示了该差值阵列的曲线。如前所述，我们期望半径附近的差值较大（曲线中的峰值），在该处结构元足够大，以包围近似相同直径的一组颗粒。图 6-41 中的结果有两个明显的峰值，这清楚地表明图像中存在两种主要的物体尺寸。

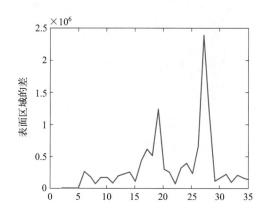

图 6-41 表面区域中的差（它是圆盘形结构元半径 r 的函数）

（5）纹理分割

图 6-42（1）展示了一幅噪声图像，其中在明亮的背景上添加了暗色的斑点。这幅图像包含两个纹理区域：右侧由较大的斑点组成，而左侧则由较小的斑点构成。我们的目标是基于纹理内容来识别并确定这两个区域的边界。正如之前所解释的那样，将一幅图像划分为不同区域的过程称为分割，在第 7 章中我们将深入探讨分割。

我们所关注的物体相较于背景显得更暗。已知，当使用比小斑点尺寸更大的结构元对图像执行闭操作时，这些小斑点会被消除。如图 6-42（2）所示，使用半径为 30 像素的圆盘形结构元对输入图像进行闭操作后，确实达到了预期效果（斑点的半径约为 25 像素）。因此，我们得到了一幅仅包含亮背景和暗大斑点的图像。接下来，如果我们选择尺寸大于这些斑点之间间隔的结构元，并对该图像执行开操作，最终得到的图像将会是这样的：斑点间的亮色间隔被消除，仅留下暗色的斑点，并且这些斑点之间现在呈现为相同的暗色间隔。图 6-42（3）展示了使用半径为 60 像素的圆盘形结构元进行上述操作后的结果。

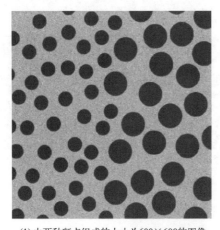

(1) 由两种斑点组成的大小为600×600的图像　　(2) 对(1)执行闭操作后删除了小斑点的图像

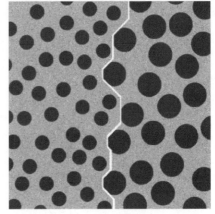

(3) 对(2)执行开操作后删除了大斑点间的亮间隔的图像　　(4) 将(3)中两个区域间的边界叠加到原图像上后的结果(边界是使用形态学梯度操作得到的)

图 6-42　纹理分割

使用一个元素全为 1 且尺寸为 3×3 的结构元对图像执行形态学梯度操作，可以有效地突出两个不同纹理区域间的边界。图 6-42（4）展示了将形态学梯度操作的结果叠加到原始图像上后所呈现出的清晰边界。边界右侧的像素都属于由大斑点构成的纹理区域，而边界左侧的像素则属于由小斑点构成的纹理区域。通过参考图 6-35 中对开操作和闭操作的图形模拟，我们可以更加直观地理解这一例子中的操作过程与结果。

6.5.4　灰度级形态学重建

灰度级形态学重建基本上按照与 6.4.9 小节针对二值图像所介绍的相同的方法来定义。令 f 和 g 分别代表标记图像和模板图像。我们假设 f 和 g 是大小相同的灰度级图像，且 $f \leqslant g$。f 关于 g 的大小为 1 的测地膨胀定义为：

> 很容易理解这些表达式是 (x, y) 的函数。为简化表示，我们省略了 (x, y)。

$$D_g^1(f) = (f \oplus b) \wedge g \tag{6-55}$$

式中，$\wedge$ 代表点方式的最小算子。该式指出，大小为 1 的测地膨胀是由先计算 b 对 f 的膨胀，然后选择在每一个 (x, y) 点处该结果和 g 间的最小者得出。如果 b 是一个平坦结构元，则膨胀由式（6-43）给出，否则膨胀由式（6-45）给出。f 关于 g 的大小为 n 的测地膨胀定义为：

$$D_g^n(f) = D_g^1 \left[D_g^{n-1}(f) \right] \tag{6-56}$$

并有 $D_g^{(0)}(f) = f$。

类似地，f 关于 g 的大小为 1 的测地腐蚀定义为：

$$E_g^1(f) = (f \ominus b) \vee g \tag{6-57}$$

式中，$\vee$ 表示点方式的最大算子。f 关于 g 的大小为 n 的测地腐蚀定义为：

$$E_g^n(f) = D_g^1 \left[E_g^{n-1}(f) \right] \tag{6-58}$$

并有 $D_g^0(f) = f$。

灰度级标记图像 f 对灰度级模板图像 g 的膨胀形态学重建定义为 f 关于 g 的测地膨胀反复迭代直至达到稳定，即

$$R_g^D(f) = D_g^k(f) \tag{6-59}$$

并有 k 应使 $D_g^k(f) = D_g^{k+1}(f)$，f 对 g 的腐蚀的形态学重建类似地定义为：

$$R_g^E(f) = E_g^k(f) \tag{6-60}$$

并有 k 应使 $E_g^k(f) = E_g^{k+1}(f)$。

如在二值情况那样，灰度级图像重建的开操作首先腐蚀输入图像，并用它作为标记图

像。一幅图像 f 的大小为 n 的重建开操作定义为先对 f 进行大小为 n 的腐蚀，再由 f 的膨胀重建，即

$$O_R^n(f) = R_f^D\left[(f \ominus nb)\right] \tag{6-61}$$

式中，$(f \ominus nb)$ 表示 b 对 f 的 n 次腐蚀，同 6.4.7 小节的解释。回忆式（6-37）针对二值图像的讨论，重建开操作的目的是保护腐蚀后留下的图像分量的形状。

类似地，图像 f 的大小为 n 的重建闭操作定义为先对 f 进行大小为 n 的膨胀，再由 f 的腐蚀重建，即

$$C_R^n(f) = R_f^E\left[(f \oplus nb)\right] \tag{6-62}$$

式中，$(f \oplus nb)$ 表示 b 对 f 的 n 次腐蚀。因为对偶性，图像的重建闭操作可以用图像的求补得到，先得到重建开操作，然后再求结果的补。最后，如下例所示，称为重建顶帽的一种有用技术是从一幅图像中减去其重建开操作。

【典型案例】

基于形态学的工件表面污点处理

形态学处理是一种基于图像形状和结构的图像处理技术，其包括腐蚀、膨胀、开操作和闭操作四个基本操作。这些基本形态学操作可以单独使用，也可以根据需要进行组合和串联。形态学处理可以用于检测零件表面的缺陷，如裂纹、划痕、凹陷等。通过腐蚀、膨胀和轮廓分析等操作，可以突出并提取出缺陷的特征，实现自动化表面污点处理。形态学处理还可以应用在工业图像增强中，如图像去噪、纹理增强等，可以平滑图像、去除噪声，并突出图像中的纹理特征。

本案例中采用工业机器视觉系统，拍摄给定工件（图 6-43）的图像并保存。利用形态学处理中的四个基本操作处理方法对工件表面进行处理，若工件表面有污点、划痕等缺陷，则将工件表面的这些缺陷进行标注以便后续判断工件的质量是否符合标准要求。

策略分析：在进行形态学处理之前，需要对原始图像进行预处理，以便更好地进行形态学操作。在预处理

图 6-43 表面污点原图

阶段，选择合适的滤波方法和参数以及图像增强技术，可以提高形态学处理的效果。再根据问题的需求，选择合适的形态学操作进行处理。例如本案例中希望将工件表面的污点划痕等缺陷通过放大的方式标注出来，方便后续判断是否符合质量标准，则选择膨胀操作。

OpenCV（开源计算机视觉库）提供了多种形态学处理的函数，例如 cv2.erode() 和 cv2.dilate() 分别表示进行腐蚀和膨胀操作。其中还提供了其他一些形态学操作的函数，例如开运算（先腐蚀后膨胀）、闭运算（先膨胀后腐蚀）、形态学梯度（膨胀图像与腐蚀图像的差）等，这些操作可以通过组合腐蚀和膨胀操作来实现，cv2.morphologyEx() 函数用于

进行更复杂的形态学操作。本案例中，将图像中工件表面的划痕经形态学处理后的结果如图 6-44 所示。

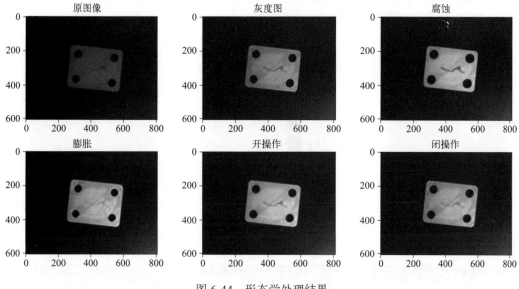

图 6-44 形态学处理结果

形态学处理中的参数设置对结果影响很大。根据案例，利用实验和观察，对参数进行适当的调整和优化。通过改变结构元素、操作顺序、操作次数等调整参数，进行结果对比和评估，找到最佳参数组合如图 6-45 所示，找到最佳参数并处理图像后展示标注出表面污点的工件图像。

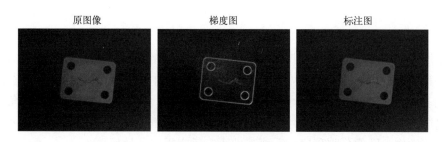

图 6-45 表面污点标注

根据结果，对实验方案进行改进和优化。可能需要调整形态学操作、参数设置或者结构元素的选择。重复实验和评估，直到达到理想的处理效果。

【场景延伸】

形态学处理还在条形码识别中扮演着重要的角色，它作为一种图像分析方法，主要用来消除噪声、连接断开的线条等，从而提高条形码识别的准确性。本案例使用图 6-46 所示场景进行讲解，在条形码识别过程中，首先需要将图像中的条形码区域与图像背景分离开来，并进行一系列的数字信号处理操作。这些操作可能包括二值化、去噪、边缘检测等。形态学处理是一个关键步骤。其中腐蚀操作可以将图像中的小区域去除，从而消除噪声或使条形码空隙拓宽，便于后续的识别。而膨胀操作则可以将图像中的局部区域扩张，用来连接条形码中断的线条，从而得到完整的条形码，再使用二维码读取的技术最终准确高效地识别二维码中的信息，如图 6-47 所示。

图 6-46　条形码识别场景

(1) 条形码原图　　　　　　　(2) 条形码处理过程图　　　　　　(3) 条形码识别结果

图 6-47　条形码识别

【本章小结】

本章所介绍的形态学概念和技术，为我们提供了一组强大的工具，用于从图像中提取我们感兴趣的特征。形态学图像处理之所以吸引人，其中一个重要原因就在于它拥有深厚的集合论基础，这一基础为形态学技术的不断发展提供了坚实的基础。从实现角度来看，膨胀和腐蚀作为基本操作，是构建各类形态学算法的关键。在后续章节的学习中我们可以看到，形态学作为图像分割程序的重要基础，广泛应用于各种场景。

【知识测评】

一、填空题

1. 形态学图像处理主要基于物体的 _____ 特性，如大小、形状和结构。
2. 在形态学图像处理中，_____ 操作通常用于消除图像中的小物体或噪声。
3. 形态学图像处理中的 _____ 操作可以用于连接断裂的物体或填充物体内部的孔洞。
4. 形态学梯度运算能够提取物体的 _____ 信息，有助于边缘检测和形状分析。
5. 在形态学图像处理中，通过 _____ 操作可以去除小于结构元素的物体。

6. 形态学 _____ 操作可以用于填补物体中的细小孔洞。

7. 开运算和闭运算都是基于 _____ 和 _____ 两种基本操作的组合。

8. 形态学梯度运算通常用于检测图像的 _____，尤其是那些与结构元素尺寸相当的边缘。

二、选择题

1. 下列哪个操作属于形态学图像处理中的腐蚀操作？（　　　）

    A. 扩大物体的边界　　　　　　　　　B. 缩小物体的边界

    C. 平滑物体的边缘　　　　　　　　　D. 增强物体的对比度

2. 在形态学图像处理中，开运算通常用于实现什么目的？（　　　）

    A. 消除小物体　　　　　　　　　　　B. 连接断裂的物体

    C. 填充孔洞　　　　　　　　　　　　D. 增强边缘

3. 形态学图像处理中的闭运算与开运算的主要区别在于？（　　　）

    A. 闭运算可以消除小物体　　　　　　B. 闭运算可以连接断裂的物体

    C. 闭运算可以填充孔洞　　　　　　　D. 闭运算可以增强边缘

4. 下列哪个操作不是形态学图像处理的基本运算？（　　　）

    A. 腐蚀　　　　　　B. 膨胀　　　　　　C. 梯度　　　　　　D. 傅里叶变换

5. 下列哪个操作不属于形态学图像处理的基本操作？（　　　）

    A. 腐蚀　　　　　　B. 膨胀　　　　　　C. 开运算　　　　　　D. 傅里叶变换

6. 开运算和闭运算在形态学图像处理中的主要区别是什么？（　　　）

    A. 开运算用于去除噪声，闭运算用于填充孔洞

    B. 开运算用于填充孔洞，闭运算用于去除噪声

    C. 开运算和闭运算都可以去除噪声

    D. 开运算和闭运算都可以填充孔洞

7. 在形态学梯度操作中，其结果主要反映了什么信息？（　　　）

    A. 图像的亮度变化　　　　　　　　　B. 图像的边缘信息

    C. 图像的形状特征　　　　　　　　　D. 图像的纹理特征

三、判断题

1. 开运算和闭运算是形态学图像处理中两种常用的组合运算，它们都可以用于消除噪声和简化物体结构。（　　　）

2. 形态学梯度运算的结果通常是一幅二值图像，其中高亮区域表示物体的边缘。（　　　）

3. 形态学腐蚀操作会导致图像中的物体边界向内收缩。（　　　）

4. 形态学膨胀操作可以填补物体中的小空洞。（　　　）

5. 开运算是对图像先进行腐蚀操作，再进行膨胀操作。（　　　）

6. 闭运算可以断开图像中物体的狭窄连接。（　　　）

7. 形态学图像处理主要用于分析和理解图像中的形状和结构信息。（　　　）

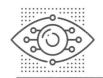

第 7 章

图像分割

我们学习了传统的图像处理方法，即输入和输出均为图像的形式，在第 6 章转向了更为精细的图像处理方法，即输出是从图像中提取出的特定属性。本章我们学习另一种精细图像处理方法，即分割。分割将图像细分为构成它的子区域或物体，细分的程度取决于要解决的问题。也就是说，在应用中，当感兴趣的物体或区域已经被检测出来时，就停止分割。例如，在电子元件的自动检测过程中，我们的主要目标是分析产品的图像，并客观地判断是否存在如元件缺失或线路断裂等特定异常现象。在这种情况下，过度分割，即超过识别这些关键元素所需细节的分割，显然是没有实际意义的。

本章所述的分割算法主要依据灰度值的两个关键特性：不连续性和相似性。前者基于灰度突变如图像边缘，进行分割；后者则依据预定义准则，将图像划分为相似区域，如阈值处理、区域生长、分裂与聚合等方法。我们将深入探讨并展示这些方法的应用，并强调综合运用不同方法能有效提升分割性能，例如结合阈值处理的边缘检测技术。此外，还将讲解因结合多种优秀属性而备受关注的形态学图像分割。最后，我们将简要探讨运动线索在分割中的应用，以此作为本章的总结。

【学习目标】

① 熟悉并掌握多种常用的图像分割方法，如阈值法、边缘检测法、区域生长法、聚类法等。

② 了解各种分割方法的原理、特点、适用场景以及优缺点，能够根据实际问题选择合适的分割方法。

③ 了解图像分割在各个领域中的实际应用，如医学图像处理、自动驾驶、机器人视觉等。通过分析这些案例，加深对图像分割技术的理解和应用能力的提升。

【学习导图】

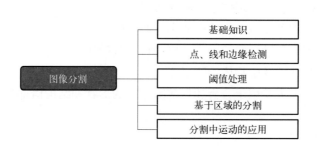

【知识讲解】

7.1　基础知识

令 R 表示一幅图像占据的整个空间区域，我们可以将图像分割视为把 R 分为 n 个子区域 $R_1, R_2, \cdots, R_n$ 的过程，满足：

① $\bigcup\limits_{i=1}^{n} R_i = R$。

② R_i 是一个连通集，$i = 1, 2, \cdots, n$。

③ $R_i \bigcap R_j = \varnothing$，对于所有 i 和 j，$i \neq j$。

④ $Q(R_i) = \text{TRUE}$，$i = 1, 2, \cdots, n$。

⑤ $Q(R_i \bigcup R_j) = \text{FALSE}$，对于任何 R_i 和 R_j 的邻接区域。

其中，$Q(R_k)$ 是定义在集合 R 的点上的一个逻辑属性，并且 $\varnothing$ 表示空集。如 2.5.4 小节中定义的那样，符号 $\bigcup$ 和 $\bigcap$ 分别表示集合的并和交。如 2.4.2 小节中的讨论，若 R_i 和 R_j 的并形成一个连通集，则我们说这两个区域是邻接的。

条件①指出，分割必须是完全的；也就是说，每个像素都必须在一个区域内。条件②要求一个区域中的点以某些预定义的方式来连接（即这些点必须是 4 连接的或 8 连接的，就像 2.4.2 节中的定义）。条件③指出，各个区域必须是不相交的。条件④涉及分割后的区域中的像素必须满足的属性——例如，如果 R_i 中的所有像素都有相同的灰度级，则 $Q(R_i)=\text{TRUE}$。最后，条件⑤指出，两个邻接区域 R_i 和 R_j 在属性 Q 的意义上必须是不同的。

通过这种方式，我们认识到图像分割的核心任务是将一幅图像划分为多个满足特定条件的区域。一般而言，对于单色图像的分割算法，主要依赖于处理灰度值的两大特性：不连续性和相似性。首先，不连续性特性假设不同区域的边界在灰度值上会有显著差异，与背景形成鲜明对比，这使得我们能够通过检测灰度的局部变化来识别边界。基于边缘的分割方法正是利用这一特性。其次，相似性特性则是基于预定义的准则将图像划分为几个灰度值相似的区域，即基于区域的分割方法。图 7-1 直观地展示了这些概念。其中，图 7-1（1）展示了一个在深色背景上叠加浅色区域的图像，这两个区域共同构成了整个图像。图 7-1（2）则展示了根据灰度的不连续性计算得出的内部区域边界。在边界内部和外部的点均呈现为黑色（0），因为在这些区域内灰度值并未发生突变。为了分割图像，我们对边界上或边界内的像素赋予一个灰度级（例如白色），而对边界外部的所有点赋予另一个灰度级（例如黑色）。图 7-1（3）展示了这种处理方法的结果，它满足了我们在本节开始时所提到的条件①至③。条件④要求：如果一个像素位于边界上或边界内，则标为白色，否则标为黑色。在图 7-1（3）中，这一属性对于所有标为黑色和白色的点均成立。同样地，分割后的两个区域（物体和背景）也满足了条件⑤。

图 7-1（4）～（6）三幅图像展示了基于区域的分割方法的应用。图 7-1（4）与图 7-1（1）类似，但其内部区域的灰度构成了一种纹理模式。图 7-1（5）则展示了计算该图像边

缘的结果。显然，灰度中存在大量的细微变化，使得准确识别原图像中的唯一边界变得困难，因为这些变化经常与真正的边界相混淆。因此，在这种情况下，基于边缘的分割方法并不适用。然而，我们注意到外部区域是恒定的，所以解决这个问题的关键在于找到能够区分纹理区域和恒定区域的属性。像素值的标准差就是一个有效的度量，因为在纹理区域中标准差非零，而在恒定区域中标准差为零。图 7-1（6）展示了将原图像划分为多个大小为 4×4 的子区域后的结果。如果某个子区域中像素的标准差为正（即满足我们设定的属性），则将该子区域标记为白色；否则标记为其他颜色。由于是以 4×4 的方块为单位进行标记，因此在区域边缘周围出现了"块"效应。最后，值得注意的是，这些结果同样满足了本节开始时提出的五个条件。

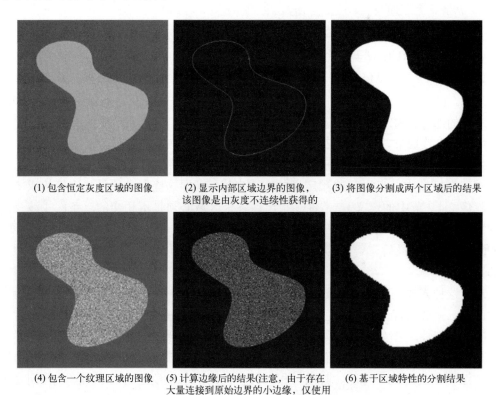

(1) 包含恒定灰度区域的图像　　(2) 显示内部区域边界的图像，　　(3) 将图像分割成两个区域后的结果
　　　　　　　　　　　　　　　　　该图像是由灰度不连续性获得的

(4) 包含一个纹理区域的图像　　(5) 计算边缘后的结果(注意，由于存在　　(6) 基于区域特性的分割结果
　　　　　　　　　　　　　　　大量连接到原始边界的小边缘，仅使用
　　　　　　　　　　　　　　　边缘信息是很难找到一条唯一的边界的)

图 7-1　图像分割示例

7.2　点、线和边缘检测

本节将重点讨论基于灰度局部剧烈变化检测的分割方法。我们主要关注三种图像特征：孤立点、线和边缘。边缘像素指的是图像中灰度发生突变的像素，而边缘（或边缘线段）则是由相连的边缘像素构成的集合（关于连接性的具体定义，可参见 2.4.2 小节）。边缘检测器是一种局部图像处理方法，旨在检测这些边缘像素。线可以视作一种特殊的边缘线段，其两侧的背景灰度要么显著亮于线像素的灰度，要么显著暗于线像素的灰度。事实

上，正如后续章节中将详细讨论的那样，线通常会导致所谓的"屋顶边缘"现象。类似地，孤立点也可以视为一种特殊的线，只不过其长度和宽度都仅为一个像素。

> 当我们说到线时，实际上是指那些较细的结构，它通常只有几个像素粗，譬如数字化后的建筑设计图中的线，或卫星图像中的道路。

7.2.1 背景知识

正如我们在 2.5.3 小节和 3.5.1 小节中所观察到的，通过局部平均来平滑一幅图像，可以将其视为一种类似积分的操作。因此，对于灰度值的突变，使用微分来检测局部变化也就显得理所当然了。由于这些变化往往非常短暂和剧烈，一阶微分和二阶微分特别适合。

数字函数的导数可以通过差分来定义。如 3.6.1 小节所述，有多种方法可以用来近似这些差分。对于一阶导数的近似，我们提出以下要求：首先，在恒定灰度区域内，导数必须为零；其次，在灰度台阶或斜坡的起始处，导数必须不为零；最后，在灰度斜坡上的任意点，导数也应不为零。类似地，对于二阶导数的近似，我

> 回忆 2.3.2 小节可知，为表达清晰。图像样本间的增量定义为 1，因此在式（7-1）的推导中使用了 $\Delta x=1$。

们也有类似的要求：在恒定灰度区域内，二阶导数应为零；在灰度台阶或斜坡的开始和结束位置，二阶导数必须不为零；而在灰度斜坡内部，二阶导数应为零。由于我们处理的是数字量，它们的取值是有限的，因此最大可能的灰度变化也是有限的。此外，灰度变化的最小可能距离就是两个相邻像素之间的距离。

我们按如下方式来得到一维函数 $f(x)$ 在点 x 处的导数的近似：将函数 $f(x+\Delta x)$ 展开为关于 x 的泰勒级数，令 $\Delta r=1$，且只保留该级数的线性项。结果是数字差分：

$$\frac{\delta f}{\delta x} = f'(x) = f(x+1) - f(x) \tag{7-1}$$

当我们考虑一个两变量的图像函数 $f(x, y)$ 时，为了表示的一致性，这里使用了偏微分，此时，我们将处理沿两个空间轴的偏微分。很明显，当函数 f 只有一个变量时，有 $\partial x / \partial y = \mathrm{d}f / \mathrm{d}x$。

对式（7-1）关于 x 微分，我们得到一个二阶导数表达式：

$$\begin{aligned}
\frac{\partial^2 f}{\partial x^2} = \frac{\partial f'(x)}{\partial x} &= f'(x+1) - f'(x) \\
&= f(x+2) - f(x+1) - f(x+1) + f(x) \\
&= f(x+2) - 2f(x+1) + f(x)
\end{aligned}$$

其中，第二行基于式（7-1）。这一展开是关于点 $x+1$ 的。我们的兴趣是关于点 x 的二阶导数，故将上式中的变量减 1 后，得到：

$$\frac{\delta^2 f}{\delta x^2} = f''(x) = f(x+1) + f(x-1) - 2f(x) \tag{7-2}$$

很容易证明式（7-1）和式（7-2）满足本小节开始时说明的关于一阶和二阶导数的条件。为了说明这 一点，并强调一阶导数和二阶导数在图像处理中的基本相同点和不同点，我们考虑图 7-2。

图 7-2（1）展示了一幅包含不同实心物体、一条线和单个噪声点的图像。图 7-2（2）则呈现了近似穿越图像中心的水平灰度剖面（扫描线），其中包含了孤立点。实心物体与扫描线上背景之间的灰度变化展现了两种边缘类型：左侧的斜坡边缘和右侧的台阶边缘。正如后续将详细讨论的，灰度过渡涉及较细的物体，如常被称作屋顶边缘的线。图 7-2（3）是对剖面线的简化表示，构成曲线的点足以让我们在遭遇噪声点、线条和物体边缘时，从数量上分析一阶导数和二阶导数的特性。在这幅简化图中，斜坡过渡跨越了四个像素，噪声点占据单个像素，线条宽度为三个像素，而灰度台阶的过渡发生在相邻像素之间。为简化起见，灰度级数被限制为八级。

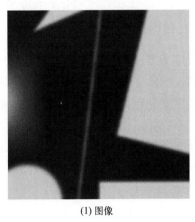

(1) 图像

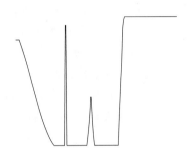

(2) 通过该图像中心的水平灰度剖面，包括孤立噪声点

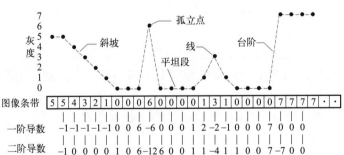

(3) 简化后的剖面线[为清楚起见，点已用虚线连接起来。图像条带对应于灰度剖面曲线，方框中的数字是剖面线中所示的点的灰度值。导数是使用式(7-1)和式(7-2)得到的]

图 7-2　图像处理中的一阶微分与二阶微分

现在，我们考虑从左至右穿越该剖面时一阶导数和二阶导数的特性。首先，我们观察到在灰度斜坡的起始处以及整个斜坡范围内，一阶导数均不为零，而二阶导数仅在斜坡的起始和结束位置非零。鉴于数字图像的边缘与这种过渡类似，我们得出结论：一阶导数会

产生"粗"边缘，而二阶导数则会产生更为精细的边缘。接下来，我们遇到孤立的噪声点。该点处，二阶导数的响应幅度远超过一阶导数，这并不意外，因为二阶导数在增强剧烈变化方面比一阶导数更为敏感。因此，我们可以预期，在增强细节（包括噪声）方面，二阶导数的效果要远强于一阶导数。在本例中，线条非常细，因此也被视为更精细的细节，我们再次看到二阶导数的幅度更大。最后，我们注意到在斜坡和台阶边缘处，进入和离开边缘过渡时的二阶导数符号相反（从负到正或从正到负）。正如我们在下文 7.2.6 小节中所示，这种"双边缘效应"是定位边缘的重要特性。此外，二阶导数的符号还可以用于确定边缘是从亮到暗（负二阶导数）还是从暗到亮（正二阶导数）过渡，这可以通过观察移入边缘时的符号变化来实现。

综上所述，我们得出以下结论：首先，一阶导数在图像处理中通常产生较粗的边缘；其次，二阶导数对精细细节，如细线、孤立点及噪声，表现出更强的响应；此外，二阶导数在灰度斜坡和台阶过渡处会产生双边缘响应；最后，二阶导数的符号信息可用来判断边缘是从亮到暗还是从暗到亮的过渡。

计算图像中每个像素位置处的一阶导数和二阶导数的一种有效方法是使用空间滤波器。对于图 7-3 中展示的 3×3 滤波器模板，计算过程涉及将模板系数与覆盖区域中的灰度值进行乘积，并将这些乘积相加。换言之，按照式（3-23）的方式，模板在覆盖区域中心点的响应即为这些乘积之和。

w_1	w_2	w_3
w_4	w_5	w_6
w_7	w_8	w_9

图 7-3　一个普通的 3×3 空间滤波器掩模

$$R = w_1 z_1 + w_2 z_2 + \cdots + w_9 z_9 = \sum_{k=1}^{9} w_k z_k \tag{7-3}$$

式中，z_k 是像素的灰度，该像素的空间位置对应于模板中第 k 个系数的位置。3.4 节和 3.6 节中已详细讨论了对图像中所有像素执行这种操作的细节。换句话说，基于空间模板的导数的计算是用这些模板对一幅图像进行空间滤波，正如在前面章节描述的那样。

7.2.2　孤立点的检测

基于 7.2.1 小节得到的结论，可知点的检测应以二阶导数为基础。根据 3.6.2 小节的讨论，这意味着使用拉普拉斯：

$$\nabla^2 f(x,y) = \frac{\partial^2 f}{\partial x^2} + \frac{\partial^2 f}{\partial y^2} \tag{7-4}$$

其中，偏微分用式（7-2）得到：

$$\frac{\partial^2 f(x,y)}{\partial x^2} = f(x+1,y) + f(x-1,y) - 2f(x,y) \tag{7-5}$$

$$\frac{\partial^2 f(x,y)}{\partial y^2} = f(x,y+1) + f(x,y-1) - 2f(x,y) \tag{7-6}$$

$$\nabla^2 f(x,y) = f(x+1,y) + f(x-1,y) + f(x,y+1) + f(x,y-1) - 4f(x,y) \tag{7-7}$$

如3.6.2小节中解释的那样，该表达式可以用图3-21（1）中的模板来实现。此外，我们可以把式（7-7）扩展为包括对角项，并使用图3-21（4）中的模板。使用图7-4（1）中的拉普拉斯模板，它与图3-21（4）中的模板相同，如果在某点处该模板的响应的绝对值超过了一个指定的阈值，那么我们说在模板中心位置(x, y)处的该点已被检测到了。在输出图像中，这样的点被标注为1，而所有其他点则被标注为0，从而产生一幅二值图像。换句话说，输出是使用如下表达式得到的：

$$f(x,y) \begin{cases} 1, & |R(x,y)| \geq T \\ 0, & \text{其他} \end{cases} \tag{7-8}$$

式中，T是一个非负的阈值，R由式（7-3）给出。该式简单地度量一个像素及其8个相邻像素间的加权差。从直观上看，这一概念是一个孤立点的灰度将完全不同于其周围像素的灰度，因而，使用这种类型的模板可很容易地检测出这个孤立点。考虑的重点仅仅是灰度的不同，这对于研究孤立点已很充分了。注意，通常对于一个导数模板，这些系数之和为零表明在恒定灰度区域模板响应将是0。

1	1	1
1	8	1
1	1	1

(1) 点检测(拉普拉斯)模板

(2) 带有一个通孔的涡轮叶片的X射线图像(该通孔含有一个黑色像素)

(3) 模板与图像卷积的结果

(4) 使用式(7-8)得到的结果，结果中显示了一个点(为便于观看，该点已被放大)

图7-4　点线检测

例7.1　图像中孤立点的检测

借助于图7-4（2），我们来说明如何从一幅图像中将孤立点分割出来。该图像是一幅喷气发动机涡轮叶片的X射线图像。图像右上部分的叶片有一个通孔，该通孔中已嵌入一个黑色像素。图7-4（3）是将点检测模板应用到该幅X射线图像后的结果，图7-4（4）显示了当T取图7-4（3）中像素的最高绝对值的90%时，应用式（7-8）所得到的结果。

在这幅图像中，这个单一像素清晰可见（为增加其可视性，该像素已被人为放大）。这种类型的检测过程相当特殊，因为它基于单个像素位置处灰度的突变，这些位置被检测模板区域中的同质背景所围绕。当这一条件不能满足时，则本章中讨论的其他方法会更适合于检测灰度变化。

7.2.3　线检测

复杂度更高的检测是线检测。基于 7.2.1 小节中的讨论，我们知道，对于线检测，预计其二阶导数将导致更强的响应，并产生比一阶导数更细的线。这样，对于线检测，我们也可以使用图 7-4（1）中的拉普拉斯模板，记住，二阶导数的双线效应必须做适当的处理。下面的例子说明了这一处理过程。

例 7.2　用拉普拉斯进行线检测

图 7-5（1）显示了一幅 486×486 电子电路的接线掩模的一部分（二值图像），图 7-5（2）显示了其拉普拉斯图像。因为拉普拉斯图像包含有负值，为便于显示，做比例调节是必要的。如放大部分显示的那样，中等灰度表示零，较暗的灰色调表示负值，而较亮的色调表示正值。在放大部分，双线效应清晰可见。

首先，负值看起来可通过取拉普拉斯图像的绝对值来简单地处理。然而，如图 7-5（3）所示，该方法会使线的宽度加倍。一个更合适的方法是仅使用拉普拉斯的正值（在有噪声的情形下，我们使用超过正阈值的那些值，去掉那些由噪声导致的零附近的随机变

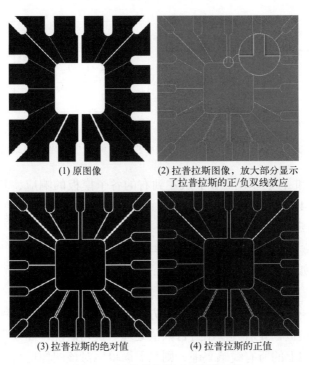

(1) 原图像　　　　　　(2) 拉普拉斯图像，放大部分显示
　　　　　　　　　　　　了拉普拉斯的正/负双线效应

(3) 拉普拉斯的绝对值　　(4) 拉普拉斯的正值

图 7-5　用拉普拉斯进行线检测

化）。如图 7-5（4）中的图像所示，这种方法产生了更细的线，这些线更有用。注意，在图 7-5（2）到图 7-5（4）中，当线的宽度比拉普拉斯模板的尺寸宽时，这些线就被一个零值"山谷"分开了。

这是意料之中的结果。例如，当我们把这个 3×3 滤波器置于一条宽度为 5 个像素的恒定灰度线中央时，其响应会为零，这正是之前所提到的效应。在谈论线检测时，我们通常假设这些线的宽度要小于检测器的尺寸。对于不满足这一假设的较粗线条，最好将其视为区域，并采用本节后续部分将讨论的边缘检测方法来处理。

图 7-4（1）中的拉普拉斯检测子具有各向同性，因此其响应不受方向影响（相对于该 3×3 拉普拉斯模板的四个方向：垂直、水平及两个对角方向）。通常，我们更关注于检测特定方向的线条。考虑图 7-6 中的模板，若使用第一个模板对一幅背景恒定并包含各种方向（0°、±45°和 90°）线条的图像进行滤波，最大响应会出现在图像中穿越模板中间行的一条水平线上。这一点可以通过简单绘制一个元素为 1 的阵列，并在

> 回忆 2.4.2 小节可知图像轴约定如下：原点位于左上角，正 x 轴指向下方，正 y 轴指向右方。本节中讨论的线的角度是指相对于正 x 轴度量的角度。例如，垂直线的角度为 0°，+45°线向右下方向延伸。

其上绘制一条水平穿越、灰度不同（假设为 5）的线来轻松验证。类似实验表明，图 7-6 中的第二个模板对 45°方向的线条响应最佳；第三个模板对垂直线条响应最佳；第四个模板对 -45°方向的线条响应最佳。每个模板的首选方向都通过比其他方向更大的系数（如 2）进行加权。每个模板中的系数之和为零，确保在恒定灰度区域中的响应为零。

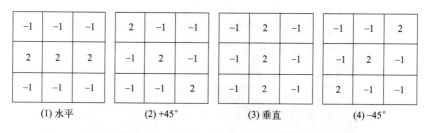

图 7-6　线检测模板［角度是相对于图 2-9（2）中的坐标轴系统的］

令 R_1，R_2，R_3 和 R_4 表示图 7-6 中从左到右的各个模板的响应，其中 R 值由式（7-3）给出。假设使用这 4 个模板对一幅图像滤波。在该图像中的某个给定点处，如果对于所有 $j \neq k$ 有 $|R_i|>|R_j|$，则称该点可能与模板 k 方向的一条线更相似。例如，如果在图像中的某个点处，对于 $j=2, 3, 4$ 有 $|R_1|>|R_2|$，则说该点可能与一条水平

> 注意，这里使用 R 来表示模板响应，而 7.1 节中则用来表示区域，请不要混淆。

线更相似。换句话说，我们可能对检测特定方向上的线感兴趣。在这种情况下，我们会使用与该方向相关的模板，并对其输出进行阈值处理。换句话说，如果我们对检测图像中由给定模板定义的方向上的所有线感兴趣，则只需简单地对该图像运行这个模板，并对结果的绝对值进行阈值处理。留下的点是有最强响应的点，对于 1 个像素宽度的线来说，相应的点最接近于模板定义的方向。下例说明了这一过程。

例 7.3　特定方向线的检测

图 7-7（1）显示了例 7.2 中所用的图像。假设我们的兴趣在于寻找所有的宽度为 1 个像素、方向为 45°的线。为了达到这一目的，我们使用图 7-6 中的第二个模板。图 7-7（2）是用该模板对图像滤波后的结果。如之前那样，图 7-7（2）中比背景暗的色调对应于负值。图像中有两个取向为 +45°方向的主要线段：一个在左上方，另一个在右下方。图 7-7（3）和（4）显示了图 7-7（2）中对应于这两个区域的放大部分。注意，图 7-7（4）中的直线段比图 7-7（3）中的该线段亮得多。原因是图 7-7（1）中右下方线段的宽度为 1 个像素，而左上方线段的宽度则不是。该模板被"调谐"到检测 +45°方向的 1 个像素宽的线，我们期望，当检测这样的线时，其响应较强。图 7-7（5）显示了图 7-7（2）的正值。因为我们的兴趣在于最强响应，我们令 T 等于图 7-7（5）中的最大值。图 7-7（6）使用白色显示了其值满足条件 $g \geq T$ 的点，其中 g 是图 7-7（5）中的图像。该图中的孤立点是对模板也有类似强响应的点。在原图像中，这些点与它们的邻点都按这样一种方法来取向，即模板在这些位置会产生最大的响应。用图 7-4（1）中的模板可检测这些孤立点，然后删除这些点；或者可以使用第 6 章中讨论的形态学算子来删除这些孤立点。

(1) 接线板掩模图像

(2) 使用图7-6中的+45°线检测子模板处理后的结果

(3)(2)左上方区域的放大观察图

(4)(2)右下区域的放大观察图

(5) 将(2)中所有负值置为零后的图像

(6)其值满足条件g≥T的所有点(白色)，其中g是(5)中的图像[为便于查看，图(6)中的点已被放大]

图 7-7　特定方向线的检测

7.2.4　边缘模型

边缘检测是一种基于灰度突变来分割图像的常用方法。我们将从介绍边缘建模的方法开始，随后探讨各种边缘检测手段。

边缘模型可以根据其灰度剖面进行分类。台阶边缘，即在单个像素的距离内完成两个灰度级之间的理想过渡，是其中的一种。图 7-8（1）展示了一个垂直台阶边缘的部分及其水平剖面。这种边缘常见于计算机生成的图像中，如固体建模和动画领域。这些清晰、理想的边缘可以在一个像素的距离内出现，无需任何额外的处理（如平滑）来增强它们的真实感。在算法开发中，数字台阶边缘通常被用作边缘模型。例如，下文 7.2.6 小节中讨论的坎尼边缘检测算法就是基于台阶边缘模型推导的。

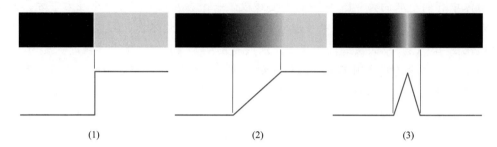

图 7-8　（1）为一个台阶模型，（2）为一个斜坡模型，（3）为一个屋顶边缘模型
（理想表示）及它们的相应灰度剖面

在实际应用中，数字图像的边缘往往因模糊和噪声而受到影响。这种模糊主要源于成像过程中的聚焦机制（如光学镜头）的限制，而噪声水平则与成像系统的电子元件紧密相关。因此，边缘的模型更接近灰度斜坡的剖面，如图 7-8（2）所示。斜坡的斜度与边缘的模糊程度成反比，即模糊程度越高，斜坡的斜度越小。在这种模型中，边缘不再局限于一条细线（1 像素宽），而是包括斜坡中的任意点。因此，一条边缘线段实际上是一组相互连接的这样的点。

除了上述模型外，还存在第三种边缘模型，即所谓的"屋顶"边缘。这种边缘具有图 7-8（3）所示的特性。屋顶边缘可以视为穿过图像中某个区域的线的模型，其基底（宽度）取决于线的宽度和尖锐程度。在极端情况下，当基底宽度仅为 1 像素时，屋顶边缘实际上只是一条穿过图像中某个区域的 1 像素宽的线。例如，在深度成像中，当细物体（如管子）比等距离的背景（如墙）更接近传感器时，会出现屋顶边缘。因为管道更亮，所以形成的图像类似于图 7-8（3）中的模型。另外，在数字化的线条图和卫星图像中，也经常出现屋顶边缘，例如道路这样的较细特征，可以通过这种类型的边缘进行建模。

包含所有三种类型边缘的图像并不罕见。虽然模糊和噪声会导致与理想形状的偏差，但图像中有适当锐度和适中的噪声的边缘确实存在类似于图 7-8 中边缘模型的特性，如图 7-9 所示的剖面。图 7-8 中的模型允许我们在图像处理算法的开发中写出边缘的数学表达式，这些算法的性能将取决于实际边缘和在算法开发中所用模型之间的差别。

图 7-10（1）显示了从图 7-8（2）的一段中提取出来的一幅图像。图 7-10（2）显示了一条水平灰度剖面线。该图还显示了灰度剖面的一阶导数和二阶导数。如 7.2.1 小节中讨论的那样，当沿着灰度剖面从左到右移动时，我们注意到，在斜坡的开始处和在斜坡上的各个点处，一阶导数为正。而在恒定灰度区域的一阶导数为零。在斜坡的开始处，二阶导数为正；在斜坡的结束处，二阶导数为负；在斜坡上的各点处，二阶导数为零；在恒定灰度区域的各点处，二阶导数为零。对于从亮到暗过渡的边缘，刚刚讨论的导数的符号则正好相反。零灰度轴和二阶导数极值间的连线的交点称为该二阶导数的零交叉点。

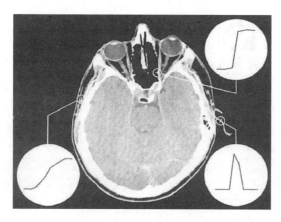

图 7-9　显示了（放大后的）实际斜坡（左下）、台阶（右上）和屋顶边缘剖面的一幅大小为
1508×1970 的图像（在由小圆所示短线段指出的区域中，剖面从暗到亮；斜坡和台阶
剖面分别跨越 9 个像素和 2 个像素；屋顶边缘的基底是 3 个像素源）

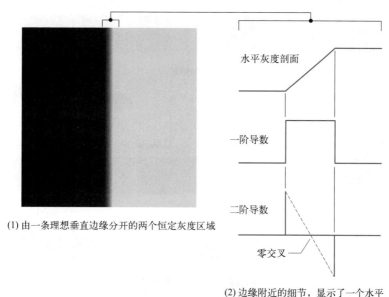

图 7-10　边缘检测

基于上述观察，我们可以得出以下结论：首先，一阶导数的幅度可用于检测图像中某点是否存在边缘。其次，二阶导数的符号有助于我们判断一个边缘像素是处于该边缘的暗侧还是亮侧。此外，我们还注意到二阶导数在边缘周围表现出两个额外的特性：一是它会对图像中的每条边缘产生两个值（这是我们不希望看到的特点）；二是二阶导数的零交叉点可用于定位粗边缘的中心，这一点我们将在本章后续部分详细说明。尽管有些边缘模型考虑了进入和离开斜坡时的平滑过渡，但使用这些模型得出的结论与使用理想斜坡模型得出的结论相同，而且后者能简化理论公式。最后，尽管我们目前主要关注一维水平剖面上的情况，但类似的结论同样适用于图像中任何方向的边缘。我们只需简单地定义一个在任何期望的点与边缘方向垂直的剖面，并采用与垂直边缘相同的分析方法对结果进行解释。

例 7.4　一条有噪声边缘的一阶导数和二阶导数的性质

图 7-8 中的边缘是无噪声的。图 7-11 中第一列图像段是 4 个斜坡边缘的特写，这些边缘从左边的黑色区域到右边的白色区域过渡（注意，从黑到白的整个过渡是一个单一的边缘）。第一列第一个图像段无噪声。第一列中的其他三幅图像被均值为零、标准差分别为 0.1，1.0 和 10.0 个灰度级的加性高斯噪声污染。每幅图像下面的图形是一个通过图像中心的水平灰度剖面线。所有图像具有 8 比特的灰度分辨率，并用 0 和 255 分别表示黑色与白色。

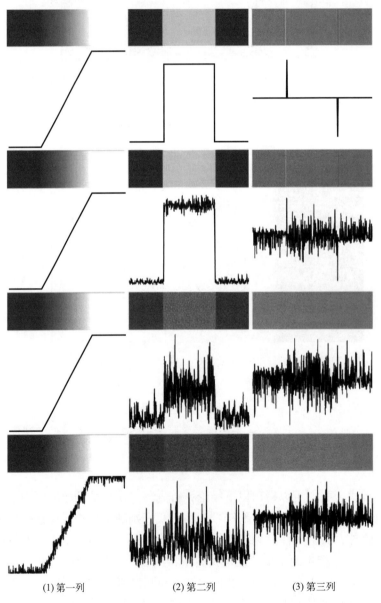

(1) 第一列　　　　　　(2) 第二列　　　　　　(3) 第三列

图 7-11　第一列：被均值为零、标准差分别为 0.0，0.1，1.0 和 10.0 个灰度级的随机高斯噪声所污染的斜坡边缘的图像和灰度剖面。第二列：一阶导数图像和灰度剖面线。
第三列：二阶导数图像和灰度剖面线

考虑中间第二列顶部的图像。就像我们对图 7-10（2）的讨论那样，左侧扫描线的导数在灰度恒定区域为零。这是在导数图像中显示的两个黑色条带。在斜坡上的各点处的导数是恒定的，并等于斜坡的斜率。在导数图像中这些恒定值显示为灰色。当我们沿中间第二列向下移动时，导数会变得与无噪声情形时越来越不相同。实际上，将中间第二列中最后一个剖面与斜坡边缘的一阶导数联系起来将会很困难。造成这种有意思的结果的原因是第一列图像中的噪声几乎不可见。这些例子很好地说明了导数对噪声的敏感性。

如预想的那样，二阶导数对于噪声甚至更为敏感。无噪声图像的二阶导数显示在第三列的上部。白色和黑色的细垂直线是二阶导数的正分量和负分量，就像图 7-10 中解释的那样。这些图像中的灰色表示零（比例缩放导致零显示为灰色）。唯一一个类似于无噪声情况的有噪声二阶导数图像对应于标准差为 0.1 的噪声。另三幅二阶导数图像和剖面清楚地表明了检测这些图像中的正分量和负分量的确很困难，而这些分量在边缘检测中确实是非常有用的二阶导数特性。

微弱的可见噪声对检测边缘所用的两个关键导数有严重影响的这一事实，是我们应记住的一个重要问题。在类似于我们所讨论的水平噪声相关应用中，使用导数之前对图像进行平滑处理是非常必要的。

我们根据前文的解释给出执行边缘检测的三个基本步骤：

① 为降噪对图像进行平滑处理。需要这一步的原因已在例 7.4 中对图 7-11 的第二列和第三列中的结果解释中做了详细说明。

② 边缘点的检测。这是一个局部操作，从一幅图像中提取所有的点，这些点是变为边缘点的潜在候选者。

③ 边缘定位。这一步的目的是从候选边缘点中选择组成边缘点集合中的真实成员。下面探讨实现这些目标的一些技术。

7.2.5　基本边缘检测

为了达到寻找边缘的目的，检测灰度变化可用一阶或二阶导数来完成。在本小节中，我们讨论一阶导数，二阶导数将在 7.2.6 小节中讨论。

（1）图像梯度及其性质

为了在一幅图像 f 的 (x, y) 位置处寻找边缘的强度和方向，我们使用梯度，梯度用 ∇f 来表示，并用向量来定义：

$$\nabla f \equiv \begin{bmatrix} g_x \\ g_y \end{bmatrix} = \begin{bmatrix} \dfrac{\partial f}{\partial x} \\ \dfrac{\partial f}{\partial y} \end{bmatrix} \tag{7-9}$$

该向量有一个重要的几何性质，它指出了 f 在位置 (x, y) 处的最大变化率的方向。

向量 ∇f 的大小（长度）表示为 $M(x, y)$，即

$$M(x,y) = \text{mag}(\nabla f) = \sqrt{g_x^2 + g_y^2} \qquad (7\text{-}10)$$

它是梯度向量方向变化率的值。注意，g_x，g_y 和 $M(x,y)$ 都是与原图像大小相同的图像，是 x 和 y 在 f 中的所有像素位置上变化时产生的。实践中，我们通常称后一图像为梯度图像，或者在含义很清楚时简称为梯度。如 2.5.1 小节中定义的那样，求和、平方和开方操作都是阵列操作。

梯度向量的方向由下列对于 x 轴度量的角度给出：

$$\alpha(x,y) = \arctan\left[\frac{g_y}{g_x}\right] \qquad (7\text{-}11)$$

如在梯度图像的情况那样，$\alpha(x,y)$ 也是与由 g_y 除以 g_x 的阵列创建的尺寸相同的图像。任意点 (x,y) 处一个边缘的方向与该点处梯度向量的方向 $\alpha(x,y)$ 正交。

例 7.5　梯度的性质

图 7-12 显示了包含一段直的边缘线段放大的一部分。所显示的每个方块对应于一个像素，我们的兴趣是得到用一个方框强调的点处边缘的强度和方向。灰色像素的值为 0，白色像素的值为 1。为计算 x 方向和 y 方向的梯度，本例使用一个关于一点为中心的 3×3 邻域，简单地从底部一行的像素中减去顶部一行邻域中的像素，得到 x 方向的偏导数。类似地，我们从右列的像素中减去左列的像素得到 y 方向的偏导数。接下来，用这些差值作为偏导数的估计，在这一点处有 $\partial f / \partial x = -2$ 和 $\partial f / \partial x = 2$。从而有：

$$\nabla f = \begin{bmatrix} g_x \\ g_y \end{bmatrix} = \begin{bmatrix} \dfrac{\partial f}{\partial x} \\ \dfrac{\partial f}{\partial y} \end{bmatrix} = \begin{bmatrix} -2 \\ 2 \end{bmatrix}$$

由此，我们可以得到这一点处的 $M(x,y) = 2\sqrt{2}$。类似地，相同点处梯度向量的方向遵循式（7-11）：$\alpha(x,y) = \arctan(g_y / g_x) = -45°$，它与相对于 x 轴的正方向度量的 135° 相同。图 7-12（2）显示了该梯度向量及其方向角。

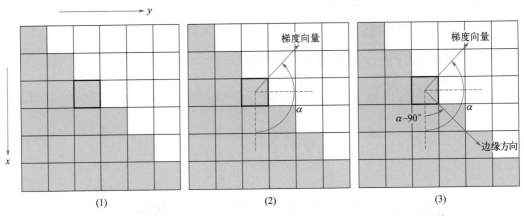

图 7-12　用梯度确定某个点处的边缘强度和方向（注意，某点处的边缘垂直于该点处的梯度向量的方向，图中的每个方块表示一个像素）

图 7-12（3）说明了之前提到的一个重要事实，即某点的边缘与该点的梯度向量正交。因此，在这个例子中，边缘的方向角是 $\alpha-90° =45°$。图 7-12（1）中的所有边缘点都有相同的梯度，所以，整个边缘段都处在相同的方向上。梯度向量有时也称为边缘法线。当向量通过除以其幅值［见式（7-10）］而归一化为单位长度时，结果向量通常称为边缘单位法线。

（2）梯度算子

要得到一幅图像的梯度，则要求在图像的每个像素位置处计算偏导数 $\partial f / \partial x$ 和 $\partial f / \partial y$。我们处理的是数字量，因此要求关于一点的邻域上的偏导数的数字近似。由 7.2.1 小节，我们可知：

$$g_x = \frac{\partial f(x,y)}{\partial x} = f(x+1,y) - f(x,y) \tag{7-12}$$

$$g_y = \frac{\partial f(x,y)}{\partial y} = f(x,y+1) - f(x,y) \tag{7-13}$$

这两个公式对所有 x 和 y 的有关值可用图 7-13 中的一维模板通过对 $f(x,y)$ 的滤波来执行。

当对对角线方向的边缘感兴趣时，我们需要一个二维模板。罗伯特交叉梯度算子［Roberts（1965）］是最早尝试使用具有对角优势的二维模板之一。考虑图 7-14（1）中的 3×3 区域。罗伯特交叉梯度算子以求对角像素之差为基础：

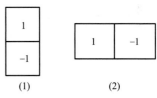

图 7-13　用于实现式（7-12）和式（7-13）的一维模板

$$g_x = \frac{\partial f}{\partial x} = (z_9 - z_5) \tag{7-14}$$

$$g_y = \frac{\partial f}{\partial y} = (z_8 - z_6) \tag{7-15}$$

这些导数可以使用图 7-14（2）和（3）中的模板对图像进行滤波来实现。

用于计算梯度偏导数的滤波器模板。通常称为梯度算子、差分算子、边缘算子或边缘检测子。

2×2 大小的模板在概念上很简单，但是它们对于用关于中心点对称的模板来计算边缘方向不是很有用。最小模板大小至少为 3×3，才能考虑中心点对端数据的性质，并携带有关于边缘方向的更多信息。用大小为 3×3 的模板来近似偏导数的最简单的数字近似由下式给出：

$$g_x = \frac{\partial f}{\partial x} = (z_7 + z_8 + z_9) - (z_1 + z_2 + z_3) \tag{7-16}$$

$$g_y = \frac{\partial f}{\partial y} = (z_3 + z_6 + z_9) - (z_1 + z_4 + z_7) \tag{7-17}$$

在这些公式中，3×3 区域的第三行和第一行之差近似为 x 方向的导数，第三列和第一列之差近似为 y 方向的导数。直观上，我们可以预料这些近似要比用罗伯特交叉梯度算子得到的近似更准确。式（7-16）和式（7-17）可用图7-14（4）和（5）中的两个模板通过滤波整个图像来实现。这两个模板称为 Prewitt 算子［Prewitt（1970）］。

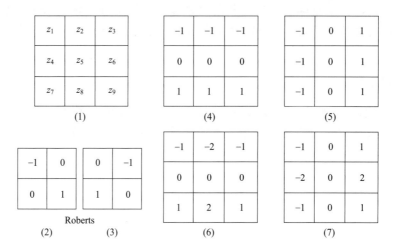

图 7-14　一幅图像的 3×3 区域（z 项是灰度值）和用于计算标记点 z_5 处的梯度的不同模板
［（1）为原图像,（2）、（3）为使用罗伯特算子,（4）（5）为使用 Prewitt 算子,（6）（7）为使用 Sobel 算子］

我们在式（7-16）、式（7-17）的中心系数上加上一个权值 2：

$$g_x = \frac{\partial f}{\partial x} = (z_7 + 2z_8 + z_9) - (z_1 + 2z_2 + z_3) \tag{7-18}$$

$$g_y = \frac{\partial f}{\partial y} = (z_3 + 2z_6 + z_9) - (z_1 + 2z_4 + z_7) \tag{7-19}$$

可以证明，在中心位置处使用 2 可以平滑图像。图 7-14（6）和（7）显示了用于实现式（7-18）和式（7-19）的模板。这些模板称为 Sobel 算子［Sobel（1970）］。

Prewitt 模板实现起来比 Sobel 模板更为简单，但正如前文提到的那样，Sobel 模板能较好地抑制（平滑）噪声的特性这一事实使得其更值得采用，因为在处理导数时噪声抑制是一个重要的问题。注意，图 7-14 中所有模板中的系数之和为零，正如导数算子所预示的那样，恒定灰度区域的响应为零。

我们使用刚才讨论的模板在图像的每个像素位置处得到梯度分量 g_x 和 g_y。然后，用这两个偏导数估计边缘的强度和方向。计算梯度的幅度时，要求按式（7-10）所示的方法联合使用 g_x 和 g_y。然而，这种实现并不总是令人满意，因为计算平方和与平方根需要大量的计算成本。因此，我们经常使用的一种方法是用绝对值来近似梯度的幅值：

$$M(x,y) \approx \left| g_x \right| + \left| g_y \right| \tag{7-20}$$

该式不仅在计算上更简洁，而且仍保持着灰度级的相对变化，但也导致滤波器一般将不再是各向同性（旋转不变）的。然而，当使用 Prewitt 和 Sobel 这样的模板来计算 g_x 和 g_y 时，这并不是问题，因为这些模板仅对垂直和水平边缘才会给出各向同性的结果。不管使用这两个公式中的哪一个，只有在这两个方向上的边缘，其结果才是各向同性的。此外，当使用 Sobel 或 Prewitt 模板时，式（7-10）和式（7-20）对垂直和水平边缘给出相同的结果。

可以修改图 7-14 中的 3×3 模板，以便它们沿对角线方向有最大的响应。图 7-15 显示了另外两个用于检测对角线方向边缘的 Prewitt 和 Sobel 模板。

0	1	1
-1	0	1
-1	-1	0

(1)

-1	-1	0
-1	0	1
0	1	1

(2)

0	1	2
-1	0	1
-2	-1	0

(3)

-2	-1	0
-1	0	1
0	1	2

(4)

图 7-15　检测对角边缘的 Prewitt 和 Sobel 模板［（1）（2）为 Prewitt，（3）（4）为 Sobel］

例 7.6　二维梯度幅值和角度的说明

图 7-16 说明了两个梯度分量 $|g_x|$ 和 $|g_y|$ 的绝对值响应，以及由这两个分量之和形成的梯度图像。梯度的水平和垂直分量的方向性在图 7-16（2）和（3）中很明显。注意，图 7-16（2）中屋顶的瓦片、砖块的水平接缝和窗户的水平线段比起其他边缘要强得多。相比之下，图 7-16（3）中正面和窗户的垂直分量更强。当一幅图像涉及的主要特性是边缘时，如梯度幅度图像，通常使用边缘图这一术语。在图 7-16（1）中，图像的灰度被标定在[0,1] 范围内。在本节讨论的各种边缘检测方法中，我们使用这一范围内的值来简化参数的选择。

(1) 灰度值已标定为范围[0,1]内的、
大小为834×1114的原图像

(2) $|g_x|$用图7-14(6)中的Sobel模板滤波
图像得到的x方向上的梯度分量

(3) $|g_y|$用图7-14(7)中的模板
得到的y方向上的梯度分量

(4) 梯度图像$|g_y|+|g_x|$

图 7-16　二维梯度幅值和角度

图 7-17 显示了使用式（7-11）计算得到的梯度角度图像。通常，对于边缘检测而言，角度图不像幅度图像那样有用，但它们可以作为用梯度幅值从图像中提取的信息的补充。例如，图 7-16（1）中的恒定灰度区域，诸如斜屋顶的前边缘和前墙顶部的水平条带，在图 7-17 中都是恒定的，这说明在这些区域中的所有像素位置处的梯度向量方向是相同的。正如我们在 7.2.6 小节说明的那样，在坎尼边缘检测算法的实现中，角度信息起着重要的支撑作用，坎尼边缘检测算法是在本章中我们讨论的最先进的边缘检测方法：

图 7-17 使用式（7-11）计算的梯度角度图像

图 7-16（1）中展示的原图像拥有非常高的分辨率（834×1114 像素），即便在图像获取时，墙砖所贡献的细节在图像中仍然十分显著。然而，在边缘检测过程中，这些精细的细节往往是不必要的，因为它们容易表现为噪声，而导数计算会加剧这种噪声，进而使得主要边缘的检测变得更为复杂。为了降低这些精细细节的影响，我们可以对图像进行平滑处理。图 7-18 所展示的图像序列与图 7-16 中的相同，但在进行边缘检测之前，原图像首先由一个大小为 5×5 的均值滤波器进行平滑处理（关于平滑滤波器的具体细节，可参见 3.5 节）。

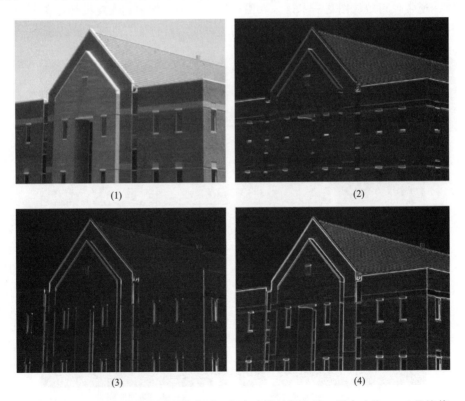

(1) (2) (3) (4)

图 7-18 与图 7-16 中的相同图像序列，但在边缘检测之前，用大小为 5×5 的均值滤波器对原图像进行了平滑

经过这样的处理，每个模板的响应几乎不再受到砖块细节的影响，因此，所得到的结果凸显了图像中的主要边缘。

在图 7-16 和图 7-18 中，水平和垂直的 Sobel 模板对于 ±45° 方向的边缘缺乏区分能力，这是显而易见的。当需要特别强调对角方向的边缘时，应使用图 7-15 中所展示的一个模板。图 7-19（1）和（2）分别展示了 45° 和 -45° 方向 Sobel 模板的绝对响应。从这些图像中，可以清晰地看到这些模板在对角方向上的明显响应。尽管这两个对角模板对水平边缘和垂直边缘也有类似的响应，但正如预期那样，它们在这些方向上的响应要弱于之前讨论的水平和垂直模板的响应。

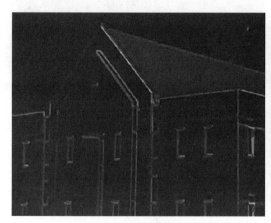

(1) 使用图7-15(3)中的模板得到的结果 　　　　　　(2) 使用图7-15(4)中的模板得到的结果

图 7-19　对角边缘检测［两种情况下的输入图像都是图 7-18（1）］

（3）与阈值处理相结合的梯度

图 7-18 的结果显示，在边缘检测前对图像进行平滑处理，可以增加边缘检测的选择性。另一种实现相同目标的方法是阈值处理梯度图像。例如，图 7-20（1）是图 7-16（4）的阈值处理结果，其中只有梯度值达到一定比例的（30%）像素才显示为白色，其余为黑色。与图 7-18（4）相比，阈值处理后的边缘更少但更尖锐。然而，有些边缘如屋顶的 45°线在阈值处理后会被断开。为突出主要边缘并保持连接性，实践中常结合使用平滑处理和阈值处理。

> 选择用于生成图 7-20（1）的阈值的目的，是消除砖块导致的多数较小边缘。这是在计算梯度前平滑图 7-16 中的图像的基本目标。

图 7-20（2）是平滑后图像的梯度经阈值处理的结果，显示断开的边缘有所减少。但灰度值降低严重的边缘可能因阈值处理而完全消除。我们将在 7.2.6 小节进一步讨论边缘断线的问题。

7.2.6　边缘连接和边界检测

理想情况下，边缘检测应仅输出边缘上的像素集合。然而，受噪声、照明不均等因素影响，这些像素无法完整描述边缘特性。因此，边缘检测后常需连接算法，将边缘像素组合成有意义的边缘或区域边界。本小节将探讨三种基本边缘连接方法：基于局部区域边缘点的方法、基于已知区域边界点的方法和处理整个边缘图像的全局方法。

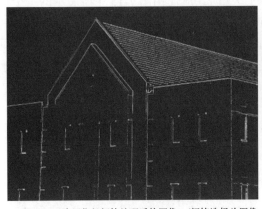 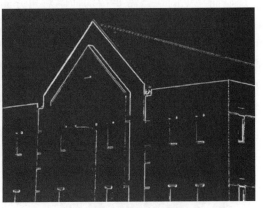

(1) 图7-16(4)中图像经阈值处理后的图像，(阈值选择为图像中最高值的33%，该阈值刚好高到足以消除梯度图像中的多数砖块边缘)

(2)图7-18(4)中图像经阈值处理后的图像，它是使用等于图像中最高值的33%的阈值得到的

图 7-20　阈值处理梯度图

(1) 局部处理

连接边缘点最简单的方法之一是在每个点 (x, y) 处的一个小邻域内分析像素的特点，该点是声明了的边缘点。根据预定的准则，将所有的相似点连接起来，以形成根据指定准则满足相同特性像素的一条边缘。

在这种类型的分析中，用于确定边缘像素相似性的两个主要性质是：①梯度向量的强度（幅度）；②梯度向量的方向。第一个性质基于式（7-10）。令 S_{xy} 表示一幅图像中以点 (x, y) 为中心的一个邻域的坐标集合。如果

$$|M(s,t) - M(x,y)| \leqslant E \tag{7-21}$$

式中，E 是一个正阈值。

梯度向量的方向角由式（7-11）给出。如果

$$|\alpha(s,t) - \alpha(x,y)| \leqslant A \tag{7-22}$$

式中，A 是一个正角度阈值。则 S_{xy} 中，坐标 (s, t) 处的一个边缘像素有一个与 (x, y) 处像素类似的角度。如 7.2.5 小节所述，(x, y) 处的边缘的方向垂直于该点处梯度向量的方向。

如果既满足幅度准则，也满足方向准则，则 S_{xy} 中坐标为 (s, t) 的像素被连接到坐标为 (x, y) 的像素。在图像中的每个位置重复这一处理。当邻域的中心从一个像素移到另一个像素时，必须将已连接的点记录下来。一个简单的记录过程是对每组被连接的像素分配不同的灰度值。

前面的公式计算成本很高，因为必须检验每个点的所有邻点。一种特别适合于实时应用的一种简化方法由如下步骤组成：

① 计算输入图像 $f(x, y)$ 的梯度幅度阵列 $M(x, y)$ 和梯度角度阵列 $\alpha(x, y)$。

② 形成一幅二值图像 g，任何坐标对 (x, y) 处的值由下式给出：

$$g(x, y) = \begin{cases} 1, & M(x, y) \geqslant T_M \text{且} \alpha(x, y) = A \pm T_A \\ 0, & \text{其他} \end{cases}$$

式中，T_M 是一个阈值，A 是一个指定的角度方向，$\pm T_A$ 定义了一个关于 A 的可接受方向"带宽"。

③ 扫描 g 的行，并在不超过指定长度 K 的每一行中填充（置 1）所有缝隙（0 的集合）。注意，按照定义，缝隙一定要限制在一个 1 或多个 1 的两端。分别地处理各行，它们之间没有记忆。

④ 为在任何其他方向 θ 上检测缝隙，以该角度旋转 g，并应用步骤 3 中的水平扫描过程。然后，将结果以 $-\theta$ 旋转回来。

当兴趣在于水平边缘连接和垂直边缘连接时，步骤④就变为一个简单的过程，在该过程中，g 被旋转 90°，扫描各行后，结果再被旋转回来。这是实践中最常用的方法，如例 7.7 所示，这种方法可以产生很好的结果。通常，图像旋转是代价很高的计算处理，因此，在要求多角度方向上的连接时，把步骤③和步骤④组合成单个放射状扫描过程更为实用。

例 7.7　使用局部处理的边缘连接

图 7-21（1）显示了一辆汽车尾部的图像。该例的目的是说明用前述算法来寻找大小适合车牌的矩形的应用，该矩形可以检测强的水平和垂直边缘构成。图 7-21（2）显示了梯度幅度图像 $M(x, y)$，图 7-21（3）和（4）显示了该算法步骤③和步骤④的结果，其中，令 T_M 等于最大梯度值的 30%，$A=90°$，$T_A=45°$，并填充了全部 25 个或更少像素的缝隙（约为图像宽度的 5%）。为检测车牌壳的全部拐角和汽车的后窗，要求使用一个较大范围的容许角度方向。图 7-21（5）是（3）（4）两幅图像逻辑"或"（OR）操作的结果，图 7-21（6）是使用 6.4.5 小节讨论的细化过程细化图 7-21（5）得到的。如图 7-16（6）所示，在图像中清楚地检测到了对应于车牌的矩形。由于美国汽车牌照的宽高比有与众不同的 2:1 的比例，所以利用这一事实从图像的所有矩形中分离出牌照是一件简单的事情。

（2）区域处理

通常，我们可以确定或预知图像中感兴趣区域的位置，这有助于了解边缘图像中像素的区域归属。在这种情况下，我们可以利用基于区域的像素连接技术，得到该区域边界的近似结果。一种处理方法是采用函数近似，即利用已知的点拟合一条二维曲线。由于我们更关心快速执行的技术，且希望满足能够大致描绘边界的基本特性，如端点和凹点，因此多边形近似特别具有吸引力。多边形近似能在保持边界表示（如多边形顶点）相对简单的同时，捕捉基本形状特性。下面详细阐述并说明一种适用于此目的的算法。

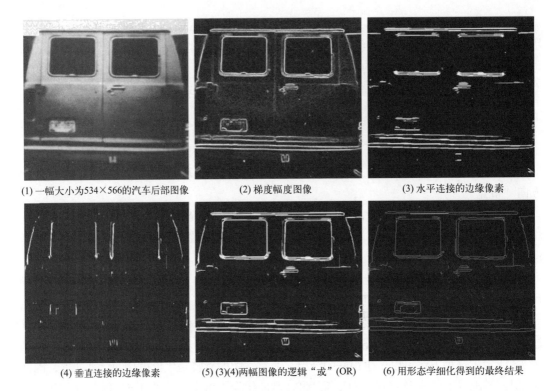

(1) 一幅大小为534×566的汽车后部图像　　(2) 梯度幅度图像　　(3) 水平连接的边缘像素

(4) 垂直连接的边缘像素　　(5) (3)(4)两幅图像的逻辑"或"(OR)　　(6) 用形态学细化得到的最终结果

图 7-21　使用局部处理的边缘连接

在详细阐述该算法之前，让我们通过一个简单示例来探讨其工作原理。图 7-22 展示了一个非闭合曲线点的集合，其中 A 和 B 为端点，根据定义，它们即为多边形的顶点。

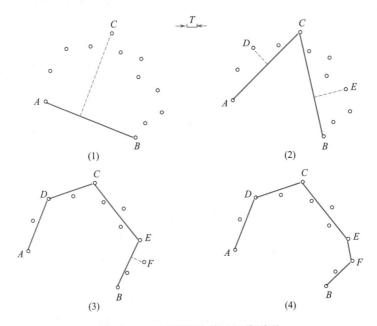

图 7-22　多边形拟合算法迭代说明

第一步计算通过 A 点和 B 点的一条直线的参数。随后，计算曲线上其他所有点到这条直线的垂直距离，并找出距离最大的点（此举旨在解决任意性问题）。若该距离超过设定的阈值 T，则将该点（标记为 C）判定为一个新的顶点，如图 7-22（3）所示。接着，我们构建从 A 到 C 和从 C 到 B 的直线，并计算 A 到 C 之间所有点到直线 AC 的距离。若存在超过阈值 T 的距离，则距离最大的点被宣布为新的顶点 D；否则，该线段不再需要宣布新的顶点。类似的处理过程应用于 C 和 B 之间的点。图 7-22（2）展示了这一步骤的结果，而图 7-22（3）则展示了下一步的结果。我们继续迭代这一过程，直到没有点满足阈值测试为止。最终的结果如图 7-22（4）所示，它合理地近似了给定点的曲线形状。

刚才的解释中隐含了两个核心需求。首先，必须确定两个起始点；其次，所有点必须按一定顺序排列（如顺时针或逆时针）。当面对一个二维点集，并未形成连通的路径时（这在典型的边缘图像中很常见），哪些点属于边界线段（开放曲线），哪些点属于闭合曲线的边界并不总是显而易见。一旦点被排序，我们可以通过分析点间距离来判断是处理开放曲线还是闭合曲线。当我们遍历点的序列时，若连续两点间相对于其他点的距离较大，这通常是开放曲线的一个明显迹象。随后，我们会利用这些端点开始处理过程。若点间距离大致均匀，那么我们很可能处理的是闭合曲线。此时，选择两个起始点有多种方法。一种策略是选取点集中最右侧和最左侧的点，另一种方法是寻找曲线的极值点。以下是对算法的描述，该算法用于寻找拟合开放曲线和闭合曲线的多边形：

① 令 P 是一个已排序序列，显然，这些点是一幅二值图像中的 1 值点。指定两个起始点 A 和 B。它们是多边形的两个起始顶点。

② 指定一个阈值 T，以及两个空堆栈"开"（OPEN）和"闭"（CLOSED）。

③ 如果 P 中的点对应于一条闭合曲线，则把 A 放到"开"中，并把 B 放到"开"和"闭"中。如果点对应于一条开放曲线，则把 A 放到"开"中，而把 B 放到"闭"中。

④ 计算从"闭"中最后一个顶点到"开"中最后一个顶点的线的参数。

⑤ 计算步骤④所得的直线至 P 中所有点的距离，序列把它们放到步骤④所得的两个顶点之间。选择具有最大距离 D_{max} 的点 V_{max}（解决任意性问题）。

⑥ 如果 $D_{max} > T$，则把 V_{max} 作为一个新顶点放在"开"堆栈的末尾。转到步骤④。

⑦ 否则，从"开"中移除最后一个顶点，并把它作为"闭"的最后一个顶点插入。

⑧ 如果"开"非空，转到步骤④。

⑨ 否则，退出。"闭"中的顶点就是拟合 P 中的点的多边形的顶点。

下面的两个例子说明了该算法的机理。

例 7.8 用多边形近似连接边缘

考虑图 7-23（1）中的点集 P。假设这些点属于一条闭合曲线，且它们已按顺时针方向排序（注意有些点并不相邻），A 和 B 分别被选为 P 中的最左侧点和最右侧点。这些是起始顶点，如表 7-1 所示。选取序列中的第一个点作为最左侧的点 A。图 7-23（2）仅显示了 A 和 B 间线段上方的点（标为 C），该点满足算法的步骤⑥，因此将它指定为一个新顶点，并将它添加到"开"堆栈内的顶点中。表 7-1 的第二行显示了被检测的 C，第三行表明它作为最后一个顶点被添加到"开"中。图 7-23（2）中的阈值 T 约等于在网格图中的一格半。

注意，在图 7-23（2）中，直线 AB 下方有一个点，该点也满足步骤⑥。然而，因为这些点已被排序，故一次只能检测这两个顶点间的点的一个子集。该线段下方的其他点将在后面检测，如图 7-23（5）所示。关键是总要按给出的顺序来追踪这些点。

表 7-1 说明了导致图 7-23（8）中的解的各个步骤。图中检测到了 4 个顶点，并且该图用直线段连接这 4 个顶点形成了一个近似给定边界点的多边形。注意，尽管是按顺时针方向追踪这些点而生成的顶点，但表中检测到顶点 B、C、A、D、B 是按逆时针方向的。若输入是一条开放曲线，那么顶点将是顺时针顺序的。导致这种差异的原因是初始化"开"和"闭"堆栈的方法。对开放和闭合曲线形成的堆栈"闭"的差别也会导致闭合曲线中第一个顶点与最后一个顶点的重复。这与只给出顶点来区分开放和闭合多边形的方法是一致的。

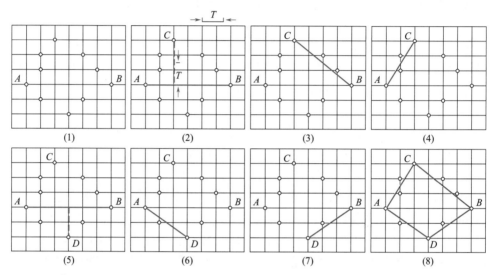

图 7-23　用多边形近似连接边缘：（1）为一条顺时针路径中的点集（标为 A 和 B 的点被选为起始顶点）；（2）中点 C 到过 A 和 B 的直线的距离是 A 和 B 间所有点中最大的，并且通过了阈值测试，因此 C 是一个新顶点；（3）～（7）为算法的各个进程；（8）为用直线连接形成一个多边形所显示的最后的顶点，表 7-1 说明了一步步的细节

表 7-1　例 7.8 机理的详细步骤

闭合	非闭合	已处理的曲线段	生成的顶点
B	B, A	—	A, B
B	B, A	(BA)	C
B	B, A, C	(BC)	—
B, C	B, A	(CA)	—
B, C, A	B	(AB)	D
B, C, A	B, D	(AD)	—
B, C, A, D	B	(DA)	—
B, C, A, D, B	空	—	—

例 7.9 一幅图像的边界的多边形拟合

图 7-24 显示了多边形拟合的一个更为实际的例子。图 7-24（1）中的输入图像是一幅大小为 550×566 像素的人的牙齿 X 射线图像，其灰度已标定到区间 [0, 1]。该例的目的是提取牙齿的边界，该方法对于法院运用数据库对照匹配这一领域非常有用。图 7-24（2）是使用 Sobel 模板和阈值 $T=0.1$（最大灰度的 10%）得到的梯度图像。如预期的那样，X 射线图像中的噪声成分很高，因此，第一步是降噪。因为该图像是二值图像，故形态学技术可很好地适用。图 7-24（3）显示了滤除大多数噪声后的结果，如果在 3×3 邻域内有 5 个或更多个像素为 1，则置像素为 1，否则置像素为 0。虽然噪声已减少了，但某些噪声点仍清晰可见。图 7-24（4）显示了形态学收缩后的结果，它进一步将噪声降低为孤立的点。这些噪声是用例 6.3 中描述的方式使用形态学滤波消除的 [见图 7-24（5）]。在这一点上，图像由粗边界组成，这些边界可通过流行的形态学骨架的方法来加以细化，如图 7-24（6）所示。最后，图 7-24（7）显示了预处理中最后一步去除毛刺后的结果，如 6.4.8 小节讨论的那样。

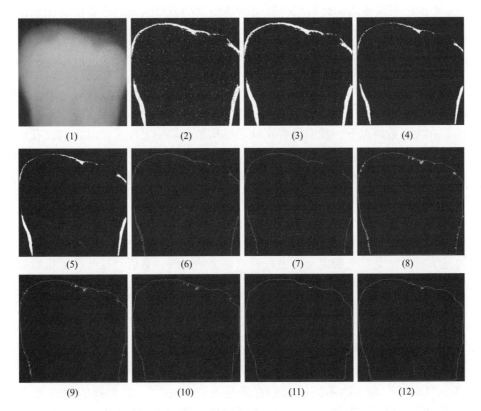

（1） （2） （3） （4）

（5） （6） （7） （8）

（9） （10） （11） （12）

图 7-24　（1）为一幅大小 550×566 像素的人的牙齿图像；（2）为梯度图像；（3）为滤除大多数噪声的结果；（4）为形态学收缩的结果；（5）为形态学清除的结果；（6）为骨架；（7）为去除毛刺；（8）～（10）为使用阈值约为图像宽度的 0.5%，1% 和 2%（即 $T=3,6$ 和 12）的多边形拟合；（11）为使用一个大小为 1×31（约为图像宽度 5%）的一维均值滤波器平滑（10）中边界后的结果；

（12）为使用相同滤波器平滑（8）中边界后的结果

接着，我们用一个多边形来拟合图 7-24（7）中的点。图 7-24（8）～（10）显示了用多边形拟合算法的结果，其中阈值分别等于图像宽度的 0.5%、1% 和 2%（即 $T=3$、6 和 12）。前两个结果较好地近似了边界，但第三个处在临界状态。所有这三种情况中，过度的锯齿清楚地表明需要进行边界平滑。图 7-24（11）和（12）显示了一个一维均值模板分别与图 7-24（10）和图 7-24（8）中的边界卷积后的结果。所用的模板是元素为 1 的 1×31 阵列，约边形拟合算法的结果，其中阈值分别等于图像宽度的 0.5%、1% 和 2%（即 $T=3$、6 和 12）。前两个结果较好地近似了边界，但第三个处在临界状态。所有这三种情况中，过度的锯齿清楚地表明需要进行边界平滑。图 7-24（11）和（12）显示了一个一维均值模板分别与图 7-24（10）和（8）中的边界卷积后的结果。所用的模板是元素为 1 的 1×31 阵列，约为对应图像宽度的 5%。正如所期望的那样，图 7-24（11）中的结果在保护重要形状特征方面仍是临界的（即右侧严重失真）。另一方面，图 7-24（12）中的结果显示了有效地边界平滑和形状特征的合理保留。例如，图像以合理的保真度保留了左上方尖点的圆度和右上方尖点的细节。

例 7.9 中的结果是使用多边形拟合算法所能得到的典型结果。该算法的优点是实现简单，且产生的结果通常是可以接受的。

（3）使用霍夫变换的全局处理

前述的两种方法适用于至少部分了解各目标像素信息的场合。例如，在区域处理过程中，只有当明确知道某些像素属于某个有意义区域的边界时，连接这些像素才有实际价值。然而，在大多数情况下，我们需要在缺乏结构的环境中工作，此时我们仅有一幅边缘图像，而对感兴趣目标可能存在的位置一无所知。在这种情境下，每个像素都是潜在的连接点，因此我们必须根据预定义的全局特性来决定哪些像素应被接受，哪些应被排除。这里，我们将介绍一种方法，该方法基于像素集是否位于特定形状的曲线上来进行判断。一旦这些曲线被检测出来，它们就会形成边缘或感兴趣区域的边界。

给定一幅图像中的 n 个点，如果我们想要找到其中位于同一直线上的子集，一个直接但计算量大的方法是首先确定所有由每对点定义的直线，然后寻找与特定直线接近的点集。这种方法涉及计算约 $n(n-1)/2 \sim n^3$ 条直线，并且对于每个点，都需要与所有直线进行比较，这也需要大约 $(n)(n(n-1)/2 \sim n^3$ 次比较。由于这种方法的计算量极大，因此在实际应用中几乎不可行。

霍夫［Hough（1962）］提出一种替代方法，通常称为霍夫变换。考虑 xy 平面上的一个点（x_i, y_i）和一条以斜截式形式 $y=ax+b$ 表示的直线。虽然通过点（x_i, y_i）的直线有无数条，且对于 a 和 b 的不同值它们都满足方程 $y=ax+b$，但当我们把该等式改写为 $b=-x_i a+y_i$，并在参数空间（即 ab 平面）中考虑时，每个固定的点（x_j, y_j）都对应参数空间中的一条直线。同样地，第二个点（x_j, y_j）在参数空间中也有一条与之相关联的直线。除非这两点确定的直线是平行的，否则这两条直线将在参数空间中相交于一点（a', b'），其中 a' 是斜率，b' 是包含 xy 平面上点（x_i, y_i）和点（x_j, y_j）的直线的截距。实际上，这条直线上的所有点在参数空间中都有相交于点（a', b'）的直线。图 7-25 清楚地说明了这些概念。

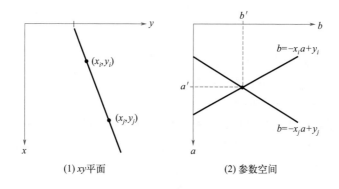

(1) xy 平面　　　　　　　　　(2) 参数空间

图 7-25　霍夫变换

原理上，可以画出对应于 xy 平面中所有点 (x_k, y_k) 的参数空间直线，并且空间中的主要直线可以在参数空间中通过确定的点来找到，大量的参数空间的线在此点处相交。然而，这种方法的一个实际困难是，当该直线逼近垂直方向时，a（直线的斜率）会趋于无限大。解决该困难的方法之一是使用一条直线的法线表示：

$$x\cos\theta + y\sin\theta = \rho \tag{7-23}$$

图 7-26（1）展示了参数 ρ 和 θ 的几何解释。水平直线有 $\theta = 0°$，ρ 等于正的 x 截距。类似地，垂直直线有 $\theta = 90°$，ρ 等于正的 y 截距；或者有 $\theta = -90°$，ρ 等于负的 y 截距。图 7-26（2）中的每条正弦曲线表示通过 xy 平面中一个特殊点 (x_k, y_k) 的一族直线。图 7-26（2）中的交点 (ρ', θ') 对应于图 7-26（1）中通过点 (x_i, y_i) 和点 (x_j, y_j) 的直线。

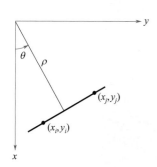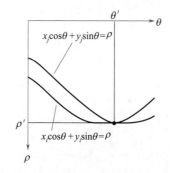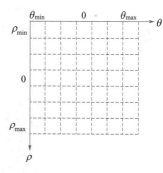

(1) xy 平面中直线的 (ρ, θ) 参数化　　(2) $\rho\theta$ 平面中的正弦曲线，交点 (ρ', θ') 对应　　(3) $\rho\theta$ 平面划分为累加单元
　　　　　　　　　　　　　　　于通过 xy 平面中点 (x_i, y_i) 和点 (x_j, y_j) 的直线

图 7-26　参数 ρ 和 θ 的几何解释

霍夫变换计算上的魅力在于可将 $\rho\theta$ 参数空间划分为所谓的累加单元，如图 7-26（3）所说明的那样，其中 (ρ_{min}, ρ_{max}) 和 $(\theta_{min}, \theta_{max})$ 是所期望的参数值范围：$-90° \leqslant \theta \leqslant 90°$ 和 $-D \leqslant \rho \leqslant D$，其中 D 是图像中对角之间的最大距离。位于坐标 (i, j) 处的单元具有累加值 $A(i, j)$，它对应于与参数空间坐标 (ρ_i, θ_i) 相关联的正方形。最初，将这些单元置为零。然后，对于 xy 平面中的每个非背景点 (x_k, y_k)，令 θ 等于 θ 轴上每个允许的细分值，同时使用方程 $\rho = x_k\cos\theta + y_k\sin\theta$ 解出对应的 ρ。对得到的 ρ 值进行四舍五入，得到

沿 ρ 轴的最接近的允许单元值。如果选择的一个 θ_p 值得到解 ρ_q，则令 $A(p, q)= A(p, q)+1$。在这一过程结束后，$A(i, j)$ 中的值 P 将意味着 xy 平面中有 P 个点位于直线 $x\cos\theta_j+y\sin\theta_j=\rho_i$ 上。$\rho\theta$ 平面中的细分数量决定了这些点的共线性的精确度。可以证明，这种方法的计算次数与 xy 平面中非背景点的数量 n 成线性关系。

例 7.10　基本霍夫变换性质的说明

图 7-27 显示了基于式（7-23）的霍夫变换。图 7-27（1）显示了一幅大小为 101 × 101 像素具有 5 个标记点的图像，图 7-27（2）显示了使用 ρ 轴和 θ 轴的单位细分将每个点映射到 $\rho\theta$ 平面上的结果。θ 的取值范围为 ±90°，ρ 轴的范围为 $\pm\sqrt{2}\,D$，其中 D 是图像中对角点间的距离。如图 7-27（2）所示，每条曲线都有不同的正弦曲线形状。点 1 的映射得到的水平直线是具有零幅值的正弦曲线的一种特殊情形。

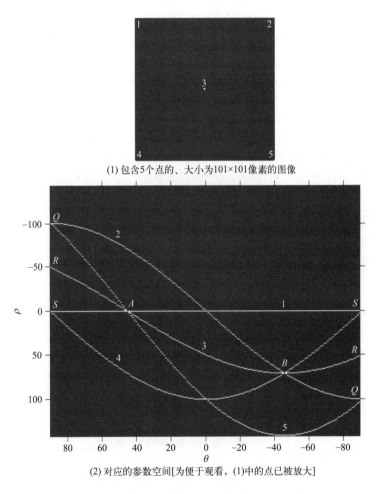

(1) 包含5个点的、大小为101×101像素的图像

(2) 对应的参数空间[为便于观看，(1)中的点已被放大]

图 7-27　霍夫变换性质说明

图 7-27（2）中标为 A（不要与累加值混淆）和 B 的点显示了霍夫变换的共线性检测性质。点 A 表示对应于 xy 图像平面内点 1，3 和 5 的曲线的交点。点 A 的位置指出这三个点位于一条过原点（$\rho=0$）且方向为 45°的直线上 [见图 7-26（1）]。类似地，在参数空

间中相交于点 B 的曲线指出点 2，3 和 4 位于方向为 –45° 且与原点的距离为 ρ=71（即从图像原点到对角的对角线距离的一半，已四舍五入为最接近的整数值）的直线上。最后，图 7-27（2）中标为 Q，R 和 S 的点说明了这样一个事实，即霍夫变换展示了在参数空间左边缘和右边缘处的一种反射邻接关系。这一性质是 θ 和 ρ 在 ±90° 边界改变符号的结果。

尽管到目前为止我们关注的重点始终在直线上，但霍夫变换也适用于形如 $g(v, c)$=0 的任何函数，其中 v 是坐标向量，c 是系数向量。例如，位于圆上的点可以使用我们所讨论的方法来检测：

$$\left(x - c_1\right)^2 + \left(y - c_2\right)^2 = c_3^2 \tag{7-24}$$

不同之处是存在 3 个参数（c_1，c_2 和 c_3），在一个三维参数空间中，这三个参数导致了类似立体的单元和形如 $A(i, j, k)$ 的累加器。该过程是增加 c_1 和 c_2 求出满足式（7-24）的 c_3，并更新与三元组（c_1，c_2，c_3）相关联的累加单元。很清楚，霍夫变换的复杂性取决于给定函数表达式中的坐标和系数数量。霍夫变换有可能进一步推广到检测无简单解析表达式的曲线，如变换为灰度级图像那样的应用。

我们现在回到边缘连接问题上来，基于霍夫变换的一种连接方法如下：

① 使用先前讨论的任何技术得到一幅二值图像。

② 指定 $\rho\theta$ 平面中的细分。

③ 对像素高度集中的地方检验其累加单元的数量。

④ 检验选中单元中像素间的关系（主要针对连续性）。

在这种情况下，连续性通常以对应于给定的累加单元计算不连续像素间的距离为基础。如果缝隙的长度比指定的阈值小，与给定单元相关联的一条直线中的缝隙则被桥接起来。注意，可能仅以方向为基础聚合直线这样的事实是一个可用于整个图像的全局概念，它仅要求我们考察与指定的累加单元相关联的像素。与前述两种方法相比，这是一个明显的优点。下例说明了这些概念。

例 7.11　使用霍夫变换连接边缘

图 7-28（1）显示了一幅航拍的机场图像。该例的目的是使用霍夫变换提取主要跑道的两条边。解决这样的问题很重要，例如，其可能涉及飞行器自动导航的应用。

第一步是得到一幅边缘图像。图 7-28（2）显示了使用坎尼算法得到的边缘图像，算法中使用的参数和过程与例 7.9 中使用的相同。为计算霍夫变换，使用 7.2.5 小节或 7.2.6 小节中讨论的任何边缘检测技术可得到类似的结果。图 7-28（3）显示了 θ 以 1° 递增和 ρ 以 1 个像素递增得到的霍夫参数空间。

感兴趣的跑道偏离正北方向约 1°，所以我们选取对应于 ±90° 并包含最高数量的单元，因为跑道在这些方向面向最长的线。图 7-28（3）的边缘上的小白框强调了这些单元。结合图 7-27（2），如先前提及的那样，霍夫变换展示了边缘处的邻接性。解释这一性质的另一种方法是，面向 +90° 的一条线和面向 –90° 的一条线是等价的（即它们是两条垂直线）。图 7-28（4）显示了对应于两个累加单元的直线，图 7-28（5）显示了已叠加到原图像上的这些直线。这些直线是通过连接不超过图像高度的 20%（约 100 个像素）的所有间隙得到的。这些直线清楚地对应于感兴趣跑道的边缘。

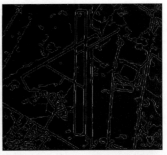

(1) 一幅大小为502×564的机场航拍图像　　(2) 使用坎尼算法得到的边缘图像

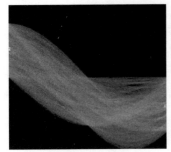

(3) 霍夫参数空间(方框强调了　　　　(4) 图像平面中对应于方框　　　　(5) 已叠加到原图像上的直线
　　与长垂直线相关联的点)　　　　　　所强调的点的直线

图 7-28　使用霍夫变换连接边缘

注意，解决这一问题的唯一关键知识是跑道的方向和观察者相对于跑道的位置。换句话说，自动导航飞行器应该知道，如果跑道朝北，且飞行器的飞行方向也是北，跑道会垂直地出现在图像中。其他相关的方向可采用类似的方式处理。全世界的跑道的方向在飞行图上都是可用的，且使用 GPS（全球定位系统）可很容易得到飞行方向的信息。

7.3　阈值处理

图像阈值处理因其直观性、实现简便和计算高效，在图像分割应用中占据核心地位。早在 3.1.1 小节，我们就已对阈值处理进行了介绍，并在后续的讨论中多次应用。本节我们将深入探讨阈值处理，并以一种更为广泛和全面的视角来阐述这一技术。

7.3.1　基础知识

在前面的章节中，我们曾采用一种方法，即首先检测边缘线段，然后尝试将这些线段连接成边界，以此来识别图像中的不同区域。而在本节中，我们将探讨另一种技术，该技术基于灰度值或灰度值的特性，直接将图像划分为不同的区域。

（1）灰度阈值处理基础

假设图 7-29（1）中的灰度直方图对应于图像 $f(x, y)$，该图像由暗色背景上的较亮物体组成，以这样的组成方式，物体像素和背景像素所具有的灰度值组合成了两种支配模式。从背景中提取物体的一种明显方法是选择一个将这些模式分开的阈值 T。然后，$f(x, y) > T$ 的任何点 (x, y) 称为一个对象点；否则将该点称为背景点。换句话说，分割后的图像 $g(x, y)$ 由下式给出：

$$g(x,y)\begin{cases}1, & f(x,y)>T \\ 0, & f(x,y)\leqslant T\end{cases} \tag{7-25}$$

当 T 被设定为适用于整幅图像的固定值时，这种处理方式被称为全局阈值处理。然而，当 T 的值在图像的不同部分有所不同时，我们则称之为可变阈值处理。有时，可变阈值处理也被称作局部阈值处理或区域阈值处理，这是因为在这种情况下，图像中任意点 (x, y) 处的 T 值是基于该点邻域的特性来确定的，比如邻域内像素的平均灰度值。如果 T 的确定还依赖于空间坐标 (x, y) 本身，那么这种处理方式通常被称为动态阈值处理或自适应阈值处理。需要注意的是，这些术语的使用并不统一，我们在查阅图像处理相关文献时可能会发现它们被交替使用。

> 尽管我们遵从使用灰度 0 来表示背景像素而使用灰度 1 来表示物体像素的约定，但在式（7-25）中也可使用任何两个明显不同的值。

图 7-29（2）显示了一个更为困难的阈值处理问题，它包含有三个支配模式的直方图，例如，这三个支配模式对应于暗色背景上的两个明亮物体。这里，如果 $f(x, y) \leqslant T_1$，则多阈值处理把点 (x, y) 分类为属于背景；如果 $T_1 < f(x, y) \leqslant T_2$，则分类为一个物体；如果 $f(x, y) > T_2$，则分类为另一个物体。即分割的图像由下式给出：

$$g(x,y)\begin{cases}a, & f(x,y)>T_2 \\ b, & T_1 < f(x,y)\leqslant T_2 \\ c, & f(x,y)\leqslant T_1\end{cases} \tag{7-26}$$

式中，a, b 和 c 是任意三个不同的灰度值。

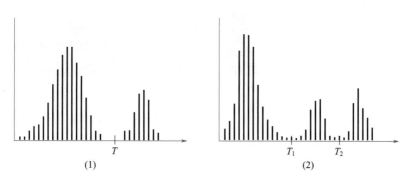

图 7-29　可被（1）单阈值和（2）双阈值分割的灰度直方图

从前面的讨论中，我们可以直观地推断出，灰度阈值处理的成功与否在很大程度上取决于直方图模式中谷的宽度和深度。而这些波谷的特性又受到多个关键因素的影响：首先是波峰间的间隔大小，波峰之间的距离越大，分离这些模式的机会就越好；其次是图像中的噪声含量，随着噪声的增加，模式会变得更加宽泛；此外，物体和背景的相对大小也是一个重要因素；还有，光源的均匀性和图像反射特性的均匀性同样会对波谷特性产生影响。

（2）图像阈值处理中噪声的作用

图 7-30 展示了噪声如何影响一幅图像的直方图。图 7-30（1）这幅简单的合成图像中没有噪声，因此，其直方图由两个波峰模式组成，如图 7-30（4）所示。将该图像分割为两个区域是很容易的任务，只需将一个阈值放到两个模式之间的任何位置。图 7-30（2）显示了被均值为零、标准差为 10 个灰度级的高斯噪声污染了的原始图像。尽管相应的直方图模式现在较宽［见图 7-30（5）］，但它们的间隔足够大，故它们之间波谷的深度足以使得两个模式更易于分开。放在两个波峰之间的中间位置的一个阈值就可以很好地分割该图像。图 7-30（3）显示了受到均值为零、标准差为 50 个灰度级的高斯噪声污染该图像的结果。如图 7-30（6）中所示的直方图那样，现在情况是如此严重，以至于无法区分两个模式。若没有附加的处理（如 7.3.4 小节和 7.3.5 小节中讨论的方法），我们很难寻找合适的阈值分割这样的图像。

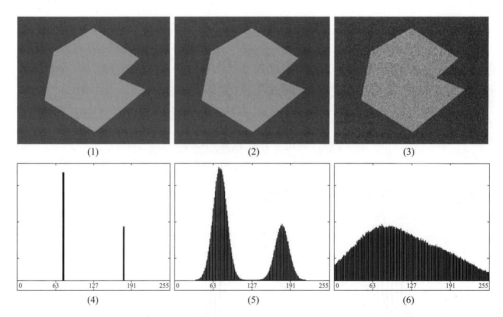

图 7-30　（1）为无噪声的 8 比特图像；（2）为带有均值为零、标准差为 10 个灰度级的加性高斯噪声的图像；（3）为带有均值为零、标准差为 50 个灰度级的加性高斯噪声的图像；
（4）～（6）分别为对应（1）～（3）的直方图

（3）光照和反射的作用

图 7-31 展示了光照对图像直方图的影响。图 7-31（1）是从噪声图像中截取的部分，其直方图如图 7-31（4）所示，两个模式间隔明显，易于用单一阈值分割。但非均匀光照

会干扰分割，如图 7-31（2）所示，其直方图为图 7-31（5）。当图像与阴影模式相乘后，得到图 7-31（3），其直方图 7-31（6）显示波谷被污染，两个模式难以分离。同样，反射不均匀也会导致类似问题，如物体表面或背景反射变化时。在这种情况下，就需要额外处理，如 7.3.4 小节和 7.3.5 小节所述方法，才能实现有效分割。

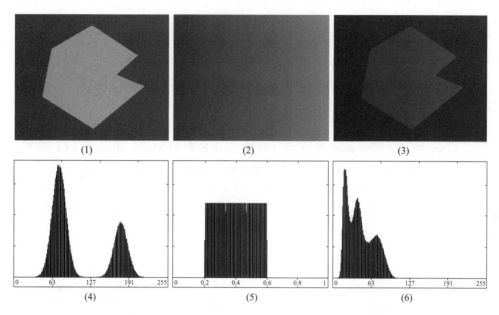

图 7-31　（1）为带有噪声的图像；（2）为在 [0.2, 0.6] 范围内的灰度斜坡图像；
（3）为（1）和（2）的乘积；（4）～（6）分别为（1）～（3）对应的直方图

无论是使用阈值还是其他分割技术，我们都强调了照明和反射在图像成功分割中的关键作用。因此，在解决分割问题时，若条件允许，应首先考虑控制这些参数。当这些参数无法控制时，有三种基本的解决方案。第一种是直接校正阴影模式，例如，可以通过与图像相乘一个相反的模式来校正非均匀但固定的光照，而这个相反的模式可以通过成像一个恒定灰度的平坦表面来获取。第二种方法是通过使用如 6.5.3 小节介绍的顶帽变换等处理技术来尝试校正全局阴影模式。第三种方法是采用可变阈值来近似处理非均匀性。

7.3.2　基本的全局阈值处理

正如前面所述，当物体与背景像素的灰度分布差异显著时，可以采用适用于整幅图像的单一（全局）阈值。然而，在大多数应用中，由于图像间的变化较大，即便全局阈值方法适用，也需要一种能够自动估计每幅图像阈值的算法。下面的迭代算法可用于这一目的：

① 为全局阈值 T 选择一个初始估计值。

② 在式（7-25）中用 T 分割该图像。这将产生两组像素：G_1 由灰度值大于 T 的所有像素组成，G_2 由所有小于等于 T 的像素组成。

③ 对 G_1 和 G_2 的像素分别计算平均灰度值（均值）m_1 和 m_2。

④ 计算一个新的阈值：

$$T = \frac{1}{2}(m_1 + m_2)$$

⑤ 重复步骤②到步骤④，直到连续迭代中的 T 值间的差小于一个预定义的参数 ΔT 为止。

当与物体和背景相关的直方图模式间存在一个相当清晰的波谷时，这个简单的算法会工作得很好。在速度是一个重要因素的情形下，参数 ΔT 用于控制迭代的次数。通常，ΔT 越大，则算法执行的迭代次数越少。所选的初始阈值必须大于图像中的最小灰度级而小于最大灰度级。图像的平均灰度对于 T 来说是较好的初始选择。

例 7.12 全局阈值处理

图 7-32 显示了用前述算法以阈值估计为基础分割的例子。图 7-32（1）是原图像，图 7-32（2）是该图像的直方图，直方图显示有一个明显的波谷。用 $T=m$（平均图像灰度）开始，并令 $\Delta T = 0$，应用前述迭代算法经过 3 次迭代后，得到阈值 $T=125.4$。图 7-32（3）显示了使用阈值 $T=125$ 来分割原图像得到的结果。如期望的那样，从直方图清晰的模式分离中，物体和背景间的分割相当有效。

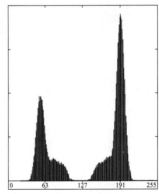

(1) 带噪声的指纹   (2) 直方图   (3) 使用全局阈值对图像分割的结果(为清晰起见，边界是加上去的。原图像由美国国家标准与技术研究院提供)

图 7-32 全局阈值处理

前述迭代算法在每一步计算均值，成功地对输入图像进行了阈值处理。尽管这种算法易于理解，但计算较为烦琐，我们可以根据图像的直方图开发一种更有效的过程，即仅通过一次计算完成所有必要的步骤。

7.3.3 使用 Otsu 方法的最佳全局阈值处理

阈值处理可视为一种统计决策理论问题，其目的是在把像素分配给两个或多个组（也称为分类）的过程中使引入的平均误差最小。这一问题已知有一个精致的闭合形式的解，称为贝叶斯决策规则（见 7.2.2 小节）。该解仅以两个参数为基础：即每一类的灰度级的概率密度函数（PDF）和在给定应用中每一类出现的概率。遗憾的是估计 PDF 并不容易，通常采取假定一个 PDF 形式的可行方法来简化该问题，例如，假设它们是高斯函数。即便采用了简化，用这些假设求解的过程也可能是复杂的，并且对实际应用也不总是合适的。

本小节讨论的称为 Otsu 的方法 ［Otsu（19791）］是另一种有吸引力的方案。该方法在类间方差最大的情况下是最佳的，即众所周知的统计鉴别分析中所用的度量。其基本原理是好阈值分类就它的像素灰度值而论应该是截然不同的，反过来说，就它的灰度值而言给出最好的类间分离的阈值就是最好的（最佳的）阈值。除了其最佳性之外，Otsu 方法有一个重要的特性，即它完全以在一幅图像的直方图上执行计算为基础，而直方图是很容易得到的一维阵列。

令 $\{0,1,2,\cdots,L-1\}$ 表示一幅大小为 $M\times N$ 像素的数字图像中的 L 个不同的灰度级，n_i 表示灰度级为 i 的像素数。图像中的像素总数 $MN=n_0+n_1+n_2+\cdots+n_{L-1}$。归一化的直方图（见 3.3 节）具有分量 $p_i=n_i/MN$，由此有：

$$\sum_{i=0}^{L-1} p_i = 1, \qquad p_i \geqslant 0 \tag{7-27}$$

现在，假设我们选择一个阈值 $T(k)=k$，$0<k<L-1$，并使用它把输入图像阈值化处理为两类 C_1 和 C_2，其中，C_1 由图像中灰度值在范围 $[0,k]$ 内的所有像素组成、C_2 由灰度值在范围 $[k+1,L-1]$ 内的所有像素组成。用该阈值，像素被分到类 C_1 中的概率 $P_1(k)$ 由如下的累积和给出：

$$P_1(k) = \sum_{i=0}^{k} p_i \tag{7-28}$$

换一个角度看，这是类 C_1 发生的概率。例如，如果我们置 $k=0$，则任何像素分到类 C_1 中的概率为零。类似地，类 C_2 发生的概率为：

$$P_2(k) = \sum_{i=k+1}^{L-1} p_i = 1 - P_1(k) \tag{7-29}$$

由式（3-23），分配到类 C_1 的像素的平均灰度值为：

$$\begin{aligned}
m_1(k) &= \sum_{i=0}^{k} iP(i/C_1) \\
&= \sum_{i=0}^{k} iP(C_1/i)P(i)/P(C_1) \\
&= \frac{1}{P_1(k)} \sum_{i=0}^{k} ip_i
\end{aligned} \tag{7-30}$$

式中，$P_1(k)$ 由式（7-28）给出。式（7-30）第一行中的 $P(i/C_1)$ 项是值 i 的概率，已知 i 来自类 C_1。该式中的第二行来自贝叶斯公式：

$$P(A/B) = P(B/A)P(A)/P(B)$$

第三行遵循这样一个事实，即给定 i 的 C_1 的概率 $P(C_1/i)$ 为 1，因为我们只处理来自类 C_1 的 i 值。此外，$P(i)$ 是第 i 个值的概率，很简单，它是直方图 $p(i)$ 的第 i 个分量。最后，$P(C_1)$ 是类 C_1 的概率，由式（7-28）知道它等于 $P_1(k)$。

类似地，分配到类 C_2 中的像素的平均灰度值为：

$$
\begin{aligned}
m_2(k) &= \sum_{i=k+1}^{L-1} iP(i/C_2) \\
&= \frac{1}{P_2(k)} \sum_{i=k+1}^{L-1} ip_i
\end{aligned}
\tag{7-31}
$$

直至级 k 的累加均值由下式给出：

$$
m(k) = \sum_{i=0}^{k} ip_i
\tag{7-32}
$$

而整个图像的平均灰度（即全局均值）由下式给出：

$$
m_G = \sum_{i=0}^{L-1} ip_i
\tag{7-33}
$$

下面两个公式的正确性可通过直接代入前面的结果来验证：

$$
P_1 m_1 + P_2 m_2 = m_G
\tag{7-34}
$$

$$
P_1 + P_2 = 1
\tag{7-35}
$$

其中，为有利于清楚地说明，我们暂时忽略了 k 项。

为了评价级别 k 处的阈值的"质量"，我们使用归一化的无量纲矩阵：

$$
\eta = \frac{\sigma_B^2}{\sigma_G^2}
\tag{7-36}
$$

式中，σ_G^2 是全局方差 [即图像中所有像素的灰度方差，如式（3-24）给出的那样]：

$$
\sigma_G^2 = \sum_{i=0}^{L-1} (i - mG)^2 p_i
\tag{7-37}
$$

σ_B^2 为类间方差，它定义为：

$$
\sigma_B^2 = P_1(m_1 - m_G)^2 + P_2(m_2 - m_G)^2
\tag{7-38}
$$

该表达式还可写为：

$$
\begin{aligned}
\sigma_B^2 &= P_1 P_2(m_1 - m_2)^2 \\
&= \frac{(m_G P_1 - m)^2}{P_1(1 - P_1)}
\end{aligned}
\tag{7-39}
$$

式中，m_G 和 m 同先前说明。该式的第一行来自式（7-34）、式（7-35）和式（7-38）。第二行来自式（7-29）～式（7-33）。因为全局均值 m_G，这种形式在计算上稍微有效一些，仅计算一次，故对 k 的任何值仅需要计算两个参数 m 和 P_1。

从式（7-39）的第一行我们可以看出，两个均值 m_1 和 m_2 彼此隔得越远，σ_B^2 越大，这表明类间方差是类之间的可分性度量。因为 σ_G^2 是一个常数，由此得出 η 也是一个可分性度量，且最大化这一度量等价于最大化 σ_B^2。然后，目标是确定阈值 k，它最大化类间方差，就像本小节开始时说明的那样。注意，式（7-36）隐含假设 $\sigma_G^2 > 0$。仅当图像中的所有灰度级相同时，这一方差才为零，这意味着仅存在一类像素。同样，这也意味着对于常数图像有 $\eta=0$，因为来自其自身单个类的可分性为零。

再次引入 k，我们有最终结果：

$$\eta(k) = \frac{\sigma_B^2(k)}{\sigma_G^2} \tag{7-40}$$

$$\sigma_B^2(k) = \frac{\left[m_G P_1(k) - m(k)\right]^2}{P_1(k)\left[1 - P_1(k)\right]} \tag{7-41}$$

从而最佳阈值是 k^*，其最大化 $\sigma_B^2(k)$：

$$\sigma_B^2(k^*) = \max_{0 \le k \le L-1} \sigma_B^2(k) \tag{7-42}$$

换句话说，为寻找 k^*，我们对 k 的所有整数值 [保持上述 $0 < P_1(k) < 1$ 的条件] 简单地计算式（7-42），并选取使得 $\sigma_B^2(k)$ 最大的 k 值。如果 $\sigma_B^2(k)$ 的最大值对应于多个 k 值，习惯上是对于使 $\sigma(k)$ 最大的 k 的各个值做平均。可以证明，在 $0 < P_1(k) < 1$ 的条件下，总存在一个最大值。对于所有的 k 值，计算式（7-41）和式（7-42）的代价相对较小，因为 k 所具有的整数值的最大数量是 L。

一旦得到 k^*，输入图像就可像之前那样进行分割：

$$g(x,y)\begin{cases}1, & f(x,y) > k^* \\ 0, & f(x,y) \le k^*\end{cases} \tag{7-43}$$

式中，$x=0, 1, 2, \cdots, M-1$ 和 $y=0, 1, 2, \cdots, N-1$。注意，仅仅用 $f(x,y)$ 的直方图就可以得到计算式（7-41）所需的所有参量。除了最佳阈值外，与分割图像有关的其他信息可从直方图中提取。例如，在最佳阈值处计算出的类的概率 $\beta(k^*)$ 和 $P(k^*)$，指出了经阈值处理后的图像中由该类（像素组）所占据的面积部分。类似地，均值 $m_1(k^*)$ 和 $m_2(k^*)$ 是原图像中类的平均灰度的估计。

在最佳阈值处计算的归一化度量 η，即 $\eta(k^*)$，可用于得到类别可分性的定量估计，同时给出了很容易对一幅给定图像进行阈值处理的概念。这一度量的值域为：

$$0 \le \eta(k^*) \le 1 \tag{7-44}$$

如先前提到的那样，仅由单一且恒定灰度级的图像就能得到下界，且仅由灰度等于 0 和 $L-1$ 的二值图像就能得到上界。

Otsu 算法总结如下：

① 计算输入图像的归一化直方图。使用 $p_i(i=0, 1, 2, \cdots, L-1)$ 表示该直方图的各个分量。
② 用式（7-28），对于 $k=0, 1, 2, \cdots, L-1$，计算累积和 $P_1(k)$。

③ 用式（7-32），对于 $k=0, 1, 2, \cdots, L-1$，计算累积均值 $m(k)$。

④ 用式（7-33）计算全局灰度均值 m_G。

⑤ 用式（7-41），对于 $k=0, 1, 2, \cdots, L-1$，计算类间方差 $\sigma_B^2(k)$。

⑥ 得到 Otsu 阈值 k^*，即使得 $\sigma_B^2(k)$ 最大的 k 值。如果最大值不唯一，用相应检测到的各个最大值 k 的平均得到 k^*。

⑦ 在 $k=k^*$ 处计算式（7-40），得到可分性度量 η^*。

下面的例子说明了前述概念。

例 7.13　使用 Otsu 方法的最佳全局阈值处理

图 7-33（1）显示了聚合细胞的光学显微镜图像，图 7-33（2）显示了其直方图。该例子的目标是从背景中分割出分子。图 7-33（3）是使用 7.3.2 小节给出的基本全局阈值处理算法得到的结果。因为直方图没有明显的波谷，且背景和物体间的灰度差别很小，所以算法未完成期望的分割。图 7-33（4）显示了使用 Otsu 方法得到的结果。该结果明显好于图 7-33（3）中的结果。使用基本算法计算出的阈值是 169，而使用 Otsu 方法计算出的阈值是 181，后者更接近图像中定义为细胞的较亮区域。可分性度量 η 是 0.467，

有趣的是，将 Otsu 方法应用于例 7.12 中的指纹图像，得到的阈值和可分性度量将分别为 125 和 0.944。该阈值与使用基本算法得到的阈值（已四舍五入为最接近的整数）大小相同。对给定该直方图的特性，这一结果并不意外。事实上，由于原来的模式间的分离度相对较大，并且它们之间的波谷较深，所以可分性度量较高。

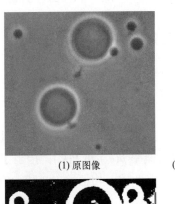

（1）原图像

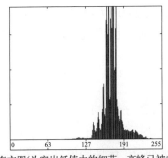

（2）直方图(为突出低值中的细节，高峰已被裁剪)

（3）用7.3.2小节的基本全局算法得到的分割结果　　（4）用Otsu方法得到的结果

图 7-33　使用 Otsu 方法的最佳全局阈值处理

7.3.4 使用图像平滑改善全局阈值处理

正如在图 7-30 中解释的那样,噪声可将一个简单的阈值处理问题变为一个不可解决问题。当噪声不能在源头减少,并且阈值处理又是所选择的分割方法时,那么通常可增强性能的一种技术是在阈值处理之前平滑图像。我们用一个例子来说明这一方法。

图 7-34(1)展示了从图 7-30(3)中截取的一幅图像,其直方图可见于图 7-34(2)。然而,当使用 Otsu 方法对这幅图像进行阈值处理时,结果如图 7-34(3)所示,并不理想。在白色区域中的每个黑点以及黑色区域中的每个白点都代表阈值处理的误差,这导致分割效果不佳。为了改进这一状况,我们对噪声图像应用了一个大小为 5×5 的均值模板进行平滑处理,结果如图 7-34(4)所示,其直方图可见于图 7-34(5)。平滑处理显著改善了直方图的形状,因此我们预期对平滑后的图像进行阈值处理会取得近乎完美的结果。事实上,如图 7-34(6)所示,结果确实如此。不过,经平滑和分割后的图像中,物体和背景间的边界略显失真,这主要是由于对边界的模糊处理所致。实际上,我们应该认识到,对图像平滑处理得越深入,分割结果中的边界误差就可能越大。

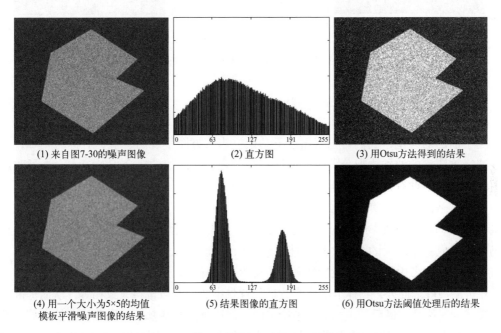

(1) 来自图7-30的噪声图像 (2) 直方图 (3) 用Otsu方法得到的结果

(4) 用一个大小为5×5的均值 (5) 结果图像的直方图 (6) 用Otsu方法阈值处理后的结果
  模板平滑噪声图像的结果

图 7-34　使用图像平滑改善全局阈值处理

下面我们考虑降低图 7-34(1)中相对于背景的区域大小所带来的影响。图 7-35(1)显示了该结果。这幅图像中的噪声是均值为零、标准差为10个灰度级［相对于图7-34(1)中的50］的加性高斯噪声。如图 7-35(2)所示,直方图没有清晰的波谷,因此我们应该预料到分割会失败,图 7-35(3)中的结果确认了这一事实。图 7-35(4)显示了使用大小 5×5 的均值模板对图像进行平滑后的结果,图 7-35(5)是其直方图。如预料的那样,最终结果减小了直方图的扩散,但分布仍是单峰形式。如图 7-35(6)所示,分割再一次失败了。失败的原因可归于这样一个事实,即区域太小,以至于该区域对直方图的贡献与由噪声引起的灰度扩散相比无足轻重。在这种情形下，下一小节讨论的方法可能更成功。

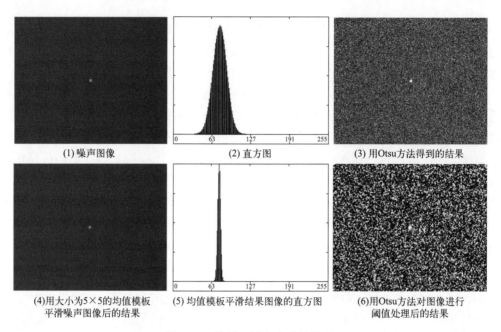

(1) 噪声图像　　　　　　　　(2) 直方图　　　　　　　(3) 用Otsu方法得到的结果

(4)用大小为5×5的均值模板　　　(5) 均值模板平滑结果图像的直方图　　(6)用Otsu方法对图像进行
平滑噪声图像后的结果　　　　　　　　　　　　　　　　　　　　阈值处理后的结果

图 7-35　降低区域大小后的处理

7.3.5　利用边缘改进全局阈值处理

基于前面的讨论，我们可以得出以下结论：当直方图呈现高、窄、对称的波峰，并且这些波峰被深深的波谷清晰分隔时，选取一个"合适"阈值的机会相对较大。为了改进直方图的形状，一种有效方法是重点关注那些位于或靠近物体和背景交界处的像素。这种方法的一个显著优点是，直方图较少受到物体和背景相对大小的影响。例如，即使在一个大背景区域上只有一个小物体（或相反情况），由于某种类型的像素高度集中，图像的直方图仍可能形成一个较大的波峰，这可能导致阈值处理失败。

如果我们仅考虑位于或接近物体和背景交界处的像素，那么得到的直方图将呈现出几个高度相近的波峰。此外，物体上的像素数量与背景中的像素数量将大致相等，从而提高了直方图模式的对称性。最后，正如下文中指出的，使用满足某些基于梯度和拉普拉斯算子的简单标准的像素，有助于加深直方图中波峰之间的波谷，进一步提高阈值选择的准确性。

虽然刚才提到的方法假设物体和背景间的边缘是已知的，但实际上这一信息在分割过程中是不可用的，因为确定物体和背景间的分界线正是分割的目的所在。然而，根据 7.2 节的讨论，我们可以通过计算像素的梯度或拉普拉斯来判断它是否位于边缘上。例如，在边缘的过渡区域，拉普拉斯的平均值会趋近于零（如图 7-10 所示）。因此，根据拉普拉斯准则选取的像素所构成的直方图，其波谷应该会相对较少。这一特性有助于形成较深波谷。实际上，相较于使用梯度图像，使用拉普拉斯图像得到的典型结果往往更有利。这是因为拉普拉斯计算上更具吸引力，同时也是一个各向同性的边缘检测器。

前述讨论可总结为如下算法，其中 $f(x, y)$ 是输入图像：

① 用 7.2 节讨论的任何一种方法来计算一幅边缘图像，无论是 $f(x, y)$ 梯度的幅度还是拉普拉斯的绝对值都可以。

② 指定一个阈值 T。

③ 用步骤②中的阈值对步骤①中的图像进行阈值处理，产生一幅二值图像 $g_T(x, y)$。在从 $f(x, y)$ 中选取对应于"强"边缘像素的下一步中，该图像用做一幅模板图像。

④ 仅用 $f(x, y)$ 中对应于 $g_T(x, y)$ 中像素值为 1 的位置的像素计算直方图。

⑤ 用步骤④中的直方图全局地分割 $f(x, y)$，例如使用 Otsu 方法。

如果将 T 值设定为小于边缘图像最小值的任何数值，根据式（7-25），$g_T(x, y)$ 将完全由 1 组成。这意味着在计算图像的直方图时，将考虑 $f(x, y)$ 中的所有像素。这种情况下，前述算法实际上等同于使用原始图像的直方图进行全局阈值处理。习惯上，T 值通常以百分比的形式来指定，而这个百分比通常设置得较高（如 90%），以确保在计算中仅使用梯度 / 拉普拉斯图像中的较少像素。下面的例子将具体说明刚才讨论的概

> 第 n 个百分比是大于给定集合内所有数字的 $n\%$ 的最小数字。例如，如果读者在一次测验中得到了 95 分，且该分数大于参加此次测验的所有学生中的 85% 的学生得到的分数，则读者在测试分数中位于第 85 个百分比处。

念。有可能修改该算法以便同时使用梯度图像的幅度和拉普拉斯图像的绝对值。在这种情况下，我们会为每幅图像指定一个阈值，并求两个结果的逻辑"或"（OR），以得到标记图像。当需要对有效的边缘点施加更多的控制时，这种方法很有用。

例 7.14　用以梯度为基础的边缘信息改进全局阈值处理

图 7-36（1）和（2）显示了来自图 7-35 的图像和直方图。可以看到，这幅图像不能用

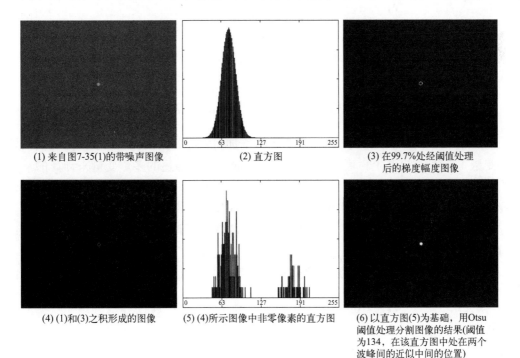

(1) 来自图7-35(1)的带噪声图像　　(2) 直方图　　(3) 在99.7%处经阈值处理后的梯度幅度图像

(4) (1)和(3)之积形成的图像　　(5) (4)所示图像中非零像素的直方图　　(6) 以直方图(5)为基础，用Otsu阈值处理分割图像的结果(阈值为134，在该直方图中处在两个波峰间的近似中间的位置)

图 7-36　以梯度为基础的边缘信息改进全局阈值处理

平滑后紧跟着阈值处理来分割。这个例子的目标是解决利用边缘信息的问题。图 7-36（3）是在 99.7% 处经阈值处理后的梯度幅度图像。图 7-36（4）是用输入图像与这个（模板）图像相乘形成的图像。图 7-36（5）是图 7-36（4）中非零元素的直方图。注意，该直方图具有先前讨论的重要特性，即它有被一个较深的波谷分开的对称模式。这样，尽管原始带噪声图像的直方图未提供成功进行阈值处理的希望，但图 7-36（5）中的直方图表明，从背景中提取出小物体的阈值处理的确是可能的。图 7-36（6）中的结果表明事实的确如此。这幅图像是这样得到的：以图 7-36（5）的直方图为基础，用 Otsu 方法得到一个阈值，然后将该阈值全局地应用到图 7-36（1）中的带噪声图像，其结果近于完美。

7.3.6 多阈值处理

迄今为止，我们关注的是用单一全局阈值对图像进行分割。我们可将 7.3.3 小节中介绍的阈值处理方法扩展到任意数量的阈值，因为以这种方法为基础的可分性度量也可以扩展到任意数量的分类。在 K 个类 $C_1, C_2, \cdots, C_K$ 的情况下，类间方差可归纳为下面的表达式：

$$\sigma_B^2 = \sum_{k=1}^{k} P_k (m_k - m_G)^2 \tag{7-45}$$

式中，

$$P_k = \sum_{i \in C_k} p_i \tag{7-46}$$

$$m_k = \frac{1}{P_k} \sum_{i \in C_k} i p_i \tag{7-47}$$

并且，m_G 是由式（7-9）给出的全局均值。K 类由 $K-1$ 个阈值来分离，这些值 $k_1^*, k_2^*, \cdots, k_{K-1}^*$ 是式（7-45）的最大值：

$$\sigma_B^2(k_1^*, k_2^*, \cdots, k_{K-1}^*) = \max_{0 < k_1 < k_2 < \cdots < k_{n-1} < L-1} \sigma_B^2(k_1, k_2, \cdots, k_{K-1}) \tag{7-48}$$

虽然这个结果通常很完美，但当分类数量增加时它会开始失去意义，因为我们仅处理一个变量（灰度）。事实上，通常类间方差是依据以向量描述的多个变量来计算的。实际中，当我们有理由相信使用两个阈值可以有效地解决问题时，那么使用多个全局阈值处理就被视为一种可行的方法。要求两个以上阈值的应用，通常使用更多的灰度值来解决。而该方法使用的是附加的描述子（譬如彩色），并且这种应用是以如 7.3.8 小节描述的模式识别问题来筹划的。

对于由三个灰度间隔组成的三个类（这三个类由两个阈值分），类间方差由下式给出：

$$\sigma_B^2 = P_1(m_1 - m_G)^2 + P_2(m_2 - m_G)^2 + P_3(m_3 - m_G)^2 \tag{7-49}$$

其中，

$$P_1 = \sum_{i=0}^{k_1} p_i, \quad P_2 = \sum_{i=k_1+1}^{k_2} p_i, \quad P_3 = \sum_{i=k_2+1}^{L-1} p_i \tag{7-50}$$

$$m_1 = \frac{1}{P_1}\sum_{i=0}^{k_1} ip_i, \quad m_2 = \frac{1}{P_2}\sum_{i=k_1+1}^{k_2} ip_i, \quad m_3 = \frac{1}{P_3}\sum_{i=k_2+1}^{L-1} ip_i \tag{7-51}$$

如在式（7-34）和式（7-35）中那样，如下关系成立：

$$P_1m_1 + P_2m_2 + P_3m_3 = m_G \tag{7-52}$$

$$P_1 + P_2 + P_3 = 1 \tag{7-53}$$

因此，我们看到，P 项、m 项以及 σ_B^2 都是 k_1 和 k_2 的函数。两个最佳阈值 k_1^* 和 k_2^* 是使得 $\sigma_B^2(k_1,k_2)$ 最大的值。换句话说，如在 7.3.3 小节讨论的单阈值情况那样，我们用下式寻找最佳阈值：

$$\sigma_B^2\left(k_1^*,k_2^*\right) = \max_{0<k_1<k_2<L-1} \sigma_B^2\left(k_1,k_2\right) \tag{7-54}$$

该过程由选择第一个 k_1 值开始（该值是 1，因为在 0 灰度处寻找阈值没有意义；还要记住，增量值为整数，因为我们处理的是灰度）。接着，k_2 的所有值在大于 k_1 和小于 $L-1$ 的范围内增加（即 $k_2 = k_1+1, \cdots, L-2$）。然后，将 k_1 增大到其下一个值，k_2 的所有值再次在大于 k_1 的所有值范围内增加。重复该过程，直到 $k_1=L-3$ 为止。该处理的结果是一个二维阵列 $\sigma_B^2(k_1,k_2)$，最后一步是在该阵列中寻找最大值。对应于最大值的 k_1 值和 k_2 值就是最佳阈值 k_1^* 和 k_2^*。如果存在几个最大值，则对应于 k_1 和 k_2 的值被平均以得到最终的阈值。然后，阈值处理后的图像由下式给出：

$$g(x,y)\begin{cases} a, & f(x,y) \leqslant k_1^* \\ b, & f(x,y) \leqslant k_2^* \\ c, & f(x,y) > k_2^* \end{cases} \tag{7-55}$$

式中，a, b 和 c 是任意三个有效的灰度值。

最后，我们注意到，在 7.3.3 小节中为单一阈值定义的可分性度量可直接扩展到多个阈值：

$$\eta(k_1^*,k_2^*) = \frac{\sigma_B^2(k_1^*,k_2^*)}{\sigma_G^2} \tag{7-56}$$

式中，σ_G^2 是来自式（7-37）的总图像方差。

例 7.15　多个全局阈值处理

图 7-37（1）显示了一幅冰山的图像。这个例子的目的是把图像分割成三个区域：暗背景、冰山的明亮区域和阴影区域。由图 7-37（2）中的图像直方图可以明显看出，解决这一问题需要两个阈值。按上面讨论的过程得到阈值 $k_1^* = 80$ 和 $k_2^* = 177$，由图 7-37（2）注意到，它们靠近两个直方图波谷的中心。图 7-37（3）是在式（7-55）中使用这两个阈值得到的分割。可分性度量是 0.954。这个例子能做到这样好的主要原因在于能寻找到三个具有明显可分模式的直方图，该图有适度宽度和深度的波谷。

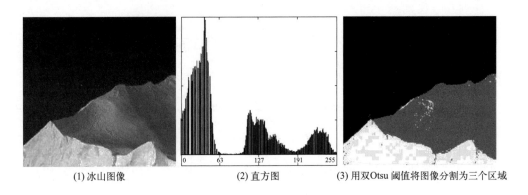

(1) 冰山图像 (2) 直方图 (3) 用双Otsu 阈值将图像分割为三个区域

图 7-37　多个全局阈值处理

7.4　基于区域的分割

如 7.1 节中讨论的那样，分割的主要目标是将一幅图像划分为多个区域。在 7.2 节中，我们基于灰度级的不连续性，尝试寻找区域间的边界来解决这一问题；而在 7.3 节中，我们则是以像素特性的分布为基础来进行图像分割的。本节我们介绍基于区域的分割。

7.4.1　区域生长

区域生长这一术语恰如其分地描述了其本质——按照预设的生长准则，将像素或子区域逐步合并成更大的区域。此过程的核心在于从"种子"点起步，逐步吸纳与种子点性质相近的邻域像素，从而不断扩展生长区域（如具有特定灰度或颜色范围的区域）。

在例 7.16 中，我们将详细展示这一过程。通常，我们会根据问题的特性来选定一组或多组起始点。在没有先验知识的情况下，我们会计算每个像素的相同特性集合，并在生长过程中依据这些特性将像素分配给相应的区域。如果这些计算的结果显示了一族值，则那些特性靠近这些族的中心的像素可以作为种子使用。

相似性准则的选取不仅与所面临的问题密切相关，同时也受到现有图像数据类型的影响。以土地利用卫星成像分析为例，彩色信息的运用至关重要。若彩色图像中缺乏有用的固有信息，解决该问题将变得异常困难，甚至可能无解。对于单色图像，则必须依赖一组基于灰度级和空间特性的描绘子（如矩或纹理）来进行区域分析。

如果在区域生长过程中忽略了连通属性的应用，那么仅凭描绘子进行分割可能导致错误的结果。以仅有三个不同灰度值的像素随机排列为例，若仅基于相同的灰度级将这些像素组合成一个"区域"，而不考虑像素间的连通性，那么所得的分割结果将对我们当前的讨论毫无帮助。

此外，区域生长还面临一个终止规则的问题。当没有更多的像素满足加入某个区域的准则时，区域生长就会自然停止。然而，诸如灰度值、纹理和彩色等准则通常是基于局部信息的，它们并没有考虑区域生长的"历史"过程。为了增强区域生长算法的性能，我们还需要引入其他准则，这些准则会综合考虑候选像素与已加入生长区域的像素之间的大小、相似性等属性（例如，比较候选像素的灰度与生长区域的平均灰度），以及正在生长的区域的形状等因素。这类描绘子的应用都是建立在期望结果的模型至少部分可用的假设基础之上的。

令 $f(x, y)$ 表示一个输入图像阵列；$S(x, y)$ 表示一个种子阵列，阵列中种子点位置处为 1，其他位置处为 0；Q 表示在每个位置 (x, y) 处所用的属性。假设阵列 f 和 S 的尺寸相同。基于 8 连接的一个基本区域生长算法可说明如下：

① 在 $S(x, y)$ 中寻找所有连通分量，并把每个连通分量腐蚀为一个像素；把找到的所有这种像素标记为 1，把 S 中的所有其他像素标记为 0。

② 在坐标对 (x, y) 处形成图像 f_Q：如果输入图像在该坐标处满足给定的属性 Q，则令 $f_Q(x, y)=1$，否则令 $f_Q(x, y)=0$。

③ 令 g 是这样形成的图像：即把 f_Q 中为 8 连通种子点的所有 1 值点，添加到 S 中的每个种子点。

④ 用不同的区域标记（如 1，2，3，…）标出 g 中的每个连通分量。这就是由区域生长得到的分割图像。

我们通过一个例子来说明这种算法的机理。

例 7.16　使用区域生长的分割

图 7-38（1）显示了一条焊缝（水平深色区域）的 8 比特 X 射线图像，该图像中含有几条裂缝和孔隙（水平横穿图像中心的明亮区域）。我们用分割有缺陷的焊缝区域来说明区域生长的应用。这些区域可用于焊缝检测，包括控制自动焊接系统。

工作的第一步是确定种子点。从问题的物理性质看，我们知道裂缝和孔隙与实的焊缝相比，对 X 射线的衰减要小，因此，我们预料包含这种类型缺陷的区域要比 X 射线图像中的其他部分明显亮一些。我们可用在高百分比处设置阈值对原始图像进行阈值处理来提取种子点。图 7-38（2）显示了图像的直方图，图 7-38（3）显示了用等于图像中灰度值的 99.5% 的阈值对图像进行阈值处理后的结果，在这种情况下，阈值为 254（见 7.3.5 小节关于百分比的说明）。图 7-38（4）显示了将图 7-38（3）中的每个连通分量用形态学腐蚀为一个单点后的结果。

接下来，我们必须确定一个属性。在这个例子中，我们的兴趣是把满足如下要求的所有像素添加到每个种子中：①对于种子是 8 连接的，并且②与种子相似。若使用灰度差作为一种相似性度量，则应用于每一个位置 (x, y) 处的属性是：

$$Q = \begin{cases} \text{TRUE,} & \text{种子点和点}(x, y)\text{处的像素间灰度差的绝对值} \leqslant T \\ \text{FALSE,} & \text{其他} \end{cases}$$

其中，T 是一个指定的阈值。虽然这个属性是基于灰度差的，并且使用单个阈值，但我们可指定更复杂的方案，即对每个像素应用一个不同的阈值，并使用不同于差值的其他属性。在这种情况下，前述的属性足以解决该问题，如这个例子的其余部分说明的那样。

从前面的章节我们知道，最小的种子值是 255，因此，使用 254 的阈值对图像进行阈值处理。图 7-38（5）显示了图 7-38（1）和（3）所示图像的差的绝对值。图 7-38（5）中的图像包含了用于计算每个位置 (x, y) 处的属性的所需要的差值。图 7-38（6）显示了相应的直方图。我们需要一个阈值，以便用于建立相似性属性。该直方图有三个主要模式，因此我们首先把 7.3.6 小节中讨论的双阈值处理技术用于差值图像。在这种情况下，导致的两个阈值是 T_1=68 和 T_2=126，我们看到，它们相当靠近直方图的波谷 [我们用这两个阈值分割了图像。图 7-38（7）显示了使用双阈值不能解决缺陷的分割问题，尽管阈值处在较低的水平中]。

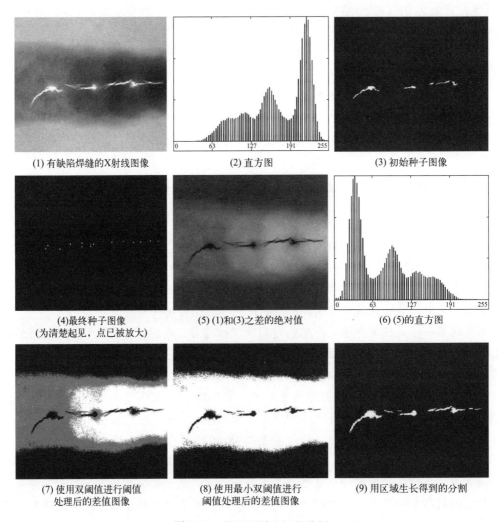

(1) 有缺陷焊缝的X射线图像　　　　　(2) 直方图　　　　　(3) 初始种子图像

(4)最终种子图像　　　(5) (1)和(3)之差的绝对值　　　(6) (5)的直方图
(为清楚起见，点已被放大)

(7) 使用双阈值进行阈值　　(8) 使用最小双阈值进行　　(9) 用区域生长得到的分割
　处理后的差值图像　　　　阈值处理后的差值图像

图 7-38　使用区域生长的分割

图 7-38（8）显示了仅使用 T_1 对差值图像进行阈值处理的结果。黑点是其属性为"真"（TRUE）的像素，其他点是属性为"假"（FALSE）的像素。这里，焊缝的良好区域中断定为失败的点，因此，这些点将不包含在最终结果中。在外部区域的点将由区域生长算法作为候选点来考虑。然而，步骤③将拒绝外部点，因为它们与种子不是8连接的。事实上，如图 7-38（9）所示，这一步导致了正确的分割，这表明连接性的使用是这种情况下的一个基本需求。最后，注意，在步骤④中，我们对由该算法找到的所有区域使用了相同的值。在这种情况下，它确实做得很好。

7.4.2　边界提取

7.4.1 小节详细讨论了从种子点出发的区域生长方法。另一种策略则是先将图像划分为任意的不相交区域，随后对这些区域进行聚合或分裂操作，直至满足 7.1 节中提及的分割条件。接下来，我们将深入探讨分裂与聚合的基本概念。

设 R 为整幅图像区域，并选择某一属性 Q。对 R 进行分割的一个有效方法是逐步将其细化为更小的四象限区域，直至每个区域 R_i 都满足 $Q(R_i)$=TRUE 的条件。我们的起始点是整个图像区域。如果 $Q(R_i)$ 的值为 FALSE，那么我们将图像分割为四个象限区域。若每个象限区域对于 Q 的属性值仍为 FALSE，那么我们将继续将这些象限区域细分为四个更小的子象限区域，以此类推。这种特殊的分裂技术可以方便地通过四叉树的形式来表示。在四叉树中，每个节点恰好有四个后代。如图 7-39 所示，每个四叉树的节点对应的图像部分有时被称为四分区域或四分图像。注意，四叉树的根节点对应于整幅图像，而每个节点则代表其四个子节点的细分结果。在这个例子中，仅 R_2 区域被进一步细分。

如果只使用分裂，那么最后的分区通常包含具有相同性质的邻接区域。这种缺陷可以通过允许聚合和分裂得到补救。要满足 7.1 节中提出的分割约束条件仅要求聚合满足属性 Q 的组合像素的邻接区域。也就是说，只有在 $Q(R_j \cup R_k)$ = TRUE 时，两个邻接区域 R_i 和 R_j 才能聚合。

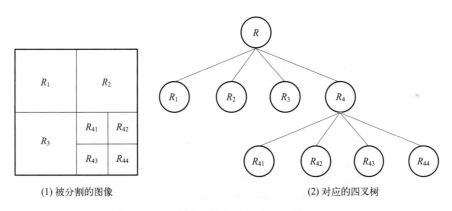

（1）被分割的图像　　　　　　　　　　　　　　　　（2）对应的四叉树

图 7-39　四叉树示意（R 表示整个图像区域）

前述讨论可以总结为如下过程，在该过程的任何一步中，我们：

① 对满足 $Q(R_i)$=FALSE 的任何区域 R_i 分裂为 4 个不相交的象限区域。

② 当不可能进一步分裂时，对满足条件 $Q(R_i) \cup R_j$ =TRUE 的任意两个邻接区域 R_j 和 R_k 进行聚合。

③ 当无法进一步聚合时，停止操作。

习惯上要规定一个不能再进一步执行分裂的最小四象限区的尺寸。

前述的基本原理可能有多种变化。例如，在步骤②中，如果两个邻接的区域 R_j 和 R_k 各自都满足属性，则我们允许这两个区域聚合会得到有意义的简化。这将导致算法简单得多（且快得多），因为属性的测试被限制在各个四分区域。正如下例所示，这种简化仍能产生较好的分割结果。

例 7.17 用区域分裂和聚合进行分割

图 7-40（1）显示了天鹅星座环的一幅大小为 566×566 的 X 射线波段的图像。这个例子的目的是把围绕致密中心的不太密集的环状物质的图像分割出来。感兴趣区域有一些有助于分割的明显特征。首先，我们注意到该区域中的数据具有随机性质，这表明其标准差应大于背景和较大的相当平滑的中心区的标准差（背景的标准差近于 0）。类似地，来自外环的包含数据的一个区域的均值（平均灰度）应大于暗背景的均值而小于较大且亮中心区域的均值。从而，我们能够用下面的属性分割感兴趣的区域：

$$Q = \begin{cases} \text{TRUE}, & \sigma > a \text{ 且 } 0 < m < b \\ \text{FALSE}, & \text{其他} \end{cases}$$

其中，m 和 σ 是一个四象限区域中的像素的均值和标准差，a 和 b 为常数。

对感兴趣外部区域中的几个区域的分析表明，这些区域中的像素的平均灰度未超过 125，而标准差总是大于 10。图 7-40（2）到（4）显示了对 a 和 b 使用这些值和允许的四象限区域的最小尺寸从 32 变到 8 得到的结果。一个四象限区域中满足属性的像素置为白色，而该区域中的其他像素则置为黑色。根据截获的外部区域的形状，最好的结果是使用大小为 16×16 的四象限区域得到的。图 7-40（4）中的黑色方块是大小为 8×8 的四象限区域，是用大小为 16×16 的四象限区域得到的。图 7-40（4）中的黑色方块是大小为 8×8 的四象限区域，该区域中的像素不满足属性。使用较小的四象限区域将导致此类黑色区域

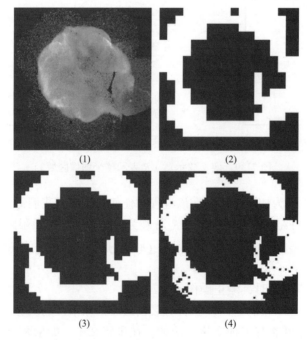

图 7-40　（1）为由 NASA 的哈勃望远镜在 X 射线波段拍摄的天鹅星座环超新星的图像；（2）～（4）
分别为将允许的最小四象限区域尺寸限制为 32×32，16×16 和 8×8 像素时得到的结果

数量的增加。使用比此处说明的大的区域会导致更多"类似块"的分割。注意，在所有情况下，分割后的区域（白色像素）从背景中完全分隔了平滑的内部区域。这样，分割就有效地把图像分成了三个明显的区域，这些区域对应于图像中的三个主要特征：背景、密集区域和稀疏区域。若使用图 7-40 中的任何一个白色区域作为模板，将使从原图像中提取这些区域成为一项相对简单的任务。使用基于边缘或阈值的分割不可能得到这些结果。

7.5 分割中运动的应用

运动是一种有效的视觉线索，它帮助人类和其他动物在复杂的环境中识别和关注特定的物体和区域。在成像应用中，运动来自感觉系统和正被观看的场景间的相对位移，包括机器人自主导航和动态场景分析等。本节我们将考虑运动在空间域和频率域分割中的运用。

7.5.1 空间域技术

（1）基本方法

分别检测在时刻 t_i 和 t_j 获取的两帧图像帧 $f(x, y, t_i)$ 和 $f(x, y, t_j)$ 之间的变化的最简方法之一是逐像素地比较这两幅图像。实现这一过程的一种方法是形成一幅差值图像。假设我们手头有一幅仅包含固定分量的参考图像，接下来，我们将这幅图像与一幅后续拍摄的相同场景但包含一个运动物体的图像进行比较。通过去除两幅图像中的固定元素，我们仅保留对应于非固定图像分量的非零项，从而得到两幅图像之间的差异。

在时刻 t_i 和 t_j 获取的两幅图像间的差值图像可以定义为：

$$d_{ij}(x,y) = \begin{cases} 1, & \left| f(x,y,t_i) - f(x,y,t_j) \right| > T \\ 0, & \text{其他} \end{cases} \tag{7-57}$$

式中，T 是一个指定的阈值。注意，就像由该指定阈值确定的那样，仅当两幅图像间的灰度差在空间坐标 (x, y) 处明显不同时，$d_{ij}(x, y)$ 在该坐标处的值才为 1。假设所有图像的大小相同。最后，我们注意到，式（7-57）中坐标 (x, y) 的值跨越了这些图像的维度，所以差值图像 $d_{ij}(x, y)$ 与序列中的其他图像的大小相同。

在动态图像处理中，当 $d_{ij}(x, y)$ 中的像素值为 1 时，通常认为这些像素的变化是由物体运动引起的。然而，这种方法的适用前提是两幅图像必须已经进行了空间配准，并且在 T 值设定的范围内，光照条件相对保持恒定。不过，实际上 $d_{ij}(x, y)$ 中的 1 值项有时也可能是由噪声引起的。通常，这些噪声项在差值图像中表现为孤立的点。为了去除这些噪声，一种简单的方法是在 $d_{ij}(x, y)$ 中构建由 1 值像素组成的 4 连通或 8 连通区域，然后忽略那些包含少于预定像素数量的区域。尽管这种方法可能会导致一些小的或慢速运动的物体被忽略，但它却提高了差值图像中剩余项更可能是由真实运动产生的可能性。

（2）累积差值

考虑一个图像帧序列 $f(x, y, t_1)$，$f(x, y, t_2)$，$\cdots$，$f(x, y, t_n)$，令 $f(x, y, t_1)$ 为参考图像。累积差值图像（ADI）是通过逐一对比参考图像与序列中的每一幅后续图像来构建的。每当参考图像与序列中的某一幅图像在特定像素位置上出现差异时，累积图像中对应像素位置的计数器就会增加一次计数。因此，当第 k 帧图像与参考图像进行比对时，累积图像中特定像素的输入项将反映出该位置上的灰度值与参考图像中对应像素值不相同的次数，这一次数是由式（7-57）中的 T 所确定的。

考虑如下累积差值图像的三种类型：绝对 ADI、正 ADI 和负 ADI。假设运动物体的灰度值大于背景的灰度值，这三种 ADI 定义如下。令 $R(x, y)$ 表示参考图像，为简化符号，令 k 表示 t_k，则有 $f(x, y, k) = f(x, y, t_k)$。我们假设 $R(x, y) = f(x, y, 1)$。然后，对于任何 $k > 1$，且记住 ADI 的值是计数，我们对 (x, y) 的所有相关值定义如下：

$$A_k(x, y) = \begin{cases} A_{k-1}(x, y) + 1, & |R(x, y) - f(x, y, k)| > T \\ A_{k-1}(x, y), & \text{其他} \end{cases} \tag{7-58}$$

$$P_k(x, y) = \begin{cases} P_{k-1}(x, y) + 1, & [R(x, y) - f(x, y, k)] > T \\ P_{k-1}(x, y), & \text{其他} \end{cases} \tag{7-59}$$

$$N_k(x, y) = \begin{cases} N_{k-1}(x, y) + 1, & [R(x, y) - f(x, y, k)] < -T \\ N_{k-1}(x, y), & \text{其他} \end{cases} \tag{7-60}$$

式中，$A_k(x, y)$，$P_k(x, y)$ 和 $N_k(x, y)$ 分别为遇到序列中的第 k 幅图像后的绝对 ADI、正 ADI 和负 ADI。

不难理解，这些 ADI 均从零值开始（计数）。还要注意这些 ADI 与序列中的图像大小相同。最后，我们注意到，如果背景像素的灰度值大于运动物体的灰度值，则式（7-59）和式（7-60）中的不等式的顺序和阈值的符号是相反的。

例 7.18 绝对、正和负的累积差异图像的计算

图 7-41 展示了以灰度图像形式显示的三种 ADI，图中矩形物体的大小为 75×50 像素，

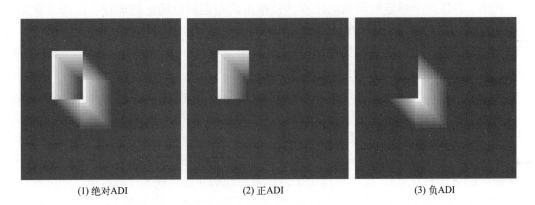

(1) 绝对ADI   (2) 正ADI   (3) 负ADI

图 7-41 一个向东南方移动的矩形物体的 ADI

该物体以每帧 $5\sqrt{2}$ 个像素的速度向东南方向运动。图像的大小为 256×256 像素。我们注意到下列几点：①正 ADI 的非零区域等于运动物体的大小。②正 ADI 的位置对应于参考帧中运动物体的位置。③当运动物体与参考帧中的同一物体完全被移动时，正 ADI 中的计数停止增加。④绝对 ADI 包含正 ADI 和负 ADI 的区域。⑤运动物体的方向和速度可以由绝对 ADI 和负 ADI 中的输入决定。

7.5.2 频率域技术

在这一小节中，我们考虑通过傅里叶变换公式来确定运动的问题。考虑一个序列 $f(x, y, t)$，（$t=1, 2, \cdots, K-1$），该序列是由一台固定的照相机所拍摄的大小为 $M \times N$ 的 K 帧数字图像。我们从假设所有帧都有零灰度的均匀背景开始讨论。在这种情况下，一个特殊的例外是一个仅有单一灰度值的微小物体，这个物体的尺寸仅为 1 像素，并且它以恒定速度运动。假设对于第一帧（$t=0$），物体在位置（x', y'）处，并且将图像平面投影到 x 轴上，也就是说，对图像中的一列像素的灰度相加。这一操作产生一个带有 M 个零值项的一维阵列，除了 x' 处，它是单点物体的 x 坐标。现在，如果我们用 $\exp[j2\pi a_1 x \Delta t]$ 乘以一维阵列中的每个分量，其中 $x=1, 2, \cdots, M-1$，并把结果相加，我们会得到单项 $\exp[j2\pi a_1 x' \Delta t]$。在这种表示中，$a_1$ 是一个正整数，Δt 是不同帧之间的时间间隔。

假设在第二帧中（$t=1$），物体已运动到坐标（$x'+1, y'$）处，也就是说，物体在平行于 x 轴的方向移动了 1 个像素的位置。然后，重复上一段中提到的投影过程，得到和 $\exp[j2\pi a_1(x'+1)\Delta t]$。如果物体每帧继续移动一个像素，则在任何整数瞬间 t，结果为 $\exp[j2\pi a_1(x'+t)\Delta t]$，使用欧拉公式，可将它表示为：

$$\mathrm{e}^{j2\pi a_1(x'+t)\Delta t} = \cos\left[2\pi a_1(x'+t)\Delta t\right] + j\sin\left[2\pi a_1(x'+t)\Delta t\right] \tag{7-61}$$

式中，$t=1, 2, \cdots, K-1$。换句话说，这一过程得到一个频率为 a_1 的复正弦曲线。如果物体在帧间移动 V_1 个像素（在 x 方向），那么正弦曲线的频率为 $V_1 a_1$。因为 t 在 0 和 $K-1$ 之间以整数增量变化，限制 a_1 只取整数值会使复正弦曲线的离散傅里叶变换具有两个波峰——一个位于频率 $V_1 a_1$ 处，另一个位于 $K-V_1 a_1$ 处。后一个波峰是由离散傅里叶变换的对称性产生的，故可以忽略掉。因此，在傅里叶频谱中找到一个波峰，就得到 $V_1 a_1$ 用 a_1 除该量得到 V_1，它就是 x 方向的速度分量，这里假设帧速率是已知的。采用类似的方法可以得到 y 方向的速度分量 V_2。

没有运动发生的帧序列会产生相同的指数项，其傅里叶变换在频率 0（一个单一的直流项）处有一个单一的波峰。所以，由于迄今为止我们讨论的都是线性操作，故在任意静止背景中涉及一个或多个运动物体的一般情况下，对应于静止图像分量的直流处傅里叶变换有一个波峰，且这些位置的波峰与物体的速度成正比。

上述概念可以总结如下：对于一个由 K 幅大小为 $M \times N$ 的数字图像序列，在任何整数的瞬时点上，图像投影到 x 轴上的加权和为：

$$g_x(t, a_1) \sum_{x=0}^{M-1} \sum_{y=0}^{N-1} f(x, y, t) \mathrm{e}^{j2\pi a_1 x \Delta t} \quad t = 0, 1, \cdots, K-1 \tag{7-62}$$

类似地，y 轴上的投影和为：

$$g_y(t,a_2) = \sum_{x=0}^{N-1}\sum_{y=0}^{M-1} f(x,y,t)\mathrm{e}^{\mathrm{j}2\pi a_2 x\Delta t} \qquad t = 0,1,\cdots,K-1 \tag{7-63}$$

其中，a_1 和 a_2 都是正整数。

式（7-62）和式（7-63）的一维傅里叶变换分别为：

$$G_x(u_1,a_1) = \sum_{t=0}^{K-1} g_x(t,a_1)\mathrm{e}^{-\mathrm{j}2\pi u_1 t/K} \qquad u_1 = 0,1,\cdots,K-1 \tag{7-64}$$

$$G_y(u_2,a_2) = \sum_{t=0}^{K-1} g_y(t,a_2)\mathrm{e}^{-\mathrm{j}2\pi u_2 t/K} \qquad u_2 = 0,1,\cdots,K-1 \tag{7-65}$$

实际上，这些变换的计算是使用 FFT 算法执行的。

频率和速度的关系是：

$$u_1 = a_1 V_1 \tag{7-66}$$

$$u_2 = a_2 V_2 \tag{7-67}$$

式中，速度的单位是像素数总帧时间。例如，V_1=10 可以解释为在 K 帧中物体运动了 10 个像素。对于匀速摄取的图像帧，实际的物理速度取决于帧速率和像素之间的距离。因此，如果 V_1=10，K=30，帧率为 2 帧/秒，像素之间的距离是 0.5m，则 x 方向的实际物理速度是：

$$V_1 = (10个像素)(0.5\mathrm{m}/像素)(2帧/\mathrm{s})/(30帧) = 1/3\mathrm{m/s}$$

速度的 x 分量的符号可通过计算下式得到：

$$S_{1x} = \frac{\mathrm{d}^2\,\mathrm{Re}\big[g_x(t,a_1)\big]}{\mathrm{d}t^2}\Big|_{t=n} \tag{7-68}$$

$$S_{2x} = \frac{\mathrm{d}^2\,\mathrm{Im}\big[g_x(t,a_1)\big]}{\mathrm{d}t^2}\Big|_{t=n} \tag{7-69}$$

因为 g_x 是正弦函数，故可以证明，如果速度分量 V_1 为正，则在时间 n，S_{1x} 和 S_{2x} 在任意点将有相同的符号。反之，S_{1x} 和 S_{2x} 的符号相反则表明速度分量 V_1 为负。如果 S_{1x} 或 S_{2x} 为零，那么我们考虑下一个最近的时间点 $t = n \pm \Delta t$。类似的说明可用于计算 V_2 的符号。

例 7.19　通过频率域检测较小的运动物体

图 7-42 到图 7-45 说明了刚才推导方法的有效性。图 7-42 显示了一组 32 帧 LANDSAT 图像序列中的一幅，该图像是通过将白噪声添加到一幅参考图像中产生的。图像序列中包含一个叠加的运动物体，物体在 x 方向以每帧 0.5 个像素的速度运动，在 y 方向以每帧 1 个像素的速度运动。在图 7-43 中用圆圈标出的物体在展开的较小（9 像素）的区域内具有高斯灰度分布，该分布用肉眼不易辨别。图 7-44 和图 7-45 显示了分别令 a_1=6 和 a_2=4 计算式（7-64）和式（7-65）时得到的结果。根据图 7-44 中 u_1=3 处的波峰，由式（7-10）得

到 V_1=0.5。同样，根据图 7-45 中 u_2=4 处的波峰，式（7-67）得到 V_2=1.0。

图 7-42　LANDSAT 的图像帧

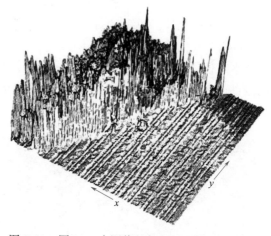

图 7-43　图 7-42 中图像的灰度图，目标已用圆圈
标出来

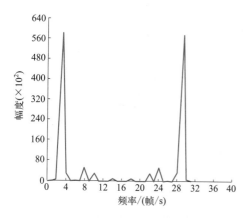

图 7-44　式（7-64）的谱，在 u_1=3 处
显示了一个波峰

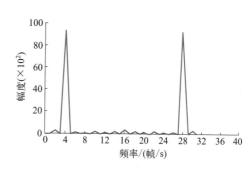

图 7-45　式（7-65）的谱，在 u_2=4 处
显示了一个波峰

借助于图 7-44 和图 7-45 我们可以解释选择 a_1 和 a_2 的原则。例如，假设我们用 a_2=15 取代 a_2=4。在这种情况下，图 7-45 中的波峰将位于 u_2=15 和 u_2=17 处，因为 V_2=1.0，这将是一种严重的混淆的结果。正如在 2.4 节中讨论过的那样，混淆是由欠采样造成的（当 u 的范围由 K 决定时，当前讨论中图像帧数太少）。因为 $u=aV$，故一种可能是将 a 选择为最接近 $a=u_{max}/V_{max}$ 的整数，其中 u_{max} 是由 K 建立的混淆频率限制，而 V_{max} 是期望的物体的最大速度。

【典型案例】

基于边缘检测的零部件计数

边缘检测是图像处理和计算机视觉中的基本问题，其主要目的是在图像中标识出亮度变化明显的点，这些点通常是物体的轮廓，即物体的边缘信息。在工业机器视觉中，边缘检测可以用于图像分割，将图像分割成不同的区域或对象。通过识别图像中的边缘，可以提取出物体的轮廓，实现精确的图像分割。还可以用于提取出物体的形状和结构特征，帮助识别和分类物体。边缘检测在自动驾驶、工业化自动生产、医学图像处理和农业等各大领域都有广泛的应用。

本案例要求采用工业机器视觉系统，计算不同时刻采集到的图像中零部件（图 7-46）的数目，通过边缘检测算法获取物体的轮廓信息分割零部件与背景，判断零部件形状，实现准确计数。

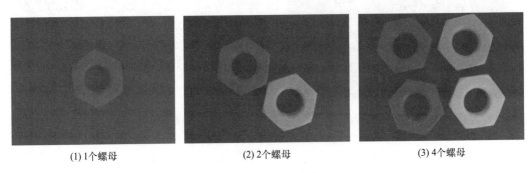

(1) 1个螺母　　　　　　　　(2) 2个螺母　　　　　　　　(3) 4个螺母

图 7-46　零部件实物

策略分析：在自动化生产线或包装线上，产品通常以一定的间隔和顺序通过检测区域。边缘检测算法能够识别出产品轮廓的清晰边缘，从而可以准确地区分每个独立的产品。再通过阈值处理，判断边缘检测获取轮廓的零件是否与想要的目标零件一致，由此可以准确地识别和计数经过的产品。其通过连续监测生产线的移动和产品经过，实时跟踪产品的数量，并且可以对生产线的效率和产量进行监控。

本案例为基于边缘检测的零部件计数，案例中包括边缘算子的选择和面积阈值处理两大主要内容：

① 边缘检测算子　常见的算子包括 Sobel 算子、Canny 算子、Prewitt 算子等，这些算子通过特定的数学运算来识别和提取图像中的边缘。在 OpenCV 中，可以使用 cv2.Sobel() 函数来实现 Sobel 边缘检测，使用 cv2.Canny() 函数来实现 Canny 边缘检测，使用 cv2.Prewitt() 函数实现 Prewitt 边缘检测，使用 cv2.Laplacian() 函数实现 Laplacian 边缘检测。图 7-47 为利用不同的边缘检测方法实现对同一对象检测的效果。对比不同检测方法处理同一张图像的效果，选择适合本实验场景的检测方法。

② 阈值处理　这一步是用来确定哪些特征是显著的，哪些不是。通常通过设定一个阈值来实现，例如在本案例中在边缘检测获取符合形状要求的零件后，还需要判断该轮廓包围的面积阈值是否符合要求，淘汰过小或者过大的面积的轮廓，只有形状和阈值都符合要求的才被认为是一个真正需要计数的零部件。描绘出零部件的轮廓，经过阈值处理将面积不符合要求的零部件的轮廓描绘去除，见图 7-48。

基于边缘检测的零部件计数结果如图 7-49 所示，此方法不仅准确可靠，而且可以大大提高生产效率和自动化程度。它可以减少人工计数的时间和成本，同时降低人为错误的风险。通过实时监控产品数量，还可以及时发现生产线的异常情况，如产品堵塞、生产速度异常等，从而采取相应的措施进行调整和优化。

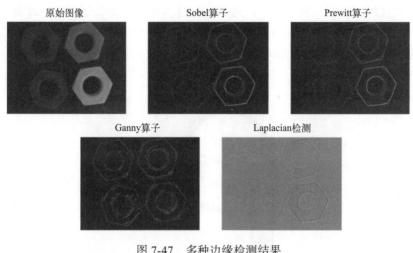

图 7-47 多种边缘检测结果

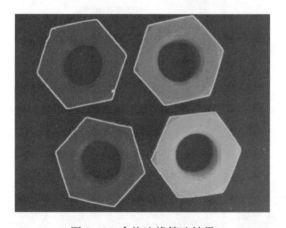

图 7-48 合格边缘筛选结果

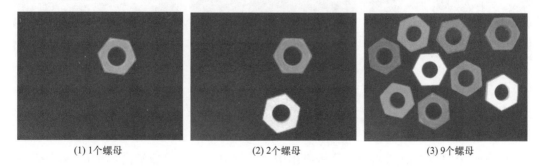

图 7-49 零部件计数结果

总之，边缘检测工业生产中的产品计数中具有重要的应用价值，它可以提高生产效率、减少人工干预，并确保产品计数的准确性和可靠性。

【场景延伸】

边缘检测计技术在工业中的应用十分广泛，随着技术的不断发展和创新，边缘检测也开始在农业领域得到应用。在农业中，边缘检测技术可用于果蔬的识别、计数和病虫害检测等方面。以图 7-50 所示的场景可以对包装盒内的橘子数量进行检测，通过摄像头拍摄图像，然后通过用边缘检测技术对图像进行处理，自动识别出果蔬的位置和数量，如图 7-51 所示。

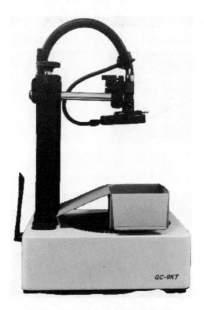

图 7-50　橘子数量检测场景

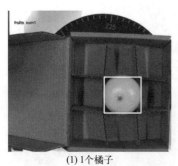 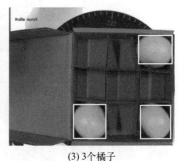

(1) 1个橘子　　　　　(2) 2个橘子　　　　　(3) 3个橘子

图 7-51　橘子数量检测结果

【本章小结】

在自动图像模式识别和场景分析应用中，图像分割是不可或缺的前期准备步骤，所选用的分割技术主要依据具体问题的独特性而定。尽管本章中探讨的方法并非穷尽所有可能性，但它们确实是在实际应用中广泛采用并具备代表性的技术手段。读者可以本章为基础，进一步学习相关的文献，深入探索该主题。

【知识测评】

一、填空题

1.图像分割是将图像划分为若干个互不重叠的区域，每个区域内部具有相似的 _____ 或 _____ 特征。

2.在基于阈值的图像分割方法中，常用的阈值确定方法有 _____ 法和 _____ 法。

3.基于区域的图像分割方法通常包括 _____ 分割和 _____ 分割两种类型。

4.边缘检测是图像分割中的一种重要方法，常用的边缘检测算子有 _____ 算子和 _____ 算子等。

5.在图像分割中，Otsu 方法是一种基于 _____ 的图像分割技术，通过计算类间方差来自动确定阈值。

6.边缘检测通常使用 _____ 或 _____ 等算子来检测图像中的边缘。

7.区域生长法的基本思想是从一组种子点开始，将与种子点具有 _____ 的邻近像素合并到种子点所在的区域中。

二、选择题

1.图像分割的目的是什么？（　　　）

    A. 改变图像大小　　　　　　　　　　B. 增强图像对比度

    C. 将图像划分为不同区域　　　　　　D. 提取图像中的特定颜色

2.基于阈值的图像分割方法中，如果图像的直方图呈现双峰分布，通常使用哪种方法确定阈值？（　　　）

    A. Otsu 方法　　　　　　　　　　　　B. Sobel 算子

    C. 霍夫变换　　　　　　　　　　　　D. K-means 聚类

3.在基于区域的图像分割方法中，如果一个区域中的像素与邻域像素的相似度较高，这种方法通常称为什么？（　　　）

    A. 边缘检测　　　　　　　　　　　　B. 区域生长

    C. 阈值分割　　　　　　　　　　　　D. 形态学操作

4.以下哪种方法不是用于图像分割的？（　　　）

    A. 边缘检测　　　　　　　　　　　　B. 色彩空间转换

    C. 区域分割　　　　　　　　　　　　D. 图割（Graph Cut）方法

5.下列哪种方法不属于基于阈值的图像分割技术？（　　　）

    A. Otsu 方法　　　　　　　　　　　　B. K-means 聚类

    C. 直方图双峰法　　　　　　　　　　D. 边缘检测

6.边缘检测通常用于图像分割的哪个阶段？（　　　）

    A. 预处理　　　　　　　　　　　　　B. 特征提取

    C. 区域划分　　　　　　　　　　　　D. 后处理

7.区域生长法在进行图像分割时，通常依据什么原则合并像素？（　　　）

    A. 像素值相近　　　　　　　　　　　B. 像素位置相邻

C. 像素梯度相似   D. 像素颜色相同

三、判断题

1. 图像分割是将图像划分为若干个相互重叠的区域。（   ）

2. 基于阈值的图像分割方法只适用于灰度图像，不适用于彩色图像。（   ）

3. 图像分割的结果总是完美的，不存在任何误差。（   ）

4. 区域生长法在进行图像分割时，初始种子点的选择对最终结果没有影响。（   ）

5. 图像分割是将一幅图像划分为多个不相交的区域的过程，每个区域内部具有相似的属性。（   ）

6. 基于阈值的图像分割方法只适用于灰度图像，不适用于彩色图像。（   ）

7. 边缘检测算子如 Canny 算子可以直接用于图像分割，不需要后续处理。（   ）

第 8 章

目标识别

机器视觉数字图像处理涵盖了对图像中各个区域的识别，在本章中，我们称这些区域为目标或模式。

我们探讨的模式识别方法主要划分为两大类别：决策理论方法和结构方法。第一种方法侧重于使用如长度、面积和纹理等定量描绘子来描述各种模式。而第二种方法则关注由关系描绘子等定性描绘子来描述的模式。识别的核心问题是通过样本模式进行"学习"这一概念。下面我们将对决策理论方法和结构方法的学习技术进行深入讨论。

【学习目标】

① 掌握目标识别在数字图像处理中的基本概念和原理，包括如何从复杂背景中区分出特定目标，以及不同识别方法之间的异同和优缺点。

② 深入学习如何有效地提取目标的特征，并对其进行准确描述。

③ 试将目标识别技术应用于不同领域，如自动驾驶、安防监控、医学影像分析等，并探索新的应用场景和创新点。

【学习导图】

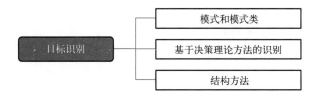

【知识讲解】

8.1 模式和模式类

模式是描绘子的组合，正如第 6 章所详细讨论的，在模式识别的相关文献中，我们常用"特征"一词来指代描绘子。模式类指的是那些具有共同特性的模式集合，我们用 $\omega_1, \omega_2, \cdots, \omega_W$ 来表示，其中 W 代表模式类的数量。模式识别技术旨在自动地将不同的模式归入不同的类别，同时尽量减少人为干预。

实践中常用的三种模式组合是向量（用于定量描述）、串和树（用于结构描述）。模式向量由粗体小写字母表示，如 $\boldsymbol{x}, \boldsymbol{y}$ 和 $\boldsymbol{z}$，并采取下列形式：

$$\boldsymbol{x} = \begin{bmatrix} x_1 \\ x_2 \\ \vdots \\ x_n \end{bmatrix} \tag{8-1}$$

式中，每个分量 x_i 表示第 i 个描绘子，n 是与该模式有关的描绘子的总数。模式向量以列向量（即 $n \times 1$ 阶矩阵）的形式表示。因此，模式向量可以表示为式（8-1）所示的形式或用等价形式 $\boldsymbol{x} = (x_1, x_2, \cdots, x_n)^\mathrm{T}$ 来表示，其中 T 表示转置。

模式向量 $\boldsymbol{x}$ 中的各个分量的性质，取决于用于描述该物理模式本身的方法。下面我们使用一个简单的例子来加以说明。在一篇经典的论文中，Fisher（1936）使用一种后来被称为判别分析（将在 8.2 节中讨论）的技术，识别了三种鸢尾花（山鸢尾，加岛鸢尾和变色鸢尾），方法是测量花瓣的宽度和长度（见图 8-1）。

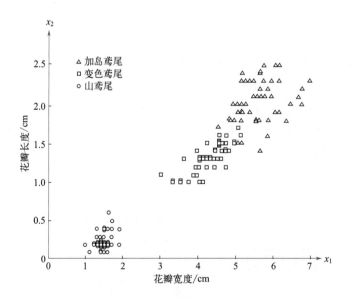

图 8-1　由两个度量描述的三种鸢尾花

在当前术语中，每种花由两个度量来描述，从而生成了形如式（8-2）的一个二维模式：

$$\boldsymbol{x} = \begin{bmatrix} x_1 \\ x_2 \end{bmatrix} \tag{8-2}$$

其中 x_1 和 x_2 分别代表花瓣的长度和宽度。在这种情形下，表示为 ω_1, ω_2 和 ω_3 的 3 个模式类分别对应于山鸢尾，加岛鸢尾和变色鸢尾三种花。

花瓣的宽度和长度差异导致描述这些花的模式向量各不相同，这种差异不仅存在于不同类别之间，也存在于同一类别内部。图 8-1 展示了每种鸢尾属花样本的长度和宽度测量值。一旦选定了一组度量（本例中为两个度量），模式向量的各个分量便构成了每个物理样本的完整描述。因此，在这种情境下，每朵花都可以被视为二维欧氏空间中的一个点。同时，我们注意到，虽然花瓣的长度和宽度能够较好地将山鸢尾与其他两种花区分开，但对于加岛鸢尾和变色鸢尾的区分却并不理想。这一结果凸显了经典的特征选择问题，即类别的可分性在很大程度上取决于所选描绘子的质量。我们将在 8.2 节和 8.3 节深入探讨这一问题。

图 8-2 提供了模式向量生成的另一实例。在这个例子中，我们关注的是不同类型的噪声波形，其中一个样本如图 8-2（1）所示。若我们决定使用信号来表征每个目标，那么得到的将如图 8-2（2）所示的一维信号。假设我们采用取样后的幅度值来描述每个信号，即按照特定的间隔值 θ 对信号进行取样（表示为 θ_1，θ_2，$\cdots$，θ_n）。随后，通过设定 $x_1=r(\theta_1)$，$x_2=r(\theta_2)$，$\cdots$，$x_n=r(\theta_n)$，我们可以构建出模式向量。这些向量将作为 n 维欧氏空间中的点，而模式类则可以想象为 n 维空间中的"云团"。

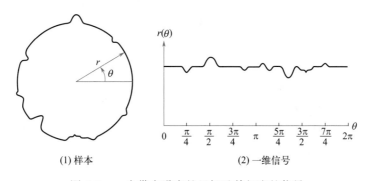

(1) 样本 (2) 一维信号

图 8-2　一个带有噪声的目标及其相应的信号

除了直接使用信号的幅度，我们还可以计算给定信号的前 n 个统计矩，并将这些描绘子作为每个模式向量的分量。实际上，生成模式向量的方法多种多样，不局限于一种。在本章中，我们将介绍一些现有的方法。需要强调的是，模式向量中每个分量的描绘子选择至关重要，因为它们会深刻影响基于模式向量方法的目标识别最终性能。

刚才提到的生成模式向量的技术，能够获取由定量信息表示的模式类。然而，在某些应用中，模式的特性更适合通过结构关系来描述。以指纹识别为例，它依赖于痕迹特性的相互关系，如断点、分支、合并和不连续线段等细节。这些细节及其相对尺寸和位置，共同构成了描述指纹脊线特性的主要元素。对于这类识别问题，结构方法通常能够取得较好的解决效果，因为除了对每种特性进行定量度量外，特性间的空间关系也决定了模式所属的类别。这里，我们再次从模式描绘子的角度，对其进行简要的介绍。

图 8-3（1）显示了一个简单的阶梯模式。采用类似于图 8-2 中使用的方法，该模式可以被取样并表示为一个模式向量。然而，如果采用这种描述方法，那么由两个简单的主要元素重复而组成的基本结构将会丢失。一种更有意义的描述方法是定义元素 a 和 b，并将

该模式定义为如图8-3（2）所示的串 $w=\cdots ababababab\cdots$。在这种描述中，该特殊模式类的结构是按如下方式得到的：以首尾相连的方式定义连接性，且只允许符号交替。这种结构组成适用于任何长度的阶梯，但排除了由基元 a 和 b 的其他组合生成其他类型的结果。

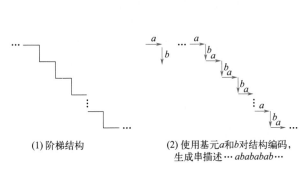

(1) 阶梯结构

(2) 使用基元 a 和 b 对结构编码，生成串描述 $\cdots ababababab\cdots$

图 8-3　结构方法

图 8-4　建筑物密集的城市中心区和周围居民区的卫星图像

串描述适用于那些结构基于简单基元连接且通常与边界形状相关的目标模式和其他实体模式。然而，对于许多应用而言，使用树形描述可能更为有效，实际上，大多数层次排序方案都会导致树结构的形成。例如，图8-4展示了一幅卫星图像，其中显示了建筑物密集的市区及其周围的居民区。我们使用符号 $ 来标识整个图像区域。在图8-5中，从上到下展示的树形表示是通过利用结构关系"由……组成"来构建的。因此，树的根代表整幅图像，下一层表示图像由市区和居民区组成。接着，居民区进一步由住宅、高速公路和购物中心组成。再下一层则详细描述了住宅和高速公路。我们可以继续以这种方式进行细分，直到达到我们在图像上解析不同区域的能力极限。

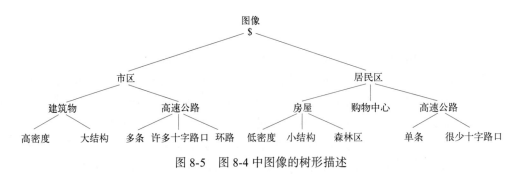

图 8-5　图 8-4 中图像的树形描述

8.2　基于决策理论方法的识别

决策理论方法识别是以使用决策（或判别）函数为基础的。如8.1节中讨论的那样，令 $\boldsymbol{x}=(x_1, x_2, \cdots, x_n)^{\mathrm{T}}$ 表示一个 n 维模式向量。对于 W 个模式类 $\omega_1, \omega_2, \cdots, \omega_W$，决策理论模式识别的基本问题是依据如下属性来找到 W 个决策函数 $d_1(\boldsymbol{x}), d_2(\boldsymbol{x}), \cdots, d_W(\boldsymbol{x})$：如果模式 $\boldsymbol{x}$

属于类 ω_i 则

$$d_i(\boldsymbol{x}) > d_j(\boldsymbol{x}) \quad j = 1, 2, \cdots, W; j \neq 1 \tag{8-3}$$

换句话说，将 $\boldsymbol{x}$ 代入所有决策函数后，如果 $d_i(\boldsymbol{x})$ 得到最大值，则称未知模式 $\boldsymbol{x}$ 属于第 i 个模式类。该关系可以任意求解。

从类 ω_i 中分离出类 ω_j 的决策边界，由满足 $d_i(\boldsymbol{x}) = d_j(\boldsymbol{x})$ 的 $\boldsymbol{x}$ 值给出，或等价地由式（8-4）中的 $\boldsymbol{x}$ 值给出。

$$d_i(\boldsymbol{x}) - d_j(\boldsymbol{x}) = 0 \tag{8-4}$$

通常的做法是，使用单一函数 $d_{ij}(\boldsymbol{x}) = d_i(\boldsymbol{x}) - d_j(\boldsymbol{x}) = 0$ 来识别两类之间的决策边界。因此，对于模式类 ω_i 有 $d_{ij}(\boldsymbol{x}) > 0$，而对于模式类 ω_j 有 $d_{ij}(\boldsymbol{x}) < 0$。本节的主要目的是探讨寻找满足式（8-3）的决策函数的各种方法。

8.2.1 匹配

基于匹配的识别技术通过一个原型模式向量来代表每个类别。根据一种预先定义的度量，我们将未知模式归类为与其最接近的类。其中，最简单的方法是使用最小距离分类器。顾名思义，最小距离分类器计算未知模式与每个原型向量之间的（欧氏）距离，并选择最小距离来做出决策。此外，我们还将探讨一种基于相关性的方法，这种方法可以直接通过图像的数学表达来实现，因此相当直观。

（1）最小距离分类器

假设我们把每个模式类的原型定义为该类模式的平均向量：

$$\boldsymbol{m}_j = \frac{1}{N_j} \sum_{\boldsymbol{x} \in \omega_j} \boldsymbol{x}_j \quad j = 1, 2, \cdots, W \tag{8-5}$$

式中，N_j 是来自 ω_j 类模式向量的数量，求和操作是对所有这些向量执行的。W 是模式类的数量。如前所述，求未知模式向量 $\boldsymbol{x}$ 的类成员的一种方法是，将它赋给其最接近的原型类。使用（欧氏）距离求接近程度可将该问题简化为计算如下距离度量：

$$D_j(\boldsymbol{x}) = \| \boldsymbol{x} - \boldsymbol{m}_j \| \quad j = 1, 2, \cdots, W \tag{8-6}$$

式中，$\|\boldsymbol{a}\| = (\boldsymbol{a}^{\mathrm{T}} \boldsymbol{a})^{1/2}$ 是欧几里得范数。然后，若 $D_i(\boldsymbol{x})$ 是最小距离，则把 $\boldsymbol{x}$ 赋给类 ω_i。也就是说，最小距离意味着该式表示最好的匹配。不难证明，选择最小距离等同于计算函数：

$$d_j(\boldsymbol{x}) = \boldsymbol{x}^{\mathrm{T}} \boldsymbol{m}_j - \frac{1}{2} \boldsymbol{m}_j^{\mathrm{T}} \boldsymbol{m}_j \quad j = 1, 2, \cdots, W \tag{8-7}$$

并在 $d_j(\boldsymbol{x})$ 获得最大数值时，将 $\boldsymbol{x}$ 划归类 ω_i。该式与式（8-3）中定义的决策函数的概念是一致的。

由式（8-4）和式（8-7），对于一个最小距离分类器，类 ω_i 和类 ω_j 之间的决策边界为：

$$d_{ij}(\boldsymbol{x}) = d_i(\boldsymbol{x}) - d_j(\boldsymbol{x})$$
$$= \boldsymbol{x}^{\mathrm{T}}(\boldsymbol{m}_i - \boldsymbol{m}_j) - \frac{1}{2}(\boldsymbol{m}_i - \boldsymbol{m}_j)^{\mathrm{T}}(\boldsymbol{m}_i - \boldsymbol{m}_j) = 0 \tag{8-8}$$

由式（8-8）给出的决策面是连接 $\boldsymbol{m}_i$ 和 $\boldsymbol{m}_j$ 的线段的垂直等分线。$n=2$ 时，垂直等分线是一条直线；$n=3$ 时，它是一个平面；$n > 3$ 时，称其为一个超平面。

例 8.1　最小距离分类器的说明

图 8-6 显示了从图 8-1 的鸢尾属植物例子中提取的两个模式类。两个模式类变色鸢尾和山鸢尾分别表示为 ω_1 和 ω_2，其样本均值向量为 $\boldsymbol{m}_1 = (4.3,1.3)^{\mathrm{T}}$ 和 $\boldsymbol{m}_2 = (1.5,0.3)^{\mathrm{T}}$。由式（8-7）可知，决策函数为：

$$d_1(\boldsymbol{x}) = \boldsymbol{x}^{\mathrm{T}}\boldsymbol{m}_1 - \frac{1}{2}\boldsymbol{m}_1^{\mathrm{T}}\boldsymbol{m}_1 = 4.3x_1 + 1.3x_2 - 10.1$$

$$d_2(\boldsymbol{x}) = \boldsymbol{x}^{\mathrm{T}}\boldsymbol{m}_2 - \frac{1}{2}\boldsymbol{m}_2^{\mathrm{T}}\boldsymbol{m}_2 = 1.5x_1 + 0.3x_2 - 1.17$$

由式（8-8）可知，边界方程为：

$$d_{12}(\boldsymbol{x}) = d_1(\boldsymbol{x}) - d_2(\boldsymbol{x}) = 2.8x_1 + 1.0x_2 - 8.9 = 0$$

图 8-6 显示了该边界的图形（注意，轴的比例不同）。代入来自类 ω_1 的任何模式向量，都会得到 $d_{12}(\boldsymbol{x}) > 0$ 相反，代入来自类 ω_2 的任何模式向量，都会得到 $d_{12}(\boldsymbol{x}) < 0$。换句话说，给定一个属于这两个类之一的未知模式，$d_{12}(\boldsymbol{x})$ 的符号将足以确定该模式的归属。

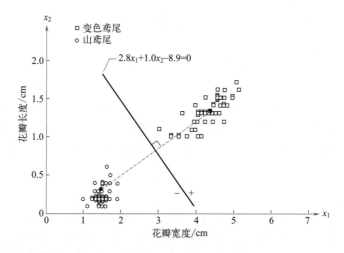

图 8-6　类变色鸢尾和类山鸢尾的最小距离分类器的决策边界（圆圈和方块是均值）

实际上，就每个类的均值而言，当均值间的距离与每个类的分散度或随机性相比较大时，最小距离分类器工作得很好。在 8.2.2 小节中，我们将证明：当每个类关于其均值的分布在 n 维模式空间中表现为一种球形的"超云团"形式时，最小距离分类器（在最小化错误分类的平均损失方面）会产生最佳性能。

实际上，同时出现较大的均值分离和相对较小的散布的情况并不常见，除非系统设计人员能够控制输入的特性。一个典型的例子是设计用于读取固定格式字符的系统，例如我们熟知的美国银行家协会的 E-13B 字符集。如图 8-7 所示，这个特定的字符集由 14 个字符组成，它们被精心设计在 9×7 的网格中，以便读取。在实际应用中，这些字符通常使用含有精细磁性材料的油墨进行印刷。在读取字符之前，会施加一个磁场来强化每个字符，从而简化检测过程。换句话说，通过人为地突出每个字符的关键特征，我们成功地解决了字符分割的问题。

通常，我们会使用一个相对于字符来说更窄更长的单缝读取头来水平扫描字符。当读取头横向移动经过一个字符时，它会生成一个一维电信号，这个信号的强度与读取头下方字符面积的增减率成正比。以图 8-7 中的数字 0 为例，当读取头从左向右移动时，随着看到的字符面积逐渐增大，会产生一个正导数，即正变化率。而当读取头开始远离 0 的左半部分时，字符面积开始减少，因此产生一个负导数。当读取头位于字符的中间区域时，字符面积几乎保持不变，从而导致导数为零。当读取头进入字符的右半部分时，这种模式会自行重复。这种特定的字体设计确保了每个字符的波形都是独一无二的，同时保证了每个波形的峰值和零值大致出现在背景网格的垂直线上，如图 8-7 所示。E-13B 字符的一个显著特点是，仅在这些特定点对波形进行取样，就能提供足够的信息来进行正确的分类。而磁性油墨的使用则有助于生成清晰的波形，从而最小化分散性。

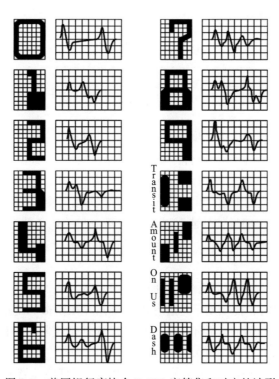

图 8-7　美国银行家协会 E-13B 字符集和对应的波形

针对这一应用设计一个最小距离分类器相当简单。我们只需要存储每个波形的样本值，然后将每组样本表示为一个原型向量 m_j（$j=1, 2, \cdots, 14$）。当对一个未知字符进行分类时，方法是使用刚才描述的方式扫描它，将波形的网格样本表示为一个向量 x，然后依据式（8-7）得到的最高值选择原型向量的类。该类即为该原型向量所属的类。使用由一组电阻器组成的模拟电路可实现高速分类。

（2）相关匹配

在 3.4.2 小节中，我们介绍了空间相关的基本概念，并且在该节将它广泛地用于空间滤波。由式（3-21）可知，大小为 $m \times n$ 的模版 $w(x,y)$ 与图像 $f(x,y)$ 的相关可表示为：

$$c(x,y) = \sum_s \sum_s w(s,t) f(x+s,y+t) \qquad (8-9)$$

式中，求和的上下限取 w 和 f 的共同范围。对变量 x 和 y 的所有偏移值代入该式计算，以便 w 的所有元素访问 f 的每个像素，这里假设 f 大于 w。就像空间卷积通过卷积定理与函数的傅里叶变换相联系那样，空间相关通过相关定理与函数的变换相联系：

$$f(x,y) \, \text{☆} \, w(x,y) \Leftrightarrow F^*(u,v)W(u,v) \qquad (8-10)$$

式中，☆ 表示空间相关，F^* 是 F 的复共轭。式（8-10）构成了一对傅里叶变换对，它们的解释与标准傅里叶变换相同，唯一的区别在于我们对其中一个函数应用了复共轭。

我们并不打算详述前述公式，因为它们对 f 和 w 的尺度变化很敏感。作为替代，我们使用如下的归一化相关系数：

$$\gamma(x,y) = \frac{\sum_s \sum_t \left[w(s,t) - \overline{w} \right] \sum_s \sum_t \left[f(x+s,y+t) - \overline{f}_{xy} \right]}{\left\{ \sum_s \sum_t \left[w(s,t) - \overline{w} \right]^2 \sum_s \sum_t \left[f(x+s,y+t) - \overline{f}_{xy} \right]^2 \right\}^{\frac{1}{2}}} \qquad (8-11)$$

在模板匹配中，求和的上下限取决于 w 和 f 的共同范围。其中，$\overline{w}$ 代表模板的平均值（只需计算一次），$\overline{f}_{xy}$ 是 f 中与 w 重合区域的平均值。通常，我们将 w 称为模板，而整个匹配过程称为模板匹配。经过证明，$\gamma(x,y)$ 的值域为 [-1,1]，这意味着 f 和 w 的幅度变化已经被归一化。当归一化的 w 和 f 中对应的归一化区域完全相同时，$\gamma(x,y)$ 会达到最大值，这表示了最大的相关性，即最佳的匹配结果。当两个归一化函数在式（8-11）的意义下表现出最小相似性时，会出现最小值。相关系数不能用傅里叶变换来计算，因为该式中存在非线性项（除法和平方）。

图 8-8 清晰地展示了前述步骤的工作原理。正如在 3.4.2 小节中所述，当模板 w 的中心位于图像 f 的边界上时，需要对 f 的边界进行填充。在模板匹配过程中，当模板的中心超出图像边界时，相关的值通常并不重要，因此填充通常仅限于模板宽度的一半。为了方便表示和计算，我们通常只关注奇数大小的模板。

图 8-8 显示了一个大小为 $m \times n$ 的模板，其中心位于任意位置 (x,y)。在这一点的相关可以用式（8-11）得到。然后，该模板的中心移到一个相邻位置，重复该过程。通过移动该模板的中心（即增大 x 和 y），以便 w 的中心访问 f 中的每个像素，可得到所有的相关系数 $\gamma(x,y)$。在该过程的最后，我们寻找 $\gamma(x,y)$ 中的最大值，从而找到出现最好匹配的位置。在 $\gamma(x,y)$ 中可能会有多个位置出现最大值，此时表明 w 和 f 之间有多个匹配。

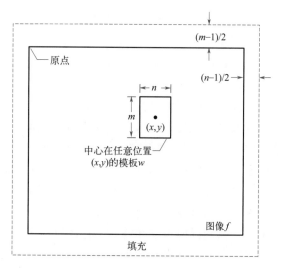

图 8-8　模板匹配的机理

例 8.2　用相关进行匹配

图 8-9（1）显示了一幅大小为 913×913 的飓风卫星图像，其中暴风眼清晰可见。作为相关的一个例子，我们希望找到图 8-9（2）中的模板在图 8-9（1）中最好匹配的位置，模板是暴风眼的一幅较小的（31×31）子图像。图 8-9（3）显示了由式（8-11）计算的相关系数。由于填充（见图 8-8），该图像的原始大小为 943×943 像素，但为了显示的目的，

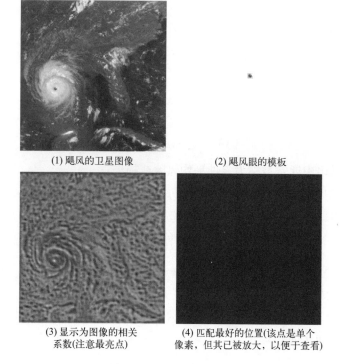

(1) 飓风的卫星图像　　　　(2) 飓风眼的模板

(3) 显示为图像的相关　　　(4) 匹配最好的位置(该点是单个
　系数(注意最亮点)　　　　　像素，但其已被放大，以便于查看)

图 8-9　用相关进行匹配

我们把它裁剪到原始图像大小。在该图像中，灰度与相关值成正比，并且所有的负相关都截为 0（黑），以简化该图像的视觉分析。相关图像的最亮点在接近飓风眼的位置清晰可见。图 8-9（4）将最大相关显示为一个白点（此时，存在一个最大值为 1 的唯一匹配），我们看到它与图 8-9（1）中的飓风眼位置紧密对应。

前面的讨论表明，对处理函数的灰度值变化进行归一化相关是可行的。然而，尺寸和旋转的归一化则是一个更为复杂的问题。尺寸归一化涉及到空间缩放，如 2.5 节所述，即图像重采样。为了使重采样有意义，我们需要知道被重新缩放的图像的目标大小。在某些情况下，确定这一大小可能是一个困难的问题，除非存在可用的空间线索。例如，在遥感应用中，如果已知成像传感器的观察几何（这通常是常见的情况），并假设视角固定，那么知道传感器相对于成像区域的高度就足以对图像尺寸进行归一化。类似地，旋转归一化需要知道图像被旋转的角度，这同样要求空间线索。在遥感这个例子中，飞行方向可能足以将遥感图像旋转到一个标准方向。在没有约束条件的情况下，尺寸和旋转归一化会成为极具挑战性的任务，因为它们要求自动检测可作为空间线索的图像特性。

8.2.2　最佳统计分类器

在本小节中，我们将探讨一种基于概率的识别方法。与大多数涉及度量和解读物理事件的领域相似，在模式识别中考虑概率变得至关重要，因为模式类通常会随机生成。接下来的讨论将展示，在平均意义上，我们可以推导出一种最佳分类方法，该方法能够产生最低的错误分类概率。

（1）基础知识

来自类别 ω_i 的特定模式 x 的概率表示为 $p(\omega_i/x)$。如果模式分类器判断 x 来自类 ω_i，而实际上它来自类 ω_i，那么分类器就会导致一次损失，表示为 L_{ij}。由于模式 x 可能属于所考虑的 W 个类中的任何一个类，故将模式 x 赋予类 ω_j 的平均损失为：

$$\gamma_j(x) = \sum_{k=1}^{W} L_{kj} p(\omega_k/x) \tag{8-12}$$

该式在决策理论术语中通常被称为条件平均风险或损失。

由基础概率论可知，$p(A/B)=[p(A)p(B/A)]/p(B)$。使用该式，我们可将式（8-12）写为：

$$\gamma_j(x) = \frac{1}{p(x)} \sum_{k=1}^{W} L_{kj} p(x/\omega_k) P(\omega_k) \tag{8-13}$$

式中，$p(x/\omega_k)$ 是来自类 ω_k 的模式的概率密度函数，$P(\omega_k)$ 是类 ω_k 出现的概率（有时这些概率称为先验概率）。由于 $1/p(x)$ 为正，并且对所有的 $r_j(x)(j=1, 2, \cdots, W)$ 都是如此，故可将它从式（8-13）中忽略而不影响这些函数从最小值到最大值的相对顺序。然后，平均损失的表达式就简化为：

$$\gamma_j(x) = \sum_{k=1}^{W} L_{kj} p(x/\omega_k) P(\omega_k) \tag{8-14}$$

分类器有 W 个可能的类，任何给定的未知模式可从这些类中选择。如果分类器为每个模式 $\boldsymbol{x}$ 计算 $r_1(\boldsymbol{x})$, $r_2(\boldsymbol{x})$, $\cdots$, $r_w(\boldsymbol{x})$，并将该模式以最低损失赋给相应的类，则关于所有决策的总体平均损失将是最低的。这种将总体平均损失降至最低的分类器称为贝叶斯分类器。因此，如果 $r_i(\boldsymbol{x}) < r_i(j)$, $j=1, 2, \cdots, W$ 且 $j \neq i$，那么贝叶斯分类器将未知模式 $\boldsymbol{x}$ 赋给类 ω_i。换句话说，如果对所有的 j 且 $j \neq i$ 有：

$$\sum_{k=1}^{W} L_{ki} p(\boldsymbol{x}/\omega_k) P(\omega_k) < \sum_{q=1}^{W} L_{qj} p(\boldsymbol{x}/\omega_q) P(\omega_q) \tag{8-15}$$

那么 $\boldsymbol{x}$ 将赋给类 ω_i。通常，正确决策的损失被赋予零值，而不正确决策的损失被赋予相同的非零值（譬如值 1）。在这些条件下，损失函数变为：

$$L_{ij} = 1 - \delta_{ij} \tag{8-16}$$

式中，$i=j$ 时 $\delta_{ij}=1$，$i \neq j$ 时 $\delta_{ij}=0$。式（8-16）表明，不正确决策的损失是 1，正确决策的损失是 0。将式（8-16）代入式（8-14）得到：

$$\gamma_j(\boldsymbol{x}) = \sum_{k=1}^{W} (1-\delta_{kj}) p(\boldsymbol{x}/\omega_k) P(\omega_k) = p(\boldsymbol{x}) - p(\boldsymbol{x}/\omega_k) P(\omega_j) \tag{8-17}$$

如果对所有的 $j \neq i$ 有：

$$p(\boldsymbol{x}) - p(\boldsymbol{x}/\omega_i) P(\omega_i) < p(\boldsymbol{x}) - p(\boldsymbol{x}/\omega_j) P(\omega_j) \tag{8-18}$$

或者等价为：

$$p(\boldsymbol{x}/\omega_j) P(\omega_j) > p(\boldsymbol{x}/\omega_j) P(\omega_j) \qquad j = 1,2,\cdots,W; j \neq i \tag{8-19}$$

那么贝叶斯分类器将模式 $\boldsymbol{x}$ 赋给类 ω_i。参考推导出式（8-3）的讨论，我们知道 0-1 损失函数的贝叶斯分类器不过是如下形式的决策函数的计算：

$$d_j(\boldsymbol{x}) = p(\boldsymbol{x}/\omega_j) P(\omega_j) \qquad j = 1,2,\cdots,W \tag{8-20}$$

式中，模式向量 $\boldsymbol{x}$ 赋给其决策函数取得最大值的类。

式（8-9）给出的决策函数在最小化错误分类的平均损失方面表现最佳。然而，为了保持这种最佳性，我们需要了解每个类中模式的概率密度函数以及每个类出现的概率。后一要求通常不成问题。例如，如果所有的类等概率出现，那么 $P(\omega_j)=1/W$。即使该条件不正确，由该问题的知识我们通常也可以推出这些概率。概率密度函数 $p(\boldsymbol{x}/\omega_j)$ 的估计就是另一回事了。当模式向量 $\boldsymbol{x}$ 是 n 维时，$p(\boldsymbol{x}/\omega_j)$ 就是一个 n 元函数。如果该函数的形式未知，那么我们就需要使用多元概率论的方法来估计它。但在实际应用中，这些方法往往非常困难，尤其是在每个类的模式数量较少或概率密度函数的潜在形式无法很好地表示时。因此，在使用贝叶斯分类器时，我们通常假设各种密度函数有一个解析表达式，并且来自每个类的样本模式有一个必需的参数估计。目前，$p(\boldsymbol{x}/\omega_j)$ 的最通用假设形式是高斯概率密度函数。这种假设与实际情况越接近，贝叶斯分类器方法在分类中就越能接近最小平均损失。

（2）高斯模式类的贝叶斯分类器

我们先考虑一个一维问题，该问题包含有由高斯密度决定的两个模式类（$W=2$），这两个模式类的均值分别为 m_1 和 m_2，标准差分别为 σ_1 和 σ_2。由式（8-20）可知，贝叶斯决策函数的形式为：

$$d_j(x) = p(x/\omega_j)P(\omega_j) = \frac{1}{\sqrt{2\pi}\sigma_j}e^{-\frac{(x-m_j)^2}{2\sigma_j^2}}P(\omega_j), \quad j=1,2 \tag{8-21}$$

在这里，模式现在是标量，用 x 表示。图 8-10 展示了这两类的概率密度函数曲线。两类之间的边界是一个单点，该点由满足 $d_1(x_0) = d_2(x_0)$ 的 x_0 表示。如果两个类出现的概率相同，即 $p(\omega_1) = p(\omega_2) = 1/2$，那么决策边界就是满足 $p(x_0/\omega_1) = p(x_0/\omega_2)$ 的 x_0 值。如图 8-10 所示，这个边界点恰好是两个概率密度函数的交点。所有位于 x_0 点右侧的模式（点）都将被归类为 ω_1 类。同样地，任何位于 x_0 点左侧的模式（点）都

> 一元贝叶斯分类器是最优阈值处理函数 的事实，请参阅本节末尾的注释。

将被归类为 ω_2 类。当两个类出现的概率不相等时，如果类 ω_1 出现的概率较大，那么点 x_0 会向左移动；反之，如果类 ω_2 出现的概率较大，那么点 x_0 会向右移动。这是符合预期的，因为分类器总是力求将错误分类的损失降至最低。例如，在极端情况下，如果类 ω_2 从未出现，那么分类器将总是将所有模式归类为 ω_1 类（即点 x_0 会移向负无穷大），从而确保不会出现错误分类。

在 n 维情形下，第 j 个模式类中的向量的高斯密度为：

$$p(x/\omega_j) = \frac{1}{(2\pi)^{n/2}|C_j|^{1/2}}e^{-\frac{1}{2}(x-m_j)^{\mathrm{T}}C_j^{-1}(x-m_j)} \tag{8-22}$$

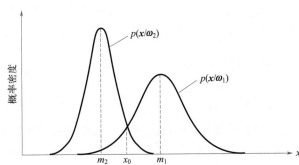

图 8-10 两个一维模式类的概率密度函数（如果两个类出现的概率相等，那么所示的点 x_0 就是决策边界）

其中，每个密度完全由其均值向量 m_j 和协方差矩阵 C_j 确定，均值向量和协方差矩阵定义如下：

$$m_j = E_j\{x\} \tag{8-23}$$

$$C_j = E_j\{(x-m_j)(x-m_j)^{\mathrm{T}}\} \tag{8-24}$$

式中，$E_j\{\cdot\}$ 是来自类 ω_j 的模式自变量的期望值。在式（8-22）中，n 是模式向量的

维度，$\left|\boldsymbol{C}_j\right|$ 是矩阵 $\boldsymbol{C}_j$ 的行列式。使用所讨论量的平均值来近似期望值 $\boldsymbol{E}_j$，可得到均值向量和协方差矩阵的估计，即

$$m_j = \frac{1}{N_j} \sum_{x \in \omega_j} x \tag{8-25}$$

$$m_j = \frac{1}{N_j} \sum_{x \in \omega_j} xx^{\mathrm{T}} - m_j m_j^{\mathrm{T}} \tag{8-26}$$

式中，N_j 是来自类 $\boldsymbol{\omega}_j$ 的模式向量的数量，求和操作是对所有这些向量执行的。在本小节后面，我们将给出一个如何使用这两个表达式的例子。

协方差矩阵是对称的和半正定的。对角线元素 c_{kk} 是模式向量的第 k 个元素的方差，非对角线元素 c_{jk} 是 $\boldsymbol{x}_j$ 和 $\boldsymbol{x}_k$ 的协方差。当协方差矩阵的非对角线元素均为零时，多元高斯密度函数就简化为 $\boldsymbol{x}$ 的每个元素的单变量的高斯密度的乘积。当向量元素 $\boldsymbol{x}_j$ 和 $\boldsymbol{x}_k$ 不相关时，会出现这种情况。

根据式（8-20），类 $\boldsymbol{\omega}_j$ 的贝叶斯决策函数为 $d_j(\boldsymbol{x})=p(x/\boldsymbol{\omega}_j)P(\boldsymbol{\omega}_j)$。然而，由于高斯密度函数的指数形式，用这个决策函数的自然对数形式更为方便。换句话说，我们可以使用如下形式：

$$d_j(\boldsymbol{x}) = \ln\left[p(\boldsymbol{x}/\boldsymbol{\omega}_j)P(\boldsymbol{\omega}_j) \right] = \ln p(\boldsymbol{x}/\boldsymbol{\omega}_j) + \ln P(\boldsymbol{\omega}_j) \tag{8-27}$$

从分类性能方面看，该表达式等同于式（8-20），因为对数函数是单调递增函数。换句话说，式（8-20）中的决策函数的数值顺序与式（8-27）中的数值顺序是相同的。将式（8-22）代入式（8-27）中可得：

$$d_j(\boldsymbol{x}) = \ln P(\boldsymbol{\omega}_j) - \frac{n}{2}\ln 2\pi - \frac{n}{2}\ln\left|\boldsymbol{C}_j\right| - \frac{1}{2}\left[(\boldsymbol{x}-\boldsymbol{m}_j)^{\mathrm{T}}\boldsymbol{C}_j^{-1}(\boldsymbol{x}-\boldsymbol{m}_j)\right] \tag{8-28}$$

项 $(n/2)\ln 2\pi$ 对所有的类都是相同的，因此可以从式（8-28）中消去，消去该项后的式（7-28）变为：

$$d_j(\boldsymbol{x}) = \ln P(\boldsymbol{\omega}_j) - \frac{1}{2}\ln\left|\boldsymbol{C}_j\right| - \frac{1}{2}\left[(\boldsymbol{x}-\boldsymbol{m}_j)^{\mathrm{T}}\boldsymbol{C}_j^{-1}(\boldsymbol{x}-\boldsymbol{m}_j)\right] \tag{8-29}$$

其中 $j=1, 2, \cdots, W$。式（8-29）表示高斯模式类在 0-1 损失函数条件下的贝叶斯决策函数。

式（8-29）中的决策函数是超二次曲面（n 维空间中的二次函数），因为出现在该式中的 $\boldsymbol{x}$ 的分量的各项没有高于二次的。毫无疑问，高斯模式的贝叶斯分类器的作用至多是将一个通用二阶决策面放到两个模式类之间。然而，如果模式总体确实是高斯的，则在分类中不会有其他曲面所产生的损失小于平均损失。

如果所有的协方差矩阵都相等，则 $\boldsymbol{C}_j = \boldsymbol{C}(j=1, 2, \cdots, W)$。展开式（8-29）并消去所有独立于 j 的项，可得：

$$d_j(\boldsymbol{x}) = \ln P(\boldsymbol{\omega}_j) + \boldsymbol{x}^{\mathrm{T}}\boldsymbol{C}^{-1}\boldsymbol{m}_j - \frac{1}{2}\boldsymbol{m}_j^{\mathrm{T}}\boldsymbol{C}^{-1}\boldsymbol{m}_j \tag{8-30}$$

这是一个线性决策函数（超平面），其中 $j=1, 2, \cdots, W$。

另外，如果 $C=I$ 这里 I 是单位矩阵，且 $P(\omega_j)=1/W(j=1, 2, \cdots, W)$，则有

$$d_j(\boldsymbol{x}) = \boldsymbol{x}^{\mathrm{T}}\boldsymbol{m}_j - \frac{1}{2}\boldsymbol{m}_j^{\mathrm{T}}\boldsymbol{m}_j, \quad j = 1,2,\cdots,W \tag{8-31}$$

这些是最小距离分类器的决策函数，就像式（8-7）中给出的一样。如果：①这些模式类都是高斯的，②所有协方差矩阵都等于单位矩阵，并且③所有类出现的概率相等，则在贝叶斯意义上最小距离分类器是最佳的。满足这些条件的高斯模式类是 n 维空间中外形相同的球状云团（称为超球面）。最小距离分类器在每对类之间建立一个超平面，超平面有如下特性，它是连接这对超球面的中心的垂直平分线。在两个维度上，这些类组成多个圆形区域，并且边界变为连接每对圆的中心的直线的垂直平分线。

例 8.3　三维模式的贝叶斯分类器

图 8-11 显示了两个模式类在三维空间中的一个简单排列。我们用这些模式来说明实现贝叶斯分类器的机理，假设每个类的模式都是来自一个高斯分布的样本。

对图 8-11 中的模式应用式（8-25），得到：

$$\boldsymbol{m}_1 = \frac{1}{4}\begin{bmatrix} 3 \\ 1 \\ 1 \end{bmatrix} \quad \text{和} \quad \boldsymbol{m}_2 = \frac{1}{4}\begin{bmatrix} 1 \\ 3 \\ 3 \end{bmatrix}$$

类似地，对两个模式类依次应用式（8-26）会得到两个协方差矩阵，此时这两个矩阵是相等的：

$$\boldsymbol{C}_1 = \boldsymbol{C}_2 = \frac{1}{16}\begin{bmatrix} 3 & 1 & 1 \\ 1 & 3 & -1 \\ 1 & -1 & 3 \end{bmatrix}$$

因为协方差矩阵相等，故贝叶斯决策函数由式（8-30）给出。

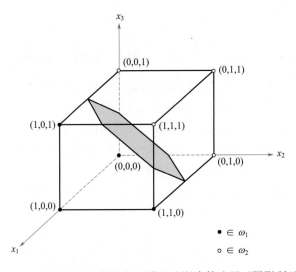

图 8-11　两个简单的模式类及其贝叶斯决策边界（阴影所示）

贝叶斯分类器方法在遥感图像分类方面取得了显著的成功,这些图像通常由飞行器、卫星或空间站上搭载的多光谱扫描器生成。鉴于这些平台会产生大量图像数据,自动分类和分析图像成为了遥感领域的一项关键任务。遥感技术的应用范围相当广泛,涵盖土地利用调查、农作物产量估算、农作物灾害检测、森林监测、空气质量和水质评估、地质研究、天气预报等多个重要领域,这些应用对于环境研究和管理具有重要意义。下面将展示一个典型的应用案例。

例 8.4 使用贝叶斯分类器对多光谱数据进行分类

多光谱扫描器响应于所选电磁能谱的波段,例如 $0.45 \sim 0.52\mu m$,$0.52 \sim 0.60\mu m$,$0.63 \sim 0.69\mu m$ 和 $0.76 \sim 0.90\mu m$ 波段。这些范围分别处于可见蓝光、可见绿光、可见红光和近红外波段。按这种方式扫描一个区域,会生成该区域的 4 幅数字图像,每个波段一幅。如果这些图像已在空间上配准(实践中满足的一个条件),那么可将这些图像想象为堆叠在一起,如图 8-12 所示。这样,地面上的每个点都可以由形如 $x=(x_1, x_2, x_3, x_4)^T$ 的一个四元素模式向量表示,其中 x_1 为蓝光图像,x_2 为绿光图像,等等。如果这些图像的大小都是 512×512 像素,那么这 4 幅多光谱图像的每种堆叠可由 266144 个四维模式向量表示。像前面说明的那样,高斯模式的贝叶斯分类器要求估计每个类的均值向量和协方差矩阵。在遥感应用中,这些估计是通过从每个感兴趣区域中收集其类别已知多光谱数据得到的。然后,就像在例 8.3 中那样,结果向量用于估计所需的均值向量和协方差矩阵。

图 8-13(1)到(4)显示了 4 幅大小为 512×512 的多光谱图像,这些图像是在前段中提及的波段范围拍摄的。我们的兴趣是把由这些图像包含的区域中的像素分类到 3 个模式类之一:水体、市区和植被。图 8-13(5)中的模板已叠加到这些图像上,以提取这 3 个类的典型样本。样本的一半用于训练(即估计均值向量和协方差矩阵),另一半用于独立测试,以评估初始分类器的性能。在无约束条件的多光谱数据分类中,由于通常并不知道先验概率 $P(\omega_i)$,所以我们在这里假设它们是相等的,即 $P(\omega_i)=1/3$, $i=1, 2, 3$。

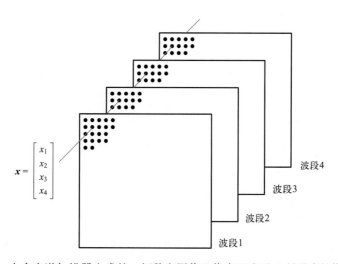

图 8-12 由多光谱扫描器生成的 4 幅数字图像经像素配准后,所形成的模式向量

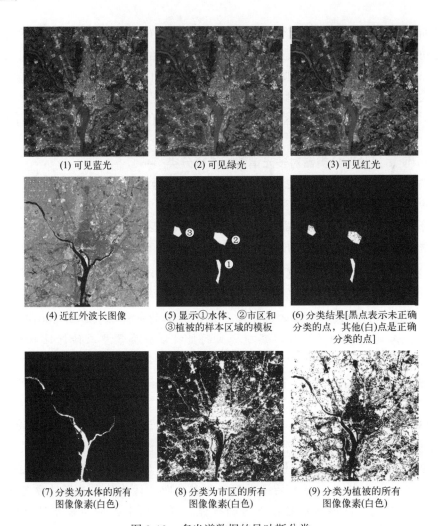

(1) 可见蓝光　　　　　(2) 可见绿光　　　　　(3) 可见红光

(4) 近红外波长图像　　(5) 显示①水体、②市区和　　(6) 分类结果[黑点表示未正确
　　　　　　　　　　　　　③植被的样本区域的模板　　　分类的点, 其他(白)点是正确
　　　　　　　　　　　　　　　　　　　　　　　　　　分类的点]

(7) 分类为水体的所有　　(8) 分类为市区的所有　　(9) 分类为植被的所有
　　图像像素(白色)　　　　图像像素(白色)　　　　图像像素(白色)

图 8-13　多光谱数据的贝叶斯分类

表 8-1　多光谱图像数据的贝叶斯分类

训练模式					无关模式				
类	样本数	已划分的类			正确率 /%	类	样本数	已划分的类			正确率 /%
		1	2	3				1	2	3	
1	484	482	2	0	99.6	1	483	487	3	2	98.9
2	933	0	885	48	94.6	2	932	0	880	52	94.4
3	483	0	19	464	96.1	3	482	0	16	466	96.7

　　表 8-1 总结了使用训练数据集和独立数据集得到的识别结果。正确识别的训练模式向量的百分比和独立模式向量的百分比, 对两个数据集而言近似相等, 这表明了参数估计的稳定性。两种情形下的最大误差是来自市区的模式。这并未出人意料, 因为植被也出现在那里 (注意, 在植被区域或市区没有模式被错误地分类为水体)。图 8-13 (6) 中将错误分

类的模式显示为黑点，而将正确分类的模式显示为白点。在区域 1 中看不到黑点，因为 7
个错误分类的点非常靠近白色区域的边界。

图 8-13（7）到（9）更为有趣。这里，我们使用从训练数据中获取的均值向量和协方
差矩阵，将所有图像像素分为了三个类别之一。图 8-13（7）以白色显示了分类为水体的
所有像素。未被分类为水体的像素使用黑色显示。我们看到，贝叶斯分类器对确定哪一
部分是水体的工作做得很出色。图 8-13（8）以白色显示了市区发展的所有像素，系统
出色地识别了市区特性，如桥梁和高速公路。图 8-13（9）显示了被分类为植被的像素，
图 8-13（8）表明中心城区的白色像素高度集中，其密度与到图像中心的距离为函数递
减。图 8-13（9）显示了相反的效果，表明图像的中心植被很少，而在城市开发区植被最多。

我们在 7.3.3 小节开头已经提及，阈值处理可以被视作一个贝叶斯问题，它旨在以最
佳方式将模式分配给两个或多个类别。事实上，正如之前的问题所揭示的，逐像素分类本
质上是一个分割问题，即将一幅图像分割成两个或多个可能的区域。如果仅使用一个单变
量，那么式（8-20）就会变成一个最佳函数，它根据图像的像素灰度来分割图像，就像我
们在 7.3 节中所做的那样。需要注意的是，实现最佳分割的前提是已知每个类别的概率密
度函数和先验概率。如前所述，对这些密度的估计并不容易。如果需要做出假设（例如假
设为高斯密度），那么在分割中所能达到的最佳程度，将取决于这些假设与实际情况的接
近程度。

8.2.3　神经网络

前两个小节探讨的方法主要基于样本模式来估算每个模式类的统计参数。最小距离分
类器的确定完全依赖于每个类的均值向量。同样地，对于假设总体服从高斯分布的贝叶斯
分类器，其确定也完全依赖于每个类的均值向量和协方差矩阵。这些用于估计参数的模式
（已知其所属类别）通常被称为训练模式，而来自每个类别的这样一组模式则构成训练集。
使用训练集来构建决策函数的过程被称为学习或训练。

在之前讨论的两种方法中，训练是一个相对简单的步骤。每个类的训练模式被用来计
算与该类相对应的决策函数的参数。一旦参数被估算出来，分类器的结构就被确定下来，
并且其最终的性能将取决于实际模式总体是否满足分类方法推导过程中所做的统计假设。

一个问题中的模式类的统计特性通常是未知的，或者是无法估计的（回想前一小节中
关于多元统计的难点的简单讨论）。实际上，此类决策理论问题最好由直接通过训练生成
所需决策函数的方法来处理。然后，就没有必要再做关于基本的概率密度函数或关于所考
虑模式类的其他概率信息的假设。在这一小节中，我们将讨论满足这一准则的各种方法。

（1）背景知识

本小节讨论方法的本质是使用大量的基本非线性计算单元（称为神经元），这些单元
以网络的形式进行组织，就像大脑中神经元的互连那样。得到的模型有各种各样的名称，
包括神经网络、神经计算机、并行分布式处理（PDP）模型、神经形态学系统、分层自适
应网络和连接模型。这里，我们使用神经网络这一名称，或简称为神经网。我们使用这些

网络作为工具，通过对模式的训练集的逐次描述，自适应地导出判别函数的系数。

神经网络受到关注可以追溯至 20 世纪 40 年代早期，McCulloch 和 Pitts（1943）提出了神经元模型，该模型用二进制门限器件和包括 0-1 和 1-0 的神经状态突变的随机算法作为神经系统建模的基础。Hebb（1949）的后续工作是以数学模型为基础的，其模型试图通过增强或联合来掌握学习这一概念。

二十世纪五六十年代，Rosenblatt（1959，1962）发明的被称为学习机的一类机器引起了模式识别理论领域的研究人员的巨大兴趣。人们对这些称为感知机的机器如此关注的原因也来源于数学证明的进展：当使用线性可分的训练集（即由一个超平面分隔的训练集）进行训练时，这些感知机会在有限数量的迭代步骤后收敛到一个解。采用超平面系数形式的这个解，能正确地分离由该训练集的模式表示的类。

遗憾的是，人们很快就对看起来有良好理论基础的学习模型大失所望。当时，基本的感知机还很简单，不足以解决多数有实际意义的模式识别任务。后来，通过研究多层机器，人们试图扩展类感知机的能力，尽管它们在概念上很吸引人，但是都缺乏原型感知机那样有效的训练算法。Nilsson（1965）总结了 20 世纪 60 年代中期学习机领域的研究状况。几年之后，Minsky 和 Papert（1969）提出了类感知机机器的局限性这一令人气馁的分析。这一看法一直持续到 20 世纪 80 年代中期，佐证文献见 Simon（1986）。在这篇最初于 1984 年以法文发表的文章中，Simon 以"一个神话的诞生和死亡"为题驳斥了感知机。

Rumelhart，Hinton 和 Williams（1986）对多层感知机的新训练算法的研究，使得事情出现了转机。他们的基本方法（通常称为反向传播方式学习的通用 delta 法则），为多层机器提供了一种有效的训练方法。尽管不能像证明单层感知机那样证明这种训练算法也收敛到一个解，但通用 delta 法则已能成功地解决大量的实际问题。这一成功使得多层类感知机机器成为当前所用神经网络的主要模型之一。

（2）两个模式类的感知机

在这种最基础的形式下，感知机学习的是一个线性决策函数，该函数用于将两个线性可分的训练集进行划分。图 8-14（1）直观地展示了两个模式类的感知机模型。这个基础装置的响应是基于其输入的加权和来计算的：

$$d(\boldsymbol{x}) = \sum_{i=1}^{n} w_i \boldsymbol{x}_i + w_{n+1} \tag{8-32}$$

这是一个与模式向量的分量有关的线性决策函数。称为权重的系数 w_i (i=1, 2, $\cdots$, n, n+1) 在对输入求和前，对这些输入进行修正，并馈送到阈值单元中。在这一意义上，权重类似于人类神经系统中的神经突触。将求和连接的输出映射为该装置的最终输出的函数，有时称为激活函数。

当 $d(\boldsymbol{x}) > 0$ 时，阈值单元使感知机的输出为 +1，这表明模式 $\boldsymbol{x}$ 被识别为属于类 ω_i。当 $d(\boldsymbol{x}) < 0$ 时，情形正好相反。这种操作模式与之前的注释为两个类使用单个决策函数的式（8-4）是一致的。当 $d(\boldsymbol{x})$=0 时，$\boldsymbol{x}$ 位于分隔两个模式类的决策面上，这给出了一个不能确定的条件。由感知机实现的决策边界是通过令式（8-32）等于零得到的：

$$d(\boldsymbol{x}) = \sum_{i=1}^{n} w_i x_i + w_{n+1} = 0 \qquad (8\text{-}33)$$

或

$$w_1 x_1 + w_2 x_2 + \cdots + w_n x_n + w_{n+1} = 0 \qquad (8\text{-}34)$$

这是在 n 维模式空间中的一个超平面方程。在几何上，前 n 个系数确定超平面的方向，而最后一个系数 w_{n+1}，与从原点到超平面的垂直距离成正比。因此，如果 $w_{n+1}=0$，则超平面通过模式空间的原点。类似地，如果 $w_j=0$，则超平面平行于 x_j 轴。

图 8-14（1）中阈值单元的输出取决于 $d(\boldsymbol{x})$ 的符号。替代测试整个函数来确定它是正还是负，我们可以对 w_{n+1} 项检验公式（8-32）的求和部分，此时系统的输出是：

$$O = \begin{cases} +1, & \sum_{i=1}^{n} w_1 x_1 > -w_{n+1} \\ -1, & \sum_{i=1}^{n} w_1 x_1 < -w_{n+1} \end{cases} \qquad (8\text{-}35)$$

该实现等同于图 8-14（1）并显示在图 8-14（2）中，唯一的不同是，阈值函数被量 $-w_{n+1}$ 取代，且常量单位输入不再出现。在本小节后面讨论多层神经网络的实现时，我们会回顾这两个公式的等价性。

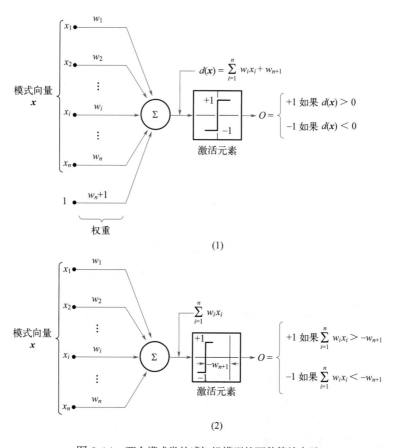

(1)

(2)

图 8-14　两个模式类的感知机模型的两种等效表示

另一个常用的公式是扩充这些模式向量，方法是附加一个额外的第（$n+1$）个元素，该元素总等于1，而不管类成员是什么。也就是说，扩充后的模式向量 y 是从模式向量 x 创建的，方法是令 $y_i=x_i(i=1, 2, \cdots, n)$ 并附加一个额外的元素 $y_{n+1}=1$。然后，式（8-32）变为：

$$d(y) = \sum_{i=1}^{n+1} w_i y_i = w^{\mathrm{T}} y \tag{8-36}$$

式中，$y=(y_1, y_2, \cdots, y_n, 1)^{\mathrm{T}}$ 现在是一个扩充的模式向量，而 $w=(w_1, w_2, \cdots, w_n, w_{n+1})^{\mathrm{T}}$ 称为权向量。该表达式在表示时通常更为方便。然而，不管使用的公式是什么，关键问题都是使用来自两个类的一个给定模式向量训练集来找到 w。

（3）训练算法

下面的讨论中给出的算法都是近年来为训练感知机提出的大量方法中具有代表性的方法。

线性可分的类：用于求两个线性可分训练集的权重向量解的一种简单迭代算法。对于两个分别属于类 ω_1 和类 ω_2 的扩充模式向量的训练集，令 $w(1)$ 表示初始权重向量，它可能是任意选择的。然后，在第 k 步迭代中，如果 $y(k) \in \omega_1$ 且 $w^{\mathrm{T}}(k)y(k) \leqslant 0$，则使用下式代替 $w(k)$：

$$w(k+1) = w(k) + cy(k) \tag{8-37}$$

式中，c 是一个正的修正增量。相反，如果 $y(k) \in \omega_2$ 且 $w^{\mathrm{T}}(k)y(k) \geqslant 0$，则使用下式代替 $w(k)$：

$$w(k+1) = w(k) - cy(k) \tag{8-38}$$

否则，保持 $w(k)$ 不变：

$$w(k+1) = w(k) \tag{8-39}$$

该算法仅当正被考虑的模式在训练序列第 k 步被错误分类时，才改变 w。假设修正增量 c 为正，现在它是一个常量。该算法有时称为固定增量校正准则。

当两个类的整个训练集循环通过机器而不出现任何错误时，该算法收敛。如果模式的两个训练集是线性可分的，那么固定增量校正准则会在有限步内收敛。称为感知机训练定理的该结果的证明，请参阅 Duda，Hart 和 Stork（2001），Tou 和 Gonzalez（1974）及 Nilsson（1965）撰写的书籍。

例 8.5　感知机算法示例

考虑图 8-15（1）中所示的两个训练集，每个训练集由两个模式组成。因为两个训练集都是线性可分的，所以该训练算法将会成功。在应用算法之前，模式先被扩充，对类 ω_1 生成训练集 $\{(0, 0, 1)^{\mathrm{T}}, (0, 1, 1)^{\mathrm{T}}\}$，对类 ω_2 生成训练集 $\{(1, 0, 1)^{\mathrm{T}}, (1, 1, 1)^{\mathrm{T}}\}$。令 $c=1$，$w(1)=0$，并按如下步骤顺序提交这些模式：

$$\boldsymbol{w}^{\mathrm{T}}(1)\boldsymbol{y}(1) = \begin{bmatrix} 0 & 0 & 0 \end{bmatrix} \begin{bmatrix} 0 \\ 0 \\ 1 \end{bmatrix} = 0 \qquad \boldsymbol{w}(2) = \boldsymbol{w}(1) + \boldsymbol{y}(1) = \begin{bmatrix} 0 \\ 0 \\ 1 \end{bmatrix}$$

$$\boldsymbol{w}^{\mathrm{T}}(2)\boldsymbol{y}(2) = \begin{bmatrix} 0 & 0 & 1 \end{bmatrix} \begin{bmatrix} 0 \\ 1 \\ 1 \end{bmatrix} = 1 \qquad \boldsymbol{w}(3) = \boldsymbol{w}(2) = \begin{bmatrix} 0 \\ 0 \\ 1 \end{bmatrix}$$

$$\boldsymbol{w}^{\mathrm{T}}(3)\boldsymbol{y}(3) = \begin{bmatrix} 0 & 0 & 1 \end{bmatrix} \begin{bmatrix} 1 \\ 0 \\ 1 \end{bmatrix} = 1 \qquad \boldsymbol{w}(4) = \boldsymbol{w}(3) - \boldsymbol{y}(3) = \begin{bmatrix} -1 \\ 0 \\ 0 \end{bmatrix}$$

$$\boldsymbol{w}^{\mathrm{T}}(4)\boldsymbol{y}(4) = \begin{bmatrix} -1 & 0 & 0 \end{bmatrix} \begin{bmatrix} 1 \\ 1 \\ 1 \end{bmatrix} = -1 \qquad \boldsymbol{w}(5) = \boldsymbol{w}(4) = \begin{bmatrix} -1 \\ 0 \\ 0 \end{bmatrix}$$

其中，如式（8-37）和式（8-38）指出的那样，由于错误分类，在第一步和第三步中进行了权重向量修正。由于仅当算法对所有训练模式完全无误迭代时，才能得到一个解，故必须再次提交训练集。机器学习过程按如下方式继续：令 $\boldsymbol{y}(5)=\boldsymbol{y}(1)$，$\boldsymbol{y}(6)=\boldsymbol{y}(2)$，$\boldsymbol{y}(7)=\boldsymbol{y}(3)$，$\boldsymbol{y}(8)=\boldsymbol{y}(4)$ 并以同样的方式进行。$k=14$ 时收敛，得到的权重向量解为 $\boldsymbol{w}(14)=(-2,0,1)^{\mathrm{T}}$。相应的决策函数是 $d(\boldsymbol{y})=-2y_1+1$。通过令 $\boldsymbol{x}_i=\boldsymbol{y}_i$ 返回原始模式空间，得到 $d(\boldsymbol{x})=-2x_1+1$，当集合等于 0 时，它变成图 8-15（2）所示的决策边界的方程。

不可分的类：通常情况下，线性可分的模式类并不多见，因此，二十世纪六七十年代的研究重心转向了开发能够处理不可分模式类的技术。随着神经网络训练领域的不断突破，许多针对不可分行为的解决方案逐渐变得仅具有历史价值。然而，有一种早期的方法与当前讨论的主题紧密相关，即原始的 delta 规则。这种规则也被称为感知机训练的 Widrow-Hoff 或最小均方（LMS）delta 规则，该规则在任何训练步骤都使得实际响应与期望响应间的误差最小。

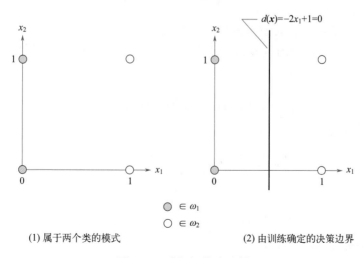

(1) 属于两个类的模式　　　　(2) 由训练确定的决策边界

图 8-15　感知机算法示例

考虑准则函数：

$$J(w) = \frac{1}{2}(r - w^{\mathrm{T}} y)^2 \qquad (8\text{-}40)$$

式中，r 是期望的响应（即当扩充后的训练模式向量 y 属于类 ω_1 时有 $r = +1$，而当 y 属于类 ω_2 时有 $r = -1$）。为在 $r = w^{\mathrm{T}} y$ 时求该函数的最小值，其任务是在 $J(w)$ 的相反的梯度方向逐步调整 w，即该最小值对应于正确的分类。如果 $w(k)$ 表示第 k 步迭代的权重向量，则通用梯度下降算法可写为：

$$w(k+1) = w(k) - \alpha \left[\frac{\partial J(w)}{\partial w} \right]_{w=w(k)} \qquad (8\text{-}41)$$

式中，$w(k+1)$ 是 w 的新值，而 $\alpha > 0$ 给出修正量。由式（8-40）得到：

$$\frac{\partial J(w)}{\partial w} = -(r - w^{\mathrm{T}} y) y \qquad (8\text{-}42)$$

把这一结果代入式（8-41）得到：

$$w(k+1) = w(k) + \alpha \left[r(k) - w^{\mathrm{T}}(k) y(k) \right] y(k) \qquad (8\text{-}43)$$

其中初始权重向量 $w(1)$ 是任意的。

通过将权重向量中的增量（delta）定义为：

$$\Delta w = w(k+1) - w(k) \qquad (8\text{-}44)$$

我们可以按 delta 修正算法的形式将式（8-43）写为：

$$\Delta w = \alpha e(k) y(k) \qquad (8\text{-}45)$$

其中，

$$e(k) = r(k) - w^{\mathrm{T}}(k+1) y(k) \qquad (8\text{-}46)$$

当模式 $y(k)$ 存在时，它是权重向量 $w(k)$ 提交的误差。

式（8-46）给出了权重向量 $w(k)$ 的误差。如果我们把它更改为 $w(k+1)$，但保持模式不变，则误差变为：

$$e(k) = r(k) - w^{\mathrm{T}}(k+1) y(k) \qquad (8\text{-}47)$$

故误差的变化是：

$$\begin{aligned} \Delta e(k) &= \left[r(k) - w^{\mathrm{T}}(k+1) y(k) \right] - \left[r(k) - w^{\mathrm{T}}(k) y(k) \right] \\ &= -\left[w^{\mathrm{T}}(k+1) - w^{\mathrm{T}}(k) \right] \\ &= -\Delta w^{\mathrm{T}} y(k) \end{aligned} \qquad (8\text{-}48)$$

但由于 $\Delta w = \alpha e(k) y(k)$，所以

$$\Delta e = -\alpha e(k) \boldsymbol{y}^{\mathrm{T}}(k)\boldsymbol{y}(k)$$
$$= -\alpha e(k)\|\boldsymbol{y}(k)\|^2 \tag{8-49}$$

因此，权重的变化将误差减为原来的 $\dfrac{1}{\alpha\|\boldsymbol{y}(k)\|^2}$。下一个输入模式开始新的自适应循环，将下一个误差减为原来的 $\alpha\dfrac{1}{\alpha\|\boldsymbol{y}(k)+1\|^2}$，以此类推。

α的选择控制着稳定性和收敛速度。稳定性要求$0<\alpha<2$。α的实际范围是$0.1<\alpha<1.0$。尽管这里未给出证明，但式（8-43）或式（8-45）和式（8-46）的算法确实收敛于一个解，这个解会使得在该训练集的模式上的均方误差最小。当模式类具备可分性时，采用先前讨论的算法得出的解，既可能形成分离超平面，也可能无法形成。换言之，从感知机训练理论的角度审视，均方误差解并不必然对应一个真实解的存在。这种不确定性正是我们运用特定公式在可分与不可分情况下收敛算法的必然代价。

截至目前，我们所讨论的两个感知机训练算法均可拓展至多类分类以及非线性决策函数。然而，根据先前的历史评价，深入探究多类训练算法的实际价值并不显著。因此，我们更倾向于在神经网络的内容中讨论多类训练问题。

（4）多层前馈神经网络

在这一节中，我们主要探讨多类模式识别问题的决策函数，并涉及由感知机计算单元的各个层组成的结构，与类是否可分无关。

基本结构：图 8-16 显示了所考虑神经网络模型的结构。它由多层结构上相同的计算节点（神经元）排列而成，从而一层中的每个神经元的输出送到下一层的每个神经元的输入。称为层 A 的第一层中的神经元的个数为 N_A。通常，$N_A=n$，它是输入模式向量的维度。称为 Q 层的输出层中的神经元的数量表示为 N_Q。N_Q 等于 W，即神经网络经训练后用于识别模式类的数量。如下面的讨论所示，如果该网络的第 i 个输出为"高"，而其他输出为"低"，则网络将模式向量 $\boldsymbol{x}$ 识别为属于类 $\boldsymbol{\omega}_i$。

如图 8-16 所示，每个神经元的形式都与前面讨论的感知机模式相同（见图 8-14），只是硬性受限激活函数已被替代为软性受限"S 形"函数。在开发训练规则时，需要有沿神经网络所有路径的可微分性。下面的"S 形"激活函数具有必要的可微分性：

$$h_j(I_j) = \frac{1}{1+\mathrm{e}^{-(I_j+\theta_j)/\theta_o}} \tag{8-50}$$

式中，$I_j(j=1, 2, \cdots, N_J)$ 是该网络第 J 层中的每个节点的激活元素的输入，θ_j 是偏移量，θ_o 控制"S 形"函数的形状。

图 8-17 中画出了式（8-50）的曲线，并给出了每个节点的"高"响应限和"低"响应限。因此，在使用这个特殊的函数时，对所有大于 θ_j 的 I_j 值，系统会输出一个"高"读数。同样，对所有小于 θ_j 的 I_j 值，系统会输出一个"低"读数。如图 8-17 所示，"S 形"激活函数总为正，并且仅当激活元素的输入分别为负无穷或正无穷时，它才到达其极限值 0 和 1。因此，在图 8-16 中，接近 0 和 1 的值（譬如 0.05 和 0.95）定义了神经元输出的"低"

值和"高"值。原理上，不同类型的激活函数可用于不同的层，甚至用于神经网络的同一层中的不同节点。实际上，常用的方法是对整个网络使用相同形式的激活函数。

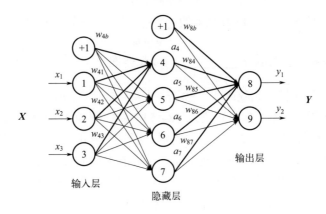

图 8-16　多层前馈神经网络模型

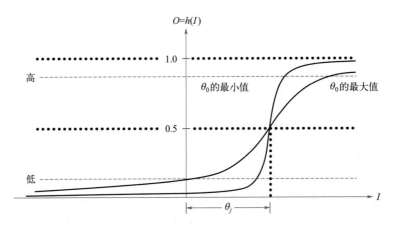

图 8-17　式（8-50）给出的"S 形"激活函数

参考图 8-14（1），图 8-17 中显示的偏移量 θ_j 类似于前面讨论感知机时的权重系数 w_{n+1}。这个偏移阈值函数可采用图 8-14（1）的形式来实现，方法是将偏移 θ_j 作为一个额外的系数，然后使用该系数来修正统一输入到网络中所有节点的一个常量。为遵循普遍使用的符号表示，我们没有把单独的常量输入 +1 显示在图 8-16 中的所有节点上。相反，这个输入及其修正权重 θ_j 是网络节点的组成部分。如图 8-16 中显示的那样，在层 J 中，N_J 个节点中的每个节点都有一个这样的系数。

在图 8-16 中，任何层中的一个节点的输入，都是来自前一层的输出的加权和。令层 K 表示层 J 的前一层（图 8-16 中未按字母顺序来划分层），层 K 为层 J 中的每个节点的激活元素提供输入 I_j：

$$I_j = \sum_{k=1}^{N_k} w_{jk} O_k \tag{8-51}$$

式中，$j=1, 2, \cdots, N_J$，这里 N_J 是层 J 中的节点数，N_K 是层 K 中的节点数，w_{jk} 是层 K

中的节点的输出 O_k 在送入层 J 中的节点之前，修正这些输出的权重。层 K 的输出为：

$$O_k = h_k(I_k) \tag{8-52}$$

式中，$k=1, 2, \cdots, N_K$。

清楚地理解式（8-51）中所用的下标符号很重要，因为我们在本小节的剩余内容中都会使用到它。首先，注意 $I_j(j=1, 2, \cdots, N_J)$ 表示层 J 中第 j 个节点的激活元素的输入。因此，I_1 表示层 J 中第 1 个（顶端）节点的激活元素的输入，I_2 表示层 J 中第 2 个节点的激活元素的输入，以此类推。层 J 中的每个节点都有 N_K 个输入，但对各个输入的加权是不同的。因此，层 J 中第 1 个节点的 N_K 个输入由系数 $w_{1k}(k=1, 2, \cdots, N_K)$ 加权；层 J 中第 2 个节点的输入由系数 $w_{2k}(k=1, 2, \cdots, N_K)$ 加权；以此类推。因此，层 K 的输出在送入层 J 时，需要指定总共 $N_J \times N_K$ 个加权系数。完全指定层 J 中的节点，需要另外 N_J 个偏移系数 θ_j。

将式（8-51）代入式（8-50）得到：

$$h_j(I_j) = \cfrac{1}{1 + e^{-\left(\sum\limits_{k=1}^{N_k} w_{jk}O_k + \theta_j\right)\big/\theta_o}} \tag{8-53}$$

这是本小节剩余部分中要用到的激活函数的形式。

在训练过程中，修改输出层中的神经元很简单，因为每个节点的期望输出是已知的。训练一个多层网络的主要问题在于调整隐藏层中的权重，即那些非输出层的层中的权重。

反向传播训练：我们先来关注输出层。（输出）层 Q 中各节点的期望响应 r_q 和相应的真实响应 O_q 之间的总误差的平方为：

$$E_Q = \frac{1}{2}\sum_{q=1}^{N_Q}(r_q - O_q)^2 \tag{8-54}$$

式中，N_Q 是输出层 Q 中的节点数，使用系数 1/2 是为后面取导数更为方便。

我们的目的是推导一个类似于 delta 规则的训练规则，以便按寻求式（8-54）所示误差函数的最小值的方法，来调整每层的权重。像前面那样，与误差关于权重的偏导数成比例地调整权重，可实现这一目的。换句话说，

$$\Delta w_{qp} = -\alpha \frac{\partial E_Q}{\partial w_{qp}} \tag{8-55}$$

式中，层 P 先于层 Q，Δw_{qp} 如式（8-45）定义的那样，α 是一个正的修正增量。

误差 E_Q 是输出 O_q 的函数，而 O_q 是输入 I_q 的函数。使用链式法则，我们计算出 E_Q 的偏导数如下：

$$\frac{\partial E_Q}{\partial w_{qp}} = \frac{\partial E_Q}{\partial I_Q} \times \frac{\partial I_q}{\partial w_{qp}} \tag{8-56}$$

由式（8-51）可得：

$$\frac{\partial I_q}{\partial w_{qp}} = \frac{\partial}{\partial w_{qp}} \sum_{p=1}^{N_p} w_{qp} O_p = O_p \tag{8-57}$$

将式（8-56）和式（8-57）代入式（8-55），得到：

$$\Delta w_{qp} = -\alpha \frac{\partial E_Q}{\partial I_q} O_p = \alpha \delta_q O_p \tag{8-58}$$

其中，

$$\delta_q = -\frac{\partial E_Q}{\partial I_q} \tag{8-59}$$

为计算偏导数 $\partial E_Q / \partial I_q$，根据 E_Q 相对于 O_q 的变化率和 O_q 相对于 I_q 的变化率，我们使用链式法则表示偏导数，即

$$\delta_q = -\frac{\partial E_Q}{\partial I_q} = -\frac{\partial E_Q}{\partial O_q} \times \frac{\partial O_q}{\partial E_p} \tag{8-60}$$

由式（8-54）得到：

$$\frac{\partial E_Q}{\partial O_q} = -(r_q - O_q) \tag{8-61}$$

而由式（8-52）得到：

$$\frac{\partial O_q}{\partial I_q} = \frac{\partial}{\partial I_q} h_q(I_q) = h_q'(I_q) \tag{8-62}$$

将式（8-61）和式（8-62）代入式（8-60）得到：

$$\delta_q = (r_q - O_q) h_q'(I_q) \tag{8-63}$$

它与误差值（$r_q - O_q$）成正比。将式（8-59）到式（8-61）代入式（8-58），最终得到：

$$\Delta w_{qp} = \alpha(r_q - O_q) h_q'(I_q) O_p = \alpha \delta_q O_q \tag{8-64}$$

指定了函数 $h_q(I_q)$ 后，式（8-64）中的所有项都是已知的，或者可以在网络中观察到。换句话说，根据对网络输入的任何训练模式的表示，我们就知道每个输出节点的期望响应 r_q 应是什么。就像层 Q 的激活元素的输入 I_q 和层 P 中节点的输出 O_p 那样，每个输出节点的值 O_q 是可观察到的。这样，我们就知道如何调整权重，从而改进网络中最后一层和上一层之间的链接。

将输出层放到一边，我们现在分析层 P 中发生的情况。采用与上面相同的方式，我们可得：

$$\Delta w_{qp} = \alpha(r_q - O_q) h_q'(I_q) O_p = \alpha \delta_q O_p \tag{8-65}$$

其中误差项是：

$$\delta_p = (r_p - O_p) h_p'(I_p) \tag{8-66}$$

除了 r_q 外，式（8-65）和式（8-66）中的所有项要么是已知的，要么可在网络中观察到。在内部层中 r_q 项没有意义，因为根据模式成员我们确实不知道一个内部节点的响应是什么。仅在模式分类最终发生的网络的输出处，我们才能指定想要的响应 r。如果我们知道内部节点的信息，那么就不需要更多的层。因此，我们必须根据已知的或可在网络中观察到的量来找到重新定义 δ_p 的一种方法。

回到式（8-60），我们将层 P 的误差项写为：

$$\delta_p = -\frac{\partial E_p}{\partial I_q} = \frac{\partial E_p}{\partial O_q} \times \frac{\partial O_q}{\partial E_p} \tag{8-67}$$

项 $\partial O_p / \partial I_p$ 不难表示，如先前那样，它是：

$$\frac{\partial O_p}{\partial I_p} = \frac{\partial h_p(I_p)}{\partial I_p} = h'_p(I_p) \tag{8-68}$$

一旦确定了 h_p，上式就是已知的，因为 I_p 可通过观察得到。产生的 r_p 项是偏导数 $\partial E_p / \partial O_q$，所以该项必须以不包含 r_p 的方式来表示。使用链式法则，我们将偏导数写为：

$$-\frac{\partial E_p}{\partial O_p} = -\sum_{q=1}^{N_Q}\frac{\partial E_p}{\partial I_q} \times \frac{\partial I_q}{\partial O_p} = -\sum_{q=1}^{N_Q}\left(\frac{\partial E_p}{\partial I_q}\right)\frac{\partial}{\partial O_p}\sum_{p=1}^{N_p}w_{qp}O_p = \sum_{q=1}^{N_Q}\left(-\frac{\partial E_p}{\partial I_q}\right)w_{qp} = \sum_{q=1}^{N_Q}\delta_q w_{qp} \tag{8-69}$$

其中最后一步来自式（8-59）。将式（8-68）和式（8-69）代入式（8-67），得到期望的 δ_p 表达式如下：

$$\delta_p = h'_p(I_p)\sum_{q=1}^{N_Q}\delta_q w_{qp} \tag{8-70}$$

现在可以计算出参量 δ_p，因为其所有项都是已知的。这样，式（8-65）和式（8-70）就完全为层 P 建立了训练规则。式（8-70）的重要性是由量 δ_q 和 w_{qp} 来计算 δ_p，而这两个量是在紧邻层 P 的层中计算出来的项。计算出层 P 的误差项和权重后，这些量可类似地用于计算紧邻层 P 之前的层的误差项和权重。换句话说，我们找到了一种从输出层的误差开始，将误差反向传播回网络的方法。

我们可将训练过程总结并归纳如下。对于任何层 K 和 J，其中层 K 是紧邻层 J 的前一层，计算权重 w_{jk}，该权重使用下式修改这两层之间的连接：

$$\Delta w_{jk} = \alpha \delta_j O_k \tag{8-71}$$

如果层 J 是输出层，则 δ_j 为：

$$\delta_j = (r_j - O_j)h'_j(I_j) \tag{8-72}$$

如果层 J 是一个内部层，且层 P 是它的下一层（右侧），则 δ_j 为：

$$\delta_j = h'_j(I_j)\sum_{p=1}^{N_p}\delta_p w_{jp} \tag{8-73}$$

式中，$j=1, 2, \cdots, N_J$。使用式（8-53）中的激活函数并令 $\theta_o=1$，可得：

$$h'_j(I_j) = O_j(1 - O_j) \tag{8-74}$$

在这种情况下，式（8-72）和式（8-73）采用特别有吸引力的形式，即对于输出层有：

$$\delta_j = (r_j - O_j)O_j(1 - O_j) \tag{8-75}$$

而对于内部层有：

$$\delta_j = O_j(1 - O_j)\sum_{p=1}^{N_p} \delta_p w_{jp} \tag{8-76}$$

在式（8-75）和式（8-76）中，都有 $j=1, 2, \cdots, N_J$。

式（8-71）至式（8-73）共同构成了图 8-16 所示多层前馈神经网络的一般 delta 训练法则。该处理由整个网络的任意一组（都不相等的）权重开始。然后，在任意迭代步骤中应用这个一般的 delta 法则包括两个基本阶段。第一阶段，向网络输入一个训练向量，通过在网络各层中传播该向量来计算每个节点的输出 Q_j。随后，将输出层中各节点的输出 O_q 与期望响应 r_p 进行比较，从而生成误差项 δ_q。第二阶段则涉及一条通过网络的反向路径，在此过程中，将适当的误差信号传递给每个节点，并据此调整相应的权重。同样地，这一流程也适用于偏置权重 θ_j。正如前面所详细讨论的那样，这些权重被当作额外的权重来处理，它们的作用是修改每个节点的输入，以完成网络中的求和连接。

通常的做法是追踪该网络误差以及与各个模式相关联的误差。在成功的训练过程中，随着迭代次数的增加，网络误差会逐渐减少，并最终收敛到一个稳定的权重集合。在后续的额外训练中，这些权重只会呈现出微小的波动。为了判断在训练期间完成的一个模式是否被正确分类，我们可以根据该模式确定输出层的响应。如之前所定义的那样，与模式类有关的输出层节点的响应为高，所有其他节点的输出为低。

系统完成训练后，会利用训练阶段中确定的参数对模式进行分类。在正常运作时，所有的反馈路径都会被断开。随后，允许任何输入模式穿过不同的层，且该模式被分类为属于具有高值输出节点的类，此时，其他所有节点输出为低。如果被标记为高的节点不止一个，或没有节点输出被标记为高，则将其声明为一个错误分类，或简单地将该模式赋给具有最高数值的输出节点的类。

例 8.6　使用神经网络的形状分类

我们现在说明如何训练一个如图 8-16 所示的神经网络，以便识别图 8-18（1）中所示的 4 种形状，以及图 8-18（2）中所示的这 4 种形状的带有噪声形式的样本。

通过计算这些形状的归一化信号产生模式向量，然后得到每个信号的 48 个均匀间隔的样本。将得到的 48 维向量作为图 8-19 所示的三层前馈神经网络的输入。第一层中神经元节点数选择为 48，它对应于输入模式向量的维数。第三层（输出层）中的 4 个神经元对应于模式类的数量，而中间层的神经元的数量指定为 26（输入层和输出层中的神经元的平均数）。由于不知道确定神经网络内部层的节点数的规则，因此该数量通常要么基于先验知识，要么简单地任意选择，然后通过测试来完善。在输出层中，从上到下的 4 个节点此时分别代表类 ω_j（ j=1，2，3，4）。在设定网络结构后，必须为每个单元和层选定激活函数。根据前面的讨论，所有选定的激活函数都要满足式（8-53），其中 θ_o =1，以便可以应用式（8-75）和式（8-76）。

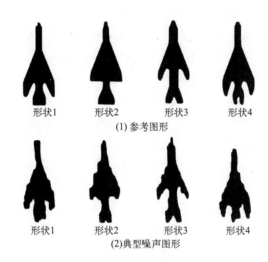

(1) 参考图形

(2)典型噪声图形

图 8-18　使用神经网络的形状分类

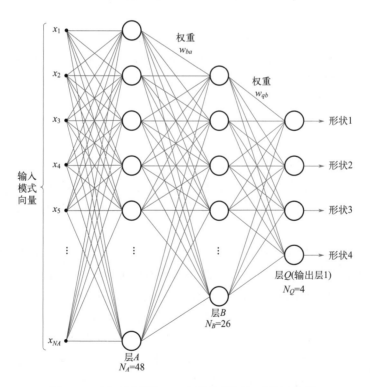

图 8-19　用于识别图 8-18 中所示形状的三层神经网络

训练过程分为两部分。在第一部分中，权重被初始化为均值为零的小随机值，然后，使用与类似于图 8-18（1）所示的相应的无噪声样本的模式向量对网络进行训练。输出节点在训练期间是受到监控的。对于来自类 ω_i 的任何训练模式，若输出层的元素在 $q=1, 2, …, N_Q$ 且 $q \neq i$ 时，产生输出值 $O_i \geqslant 0.95$ 和 $O_q \leqslant 0.05$，那么我们说网络已从所有的 4 个类学到了这些形状。换句话说，对类 ω_j 的任何模式，对应于该类的输出单元必须为高值（$\geqslant 0.95$），同时所有其他节点的输出必须为低值（$\leqslant 0.05$）。

训练的第二部分是对噪声样本进行训练，产生如下结果。在无噪声的图形中每个处在轮廓线上的像素被赋予一个保留在图像平面上的原始坐标的概率 V，而其 8 个邻域像素之一的坐标被随机赋予概率 $R=1-V$。减小 V（即增大 R），则噪声的程度会增加。这样就生成了两个噪声数据集。第一个噪声集由每个类的 100 个噪声模式组成，这些模式是 R 在 0.1 到 0.6 之间变化时产生的，因此共产生了 400 个模式。该集合称为测试集，用于确定训练后的系统性能。

使用噪声数据训练系统后生成了几个噪声集。第一个集合由每个类的 10 个样本组成，这些样本是通过令 $R_t=0$ 生成的，其中 R_t 表示用于生成训练数据的 R 的值。从训练的第一部分（无噪声）得到的权重向量开始，系统被允许使用这个新数据集来遍历一个学习序列。因为 $R_t=0$ 意味着无噪声，因此这种再训练是之前的无噪声训练的延伸。使用按这种方式学习得到的权重，满足该测试数据集的网络会产生图 8-20 中所示的标有 $R_t=0$ 的曲线。被错误分类的模式数量除以测试过的模式总数，可得到错误分类的概率，该概率通常是用于建立神经网络性能的一个度量。

接下来，从使用 $R_t=0$ 生成的数据学习到的权重向量开始，使用由 $R_t=0.1$ 生成的噪声数据集合对系统重新进行训练。再次使用新权重向量对整个系统运行这些测试样本，建立识别性能。注意，系统在性能上的显著改进。图 8-20 显示了 $R_t=0.2, 0.3$ 和 0.4 时，继续这种再训练和再测试过程得到的结果。如期望的那样，如果系统学习正确，则由该测试数据集错误分类的概率会随 R_t 的增大而降低，因为系统使用了具有较高 R_t 值的噪声数据进行训练。图 8-20 中的一个例外是 $R_t=0.4$ 时的结果。原因是用于训练该系统的样本数较少。也就是说，网络无法在使用较少的样本的情况下，使自身充分适应具有更高噪声水平的形状的较大变化。这一假设在图 8-21 中得到了证实，该图表明随着训练样本数的增加，错误分类的概率会随之降低。图 8-21 还显示了来自图 8-20 中的 $R_t=0.3$ 时的曲线，它仅作为参考。

前述结果表明，一个三层神经网络经过适当水平的训练后学习识别被噪声污染的形状能力。甚至当使用无噪声数据（图 8-20 中 $R_t=0$）训练时，使用被噪声高度污染的数据（图 8-20 中 $R_t=0$）进行测试，系统也能实现接近 77% 的正确识别水平。当系统使用噪声水平更高的数据（$R_t=0.3$ 和 $R_t=0.4$）训练后，对相同数据的识别率增加到 99%。注意，系统地、小量地增大附加噪声来训练系统，可增大系统的分类能力，这一点很重要。当噪声的性质已知时，这种方法对改进神经网络在学习过程中的收敛性和稳定性是很理想的。

决策面的复杂性：我们已经验证了单层感知机能够实现一个基于超平面的决策面。接下来，一个显而易见的问题是：多层网络（如图 8-16 所示）所实现的决策面具备什么特性。下面，我们将通过讨论三层网络如何构建由相交超平面组成的任意复杂决策面，来解答这个问题。

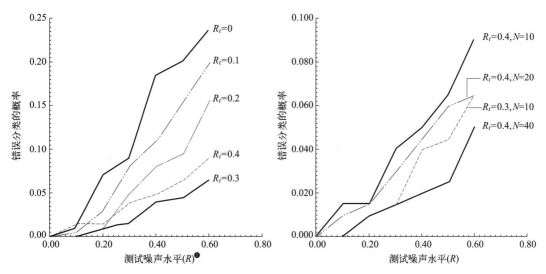

图 8-20　神经网络的性能是噪声水平的函数

图 8-21　增加训练模式的数量时，R_t=0.4 时的性能
　　　　改进（R_t=0.3 时的曲线仅作为参考）

　　图 8-22（1）展示了一个双输入的双层网络。由于有两个输入，模式呈现为二维的，网络的第一层每个节点在二维空间中呈现为一条直线。节点的输出用 1 和 0 分别表示高输出和低输出。若输出为 1，则表示对应的输入向量位于该直线的正侧。第二层单个节点的可能输出组合包括（1, 1）、（1, 0）、（0, 1）和（0, 0）。如果定义了两个区域，一个对应于类 ω_1，位于两条直线的正侧；另一个对应于类 ω_2，位于直线的另一侧。通过执行逻辑"与"操作，输出节点能够将任何输入模式分类到这两个区域之一。换言之，只有当第一层的两个输出均为 1 时，输出节点才表示类 ω_1 的 1。若 θ_j 的值在 [1, 2] 的半开区间内，"与"操作可由之前讨论的神经节点形式执行。假设第一层响应为 0 和 1，则仅当第一层的神经节点求和大于 1 时，输出节点才表示类 ω_1 的高值。图 8-22（2）和（3）展示了该网络如何成功等分这两个模式类，而单个线性面无法实现这一点。

　　如果第一层中的节点数增加到三个，那么图 8-22（1）中的网络将可实现由三条直线相交组成的一个决策边界。类 ω_1 位于所有三条直线的正侧这一要求，将生成由这三条直线围成的一个凸形区域。事实上，任何开放的或闭合的凸区域都可以简单地通过增加两层神经网络的第一层的节点数来构造。

　　逻辑上的下一步是增加网络的层数至三层。与前述相似，第一层节点仍实现一条直线。为了形成由直线围成的区域，第二层的节点执行"与"操作。第三层节点则负责将不同模式归类到各自区域。例如，假设类 ω_1 由两个不同区域组成，每个区域边界由不同直线组界定，那么第二层中将有两个节点对应同一模式类。当第二层中的两个节点之一变为高值时，输出节点之一应该能够提示该类的存在。设定第二层的高低状态分别为 1 和 0，通过让输出节点执行逻辑"或"操作，我们便能实现这一功能。根据前面讨论的神经节点的形式，我们可通过将 θ_j 的值设置在半开区间 [0, 1) 内来这样做。然后，只要第二层中

❶ x 轴代表的是"测试噪声水平（R）"，单位通常是指信噪比（signal-to-noise ratio，SNR）的值，或者是噪声水平的度量。

至少有一个节点与变为高值（输出为 1）的输出节点相关联，输出层中的相应节点也将变为高值，从而将该模式分配给与该节点相关联的类。

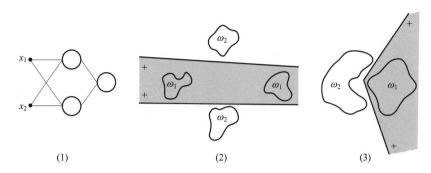

图 8-22　（1）为一个双输入双层前馈神经网络；（2）和（3）为可使用该网络实现的决策边界示例

　　图 8-23 总结了前面的讨论。注意，在第四行中，由三层网络实现的决策区域的复杂性在原理上是任意的。实际上，在构造可正确响应与特殊类相关联的各种组合的第二层时，通常会很困难。原因是直线不会刚好截止于与其他直线的交点处，从而同一类的模式可能会出现在该模式空间中的直线的两侧。实际上，对于一个给定的模式类，第二层可能很难断定哪些直线应该包含在"与"操作中，或许这根本上就是不可能的。参考图 8-23 的第三列中的"异或"问题表明，如果输入模式是二元形式的，那么在两个维度的情形下只能构建 4 个不同的模式。如果模式按如下方式排列：类 ω_1 由模式 $\{(0, 1), (1, 0)\}$ 组成，类 ω_2 由模式 $\{(0, 0), (1, 1)\}$ 组成，那么这两个类中模式类的归属由"异或"（XOR）逻辑函数给出，仅当两个变量中的一个或另一个为 1 时，该函数值才为 1，而其他情形下它为 0。因此，XOR 函数值为 1 指出模式属于类 ω_1，而 XOR 函数值为 0 指出模式属于 ω_2。

网络结构	决策区域的类型	XOR问题的解	带有网状区域的类	带有决策面形状
一层	单个超平面			
二层	开放的或闭合的凸形区域			
三层	任意(由节点数限制的复杂性)			

图 8-23　可以由单层和多层前馈网络带有一层或两层隐藏单元与两个输入形成的决策区域的类型

前述讨论同样适用于 n 维情况，此时我们采用超平面替代直线。单层网络负责实现单个超平面。两层网络实现由超平面的交集组成的任意凸形区域。三层网络实现任意复杂度的决策面。每一层所使用的节点数决定了网络的复杂度。在第一种情况下，类的数量仅限于两个。然而，在其余两种情况下，类的数量可以是任意的，因为我们可以根据具体问题的需求来选择输出节点的数量。

考虑到前面的解释，一个自然而然的问题是，为何人们仍对研究三层以上的神经网络保持兴趣。毕竟，三层网络已经能够实现任意复杂度的决策面。然而，关键在于训练这样的三层网络的方法。尽管图 8-16 中所示网络的训练规则有助于最小化误差度量，但它并未明确说明如何将一组超平面与三层网络的第二层中的节点相关联。事实上，如何在层次数和每层中的节点数之间进行折中分析这一问题仍有待解决。在实际中，通常通过试错法或给定的问题域的已有经验来解决分析中的问题。

8.3　结构方法

8.2 节中所讨论的技术能够定量地处理模式，但多数时候忽略了模式形状中固有的结构关系。相比之下，本节探讨的结构方法通过精确利用这些类型的关系，实现了模式识别的目标。在这一节，我们介绍两种基本的基于串表示的边界形状的识别方法，串是结构模式识别中最实用的方法。

8.3.1　匹配形状数

为了比较根据形状数描述的区域边界，我们可以明确表达一个过程，该过程类似于 8.2.1 小节中为模式向量引入的最小距离概念。两个区域边界（形状）之间的相似度 k 定义为它们形状数仍保持一致的最大阶。例如，令 a 和 b 代表由 4 方向链码表示的闭合边界的形状数。如果

$$
\begin{aligned}
s_j(a) = s_j(b), \quad & j = 4, 6, 8, \cdots, k \\
s_j(a) \neq s_j(b), \quad & j = k+2, k+4, \cdots
\end{aligned}
\tag{8-77}
$$

那么这两个形状有一个相似度 k，其中 s 代表形状数，下标代表阶。两个形状 a 和 b 之间的距离定义为它们的相似度的倒数：

$$
D(a, b) = \frac{1}{k}
\tag{8-78}
$$

该距离满足如下性质：

$$
\begin{aligned}
& D(a, b) \geqslant 0 \\
& D(a, b) = 0, 若 a = b \\
& D(a, b) \leqslant \max[D(a, b), D(b, c)]
\end{aligned}
\tag{8-79}
$$

k 或 D 都可以用于比较这两个形状。如果使用相似度，则 k 越大，形状就越相似（注意，对于相同的形状，k 为无穷大）。当使用距离度量时，情形正好相反。

例 8.7　使用形状数比较形状

假设我们有一个形状 f，并且希望在图 8-24（1）所示的由 6 个其他形状（a, b, c, d, e 和 f）组成的集合中找到与它最为接近的匹配。这个问题类似于拥有 5 个原型形状并试图找到一个给定未知形状的最好匹配。该搜索可借助于图 8-24（2）中所示的相似性树来可视化。树根对应于最低的可能相似度，在该例中，其为 4。假设这些形状有高达 8 的相似度，但形状 a 除外，它相对于所有其他形状的相似度为 6。沿树向下行进，我们发现形状 d 相对于其他形状的相似度为 8，等等。如果形状 f 和 c 有比其他任何两个形状更高的相似度，那么形状 f 和 c 是唯一匹配的。在其他极端情形下，如果 a 是一个未知形状，那么使用该方法，我们可以说 a 类似于其他 5 个形状的相似度为 6。同样的信息可以用相似性矩阵来总结，如图 8-24（3）所示。

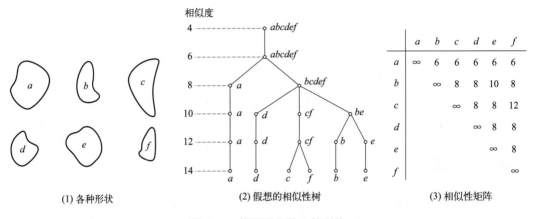

（1）各种形状　　　（2）假想的相似性树　　　（3）相似性矩阵

图 8-24　使用形状数比较形状

8.3.2　串匹配

假设两个区域边界 a 和 b 已被编码成串，两个串分别表示为 $a_1, a_1, \cdots, a_n$ 和 $b_1, b_2, \cdots, b_m$。令 α 表示两个串之间的匹配数，如果 $a_k = b_k$，则匹配出现在第 k 个位置。不匹配的符号数为：

$$\beta = \max(|a|, |b|) - \alpha \tag{8-80}$$

其中，$|\text{arg}|$ 是该宗量的串表示的长度（符号数）。可以证明，当且仅当 a 和 b 相同时 $\beta = 0$。

a 和 b 间的一种简单的相似性度量是比率：

$$R = \frac{\alpha}{\beta} = \frac{\alpha}{\max(|a|, |b|) - \alpha} \tag{8-81}$$

对于完美匹配，R 为无限大，而当 a 和 b 中没有任何符号匹配时，R 为 0（此时 $\alpha = 0$）。因为匹配是逐个字符进行的，对于降低计算量来说，每条边界上的起始点是很重要的。任何归一化到或近似归一化到相同起点的方法是有帮助的，只要它与强力匹配相比可提供计算上的优势，强力搜索从每个串上的任意点开始，然后移位一个字符（采用卷绕的方式）并为每个移位计算式（8-81）。R 的最大值给出最好的匹配。

例 8.8　串匹配示例

图 8-25（1）和（2）显示了来自两个目标类的样本边界，它们由一个多边形拟合来近似。图 8-25（3）和（4）分别显示了对应于图 8-25（1）和（2）所示边界的多边形近似。当顺时针追踪每个多边形时，通过计算各线段间的内角 θ，就形成了来自这些多边形的串。这些角度被编码成 8 个可能的符号，角度增量为 45°，即 α_1: $0° < \theta \leq 45°$，α_2: $45° < \theta \leq 90°$，…，α_3: $315° < \theta \leq 90°$，α: $315° < \theta \leq 360°$。

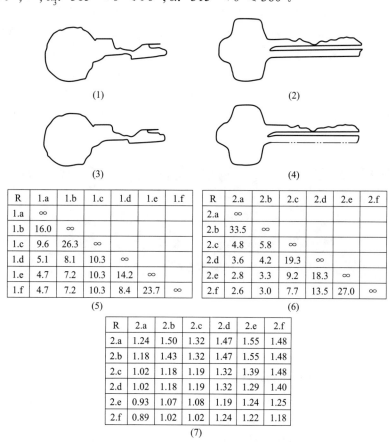

R	1.a	1.b	1.c	1.d	1.e	1.f
1.a	∞					
1.b	16.0	∞				
1.c	9.6	26.3	∞			
1.d	5.1	8.1	10.3	∞		
1.e	4.7	7.2	10.3	14.2	∞	
1.f	4.7	7.2	10.3	8.4	23.7	∞

(5)

R	2.a	2.b	2.c	2.d	2.e	2.f
2.a	∞					
2.b	33.5	∞				
2.c	4.8	5.8	∞			
2.d	3.6	4.2	19.3	∞		
2.e	2.8	3.3	9.2	18.3	∞	
2.f	2.6	3.0	7.7	13.5	27.0	∞

(6)

R	2.a	2.b	2.c	2.d	2.e	2.f
2.a	1.24	1.50	1.32	1.47	1.55	1.48
2.b	1.18	1.43	1.32	1.47	1.55	1.48
2.c	1.02	1.18	1.19	1.32	1.39	1.48
2.d	1.02	1.18	1.19	1.32	1.29	1.40
2.e	0.93	1.07	1.08	1.19	1.24	1.25
2.f	0.89	1.02	1.02	1.24	1.22	1.18

(7)

图 8-25　串匹配示例，（1）和（2）为两个不同目标类的样本边界；（3）和（4）为对应的多
边形近似；（5）～（7）为 R 值表

图 8-25（5）显示了针对目标 1 本身的 6 个样本来计算度量 R 的结果。例如，对应于各个 R 值，符号 1.c 指的是目标类 1 的第三个串。图 8-25（6）显示了第二个目标类的串和它们自身进行比较的结果。最后，图 8-25（7）显示了通过比较一个类的串与其他类的串得到的 R 值表。注意，这里所有的 R 值比前两个表中的任何项都小，这表明 R 度量在两个目标类间的辨识达到了很高的程度。例如，如果串 1.a 的类别成员未知，那么通过将该串和类 1 的样本（原型）串相比较产生的最小 R 值将是 4.7 [见图 8-25（5）]。相比之下，将

该串和类别 2 的串相比较产生的最大值将会是 1.24［见图 8-25（7）］。由此可得出如下结论：串 1.a 是目标类 1 的成员。这种分类方法类似于 8.2.1 小节中介绍的最小距离分类器。

【典型案例】

基于模板匹配的产品缺陷检测

模板匹配是一种高级的计算机视觉技术，可识别图像与预定义模板的匹配程度，简单地说就是一项在一幅图像中寻找与另一幅模板图像相似部分的技术。作为机器视觉中常用的一种方法，模板匹配在工业中有着广泛的应用，其对工件进行对比，从而标记出与模板不匹配的区域，以便检测缺陷。在用于位置检测时，其通过与用带有已知部件位置信息的模板图像匹配，可以在实时图像中寻找并定位该部件。其还可以用于自动化数据收集、识别和分类，实现自动化、高效、准确的视觉检测和分析，提高工业生产的质量和效率。

本案例采用工业机器视觉系统，目的是检测零件是否存在缺陷，与零件颜色无关，因此以图 8-26 为标准的匹配模板，并获取相机下零部件的实时图像（图 8-27），通过选择合适的匹配算法和寻找最佳匹配结果等算法技术，准确识别零部件是否存在缺陷的问题，从而为提高工业生产效率提供技术支撑。

(1) 匹配对象　　　　　　　　(2) 缺陷零件　　　　　　　　(3)无缺陷零件

图 8-26　实验对象

策略分析：针对图 8-26 所示试验对象，通过选择合适的模板匹配算法和寻找最佳匹配结果，实现零件是否存在缺陷的检测。

① 模板匹配　Opencv 提供了一个专门用于模板匹配的函数 cv.matchTemplate()，该函数的第四个参数可用于指定匹配方式，Opencv 提供了 6 种匹配方式，分别是平方差匹配算法 method=TM_SQDIFF、归一化平方差匹配法 method=TM_SQDIFF_NORMED、相关匹配法 method=TM_CCORR、归一化相关匹配法 method=TM_CCORR_NORMED、系数匹配法 method=TM_CCOEFF、归一化相关系数匹配法 method=TM_CCOEFF_NORMED。模板匹配每次计算模板与待检测图像的相似度，都会将结果存入参数 result，最终会得到一个 result 矩阵。

② 寻找最佳匹配结果　模板与图像中各位置都有一个相似度或匹配程度的得分，最匹配的位置通常具有最高的相似度得分。相似度得分可以使用不同的度量方法来计算，例如像素之差的绝对值之和（即 ssd 或 sad）、归一化相关（NCC）等。在 OpenCV 中，cv2.matchTemplate 函数自动完成了上述过程，返回的结果数组 result 可以直接用于后续的分析和处理。例如，可以使用 cv2.minMaxLoc 函数来找到 result 中的最大值和最小值，以及它

们的位置，从而确定最佳匹配位置。通过设定阈值，比较 result 中的最大值是否大于阈值的方法，判断是否找到了最佳匹配。

在寻找最佳匹配结果的过程中，阈值的设定需要通过几次实验调整得出，若阈值设定过小或者过大，则会出现产品中较小的缺陷无法识别排除或者较大的缺陷也无法识别排除的现象。经过阈值的调整，本案例将能够高效、准确地识别生产流水线上快速通过的产品是否存在缺陷，如图 8-27（1）所示为通过模板匹配检测出零件缺陷的结果，图 8-27（2）为通过模板匹配检测出该零件为合格产品。

 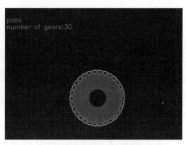

(1) 有缺陷的零件检测结果　　　　　　(2) 无缺陷零件的检测结果

图 8-27　检测结果

【场景延伸】

缺陷检测技术除了在工业生产中有着广泛的应用，也广泛应用于农业领域。其可以对农产品的种植、收割和质量的环节进行检测，提高农业生产的自动化水平和质量标准。我们考虑以图 8-28 所示的果蔬缺陷检测场景，比较标准正常果图像和待检测果图像之间的卡方值，若两者差值的绝对值超过一定的范围，则判断该待检测果为缺陷果不符合标准。若两者的卡方值在一定范围内，则表明该待检测果蔬符合质量要求。此案例中卡方值之差的范围，首先需要通过多次实验测量出不同果蔬的卡方值，本案例以获取标准果蔬的卡方值为例，如图 8-29 所示，在比较多种有缺陷的果蔬卡方值和标准卡果蔬方值之间的关系后，得出特定实验环境下的卡方值之差用于实验，实验结果如图 8-30 所示。

 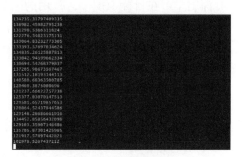

图 8-28　缺陷检测场景　　　　　　　图 8-29　打印卡方值

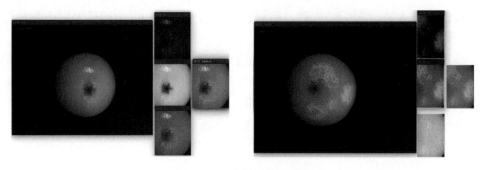

图 8-30　果蔬缺陷检测结果

【本章小结】

本章深入剖析了目标识别领域的多个关键概念与方法，系统地阐述了模式识别的理论基础及其在目标识别中的应用。首先，对模式与模式类别进行了详尽的讨论，为后续的识别方法奠定了坚实的理论基础。

在决策理论方法的识别部分，本章详细阐述了三种核心识别技术：

① 匹配技术：通过比较输入数据与已知模式集，实现目标的识别与分类。

② 最佳统计分类器：基于统计学原理，构建最优的分类边界，以提高识别的准确性。

③ 神经网络：模拟生物神经系统的结构与功能，通过学习实现对复杂模式的识别。

此外，本章还探讨了结构方法在目标识别中的应用，包括：

① 匹配形状数：通过分析目标的形状特征，实现精确的目标识别。

② 串匹配：针对序列化数据，通过模式匹配技术进行目标识别。

本章内容有助于读者理解目标识别的理论框架，掌握将这些理论应用于实际问题中的技能，从而在目标识别的准确性和效率上取得显著提升。

【知识测评】

一、填空题

1. 目标识别中，常用的特征提取方法包括边缘检测、角点检测和 ＿＿＿＿＿＿ 等。

2. 在目标识别中，＿＿＿＿＿＿ 是用于描述和区分不同目标的关键信息。

3. 目标跟踪过程中，常用的算法有卡尔曼滤波、＿＿＿＿＿＿ 和光流法等。

4. 深度学习在目标识别中，常用的网络结构有卷积神经网络（CNN）和 ＿＿＿＿＿＿ 等。

5. 在目标识别中，常用的图像分割方法包括阈值分割、区域生长和 ＿＿＿＿＿＿＿＿＿。

6. 目标识别的关键步骤之一是特征提取，常见的特征包括形状特征、纹理特征和 ＿＿＿＿＿＿＿＿＿。

二、选择题

1. 目标识别中，用于描述目标形状和轮廓的特征通常属于哪种类型？（　　　　）

　　A. 纹理特征　　　　　　　　　　　　B. 几何特征

　　C. 颜色特征　　　　　　　　　　　　D. 运动特征

2. 在目标跟踪过程中，如果目标在场景中发生了旋转或尺度变化，哪种算法可能更加适用？（　　）

　　A. 卡尔曼滤波　　　　　　　　　B. 粒子滤波

　　C. 光流法　　　　　　　　　　　D. 直方图匹配

3. 以下哪种方法不是用于目标识别中的特征提取？（　　）

　　A. Sobel 算子　　　　　　　　　B. SIFT 算法

　　C. SVM 分类器　　　　　　　　　D. HOG 特征

4. 在进行目标识别时，为什么常常需要对图像进行预处理？（　　）

　　A. 提高图像的对比度　　　　　　B. 消除图像中的噪声

　　C. 简化图像中的复杂结构　　　　D. 以上都是

5. 目标识别中的模板匹配方法主要基于什么原理？（　　）

　　A. 像素值的直接比较　　　　　　B. 频率域的分析

　　C. 边缘的连续性　　　　　　　　D. 特征的统计分布

三、判断题

1. 目标识别中，提取的特征越多，识别效果一定越好。（　　）

2. 对于动态场景中的目标识别，只考虑目标的静态特征就足够了。（　　）

3. 目标识别中的分类器通常需要根据特定的应用场景和目标类型进行选择和训练。
（　　）

4. 目标识别中，特征提取是提取出与目标相关的有意义信息的过程。（　　）

5. 在进行目标识别时，通常不需要考虑图像的背景信息，只需要关注目标本身。（　　）

参考文献

［1］冈萨雷斯，伍兹. 数字图像处理［M］. 阮秋琦，阮宇智，译. 4 版. 北京：电子工业出版社，2003.

［2］阮秋琦. 数字图像处理学［M］. 北京：电子工业出版社，2001.

［3］贾永红. 数字图像处理［M］. 武汉：武汉大学出版社，2010.

［4］边肇祺，张学工. 模式识别：第 2 版［M］. 北京：清华大学出版社，2000.

［5］张广军. 机器视觉［M］. 北京：科学出版社，2005.

［6］王耀南，李树涛. 计算机图像处理与识别技术［M］. 北京：高等教育出版社，2001.

［7］桑肯. 图像处理分析与机器视觉：第 2 版［M］. 北京：人民邮电出版社，2002.

［8］Huang T S. PCM picture transmission［J］. IEEE Spectrum，1965，2（12）：57-63.

［9］Rosenfeld A，Kak A C. Digital Picture Processing［M］. Computer Science & Applied Mathematics New York Academic Press Ed，1982.

［10］Roberts，Lawrence G. Machine perception of three-dimensional solids［J］. Massachusetts Institute of Technology，1965.

［11］Walsh，Johnw T. Photometry /-3rd ed［M］. London：Constable & Co，1958.

［12］Kiver，MiltonSol. Color television fundamentals［M］. New York：McGraw-Hill，1955.

［13］Zenzo S D，A note on the gradient of a multi-image［J］. Computer Vision Graphics & Image Processing，1986，33（1）：116-125.

［14］Roberts，Lawrence G. Machine perception of three-dimensional solids［D］. Cambridge：Massachusetts Institute of Technology，1963.

［15］Prewitt J. Object enhancement and extraction，Picture Processing and Psychopictorics［M］. New York：Academic Press，1970.

［16］Sobel I. Camera models and machine perception［M］. Manhattan Stanford University Press，1970.

［17］Hough P V C. Method and means for recognizing complex patterns：US19600017715［P］. US3069654A［2023-11-26］.

［18］Otsu N. A Threshold Selection Method from Gray-Level Histograms［J］. IEEE Transactions on Systems Man & Cybernetics，2007，9（1）：62-66.

［19］Fisher R A. The use of multiple measurements in taxonomic problems［J］. Annals of Human Genetics，2012，7（7）：179-188.

［20］Mcculloch W S，Pitts W. A Logical Calculus of the Ideas Immanent in Nervous Activity［J］. biol math biophys，1943，5：115-133.

［21］Hebb D O. The Organization of Behavior a Neuropsychological Theory［M］. London：Chapman & Hall，2013.

［22］Rosenblatt F. Principles of Neurodynamics：Perceptrons and the Theory of Brain Mechanisms［M］. Spartan Books，1962.

［23］Nilsson N J. Learning Machines：Foundations of Trainable Pattern-Classifying Systems［M］. New York：McGraw-Hill，1965.

［24］Minsky M，Papert S. Perceptrons：An Introduction to Computational Geometry［M］. The MIT Press，1969.

［25］Simon B J C，Howlett T B J. Patterns and operators：The Foundations of Data Representation［M］. Boston：Thomson learning，1986.

［26］Rumelhart D E. Learning Representations by Error Propagation［M］. New York：Penguin Books，1986.

［27］Duda R O，Hart P E. Pattern classification and scene analysis［J］. IEEE Transactions on Automatic Control，2003，19（4）：462-463.

［28］Tou J T，Gonzalez R C. Pattern recognition principles［M］. Boston：Addison-Wesley，1977.

［29］Nilsson N J. Learning Machines：Foundations of Trainable Pattern-Classifying Systems［M］. New York：McGraw Hill，1965.